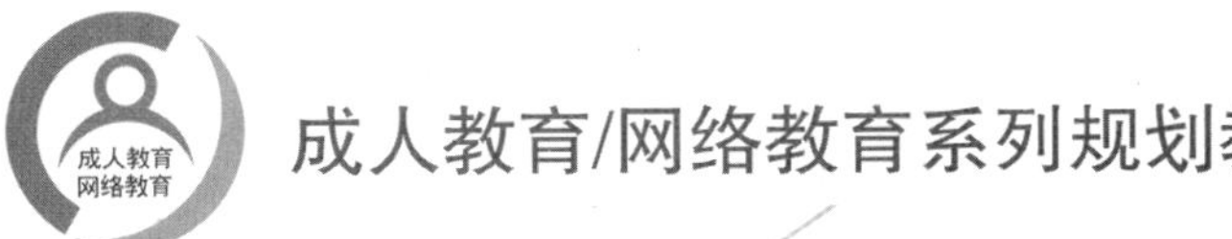
成人教育/网络教育系列规划教材

Visual Basic 程序设计

Programming

胡畅霞◎主　编

韩立华◎副主编

人民交通出版社股份有限公司
China Communications Press Co.,Ltd.

内 容 提 要

本书为成人教育/网络教育系列规划教材之一。针对初学者的特点，在内容编排、叙述表达、实例选择等方面以循序渐进为原则，方便教与学。每一章按照"案例引入＋知识点讲解＋案例实现＋程序举例＋思考练习＋总结"的模式组织内容，有利于学生巩固、掌握知识点，提高学习效率。

本书根据高级语言程序设计的基本体系，结合可视化程序设计的方法，以 Visual Basic 6.0 为背景，讲授程序设计的基本思想和基本方法，结构化程序设计的基本控制结构；讲授对象的初步概念，可视化程序设计的基本方法；介绍多媒体及网络编程方法。本书共 9 章，具体内容包括：VB 概述、VB 程序设计入门、VB 语言基础、VB 程序控制结构、数组、过程、常用控件及界面设计、多媒体及网络编程、数据库应用基础等。

本书适合作为高等学校成人教育及网络教育 Visual Basic 程序设计课程的教材，也可作为广大计算机爱好者学习 Visual Basic 程序设计语言的参考。

图书在版编目(CIP)数据

Visual Basic 程序设计/胡畅霞主编. —北京：人民交通出版社股份有限公司，2014.12
ISBN 978-7-114-11454-0

Ⅰ.①V… Ⅱ.①胡… Ⅲ.①BASIC 语言—程序设计—教材 Ⅳ①TP312

中国版本图书馆 CIP 数据核字(2014)第 118045 号

书　　名：Visual Basic 程序设计
著 作 者：胡畅霞
责任编辑：王　霞　陈力维
出版发行：人民交通出版社股份有限公司
地　　址：(100011) 北京市朝阳区安定门外外馆斜街 3 号
网　　址：http：//www.ccpress.com.cn
销售电话：(010) 59757973
总 经 销：人民交通出版社股份有限公司发行部
经　　销：各地新华书店
印　　刷：北京盈盛恒通印刷有限公司
开　　本：787/1092　1/16
印　　张：18.5
字　　数：417 千
版　　次：2014 年 12 月　第 1 版
印　　次：2014 年 12 月　第 1 次印刷
书　　号：ISBN 978-7-114-11454-0
定　　价：38.00 元
(有印刷、装订质量问题的图书由本公司负责调换)

出 版 说 明

随着社会和经济的发展,个人的从业和在职能力要求在不断提高,使个人的终身学习成为必然。个人通过成人教育、网络教育等方式进行在职学习,提升自身的专业知识水平和能力,同时获得学历层次的提升,成为一个有效的途径。

当前,我国成人及网络教育的学生多以在职学习为主,学习模式以自学为主、面授为辅,具有其独特的学习特点。在教学中使用的教材也大多是借用普通高等教育相关专业全日制学历教育学生使用的教材,因为二者的生源背景、教学定位、教学模式完全不同,所以带来极大的不适用,教学效果欠佳。总的来说,目前的成人及网络教育,尚未建立起成熟的适合该层次学生特点的教材及相关教学服务产品体系,教材建设是一个比较薄弱的环节。因此,建立一套适合其教育定位、特点和教学模式的有特色的高品质教材,非常必要和迫切。

《国家中长期教育改革和发展规划纲要(2010—2020年)》和《国家教育事业发展第十二个五年规划》都指出,要加大投入力度,加快发展继续教育。在国家的总体方针指导下,为推进我国成人及网络教育的发展,提高其教育教学质量,人民交通出版社特联合一批高等院校的继续教育学院和相关专业院系,成立了“成人及网络教育系列规划教材专家委员会”,组织各高等院校长期从事成人及网络教育教学的专家和学者,编写出版一批高品质教材。

本套规划教材及教学服务产品包括:纸质教材、多媒体教学课件、题库、辅导用书以及网络教学资源,为成人及网络教育提供全方位、立体化的服务,并具有如下特点:

(1)系统性。在以往职业教育中注重以“点”和“实操技能”教育的基础上,在专业知识体系的全面性、系统性上进行提升。

(2)简明性。该层次教育的目的是注重培养应用型人才,与全日制学历教育相比,教材要相应地降低理论深度,以提供基本的知识体系为目的,“简明”“够用”即可。

(3)实用性。学生以在职学习为主,因此要能帮助其提高自身工作能力和加强理论联系实际解决问题的能力,讲求“实用性”。同时,教材在内容编排上更适合自学。

作为从我国成人及网络教育实际情况出发,而编写出版的专门的全国性通用教材,本套教材主要供成人及网络教育土建类专业学生教学使用,同时还可供普通高等院校相关专业的师生作为参考书和社会人员进修或自学使用,也可作为自学考试参考用书。

本套教材的编写出版如有不当之处,敬请广大师生不吝指正,以使本套教材日臻完善。

人民交通出版社股份有限公司

成人教育/网络教育系列规划教材专家委员会

前 言

本书根据高级语言程序设计的基本体系，结合可视化程序设计的方法，以 Visual Basic 6.0为背景，讲授程序设计的基本思想和基本方法，结构化程序设计的基本控制结构；讲授对象的初步概念，可视化程序设计的基本方法；介绍了多媒体及网络编程方法。

本书将 Visual Basic 6.0 的可视化界面设计与程序代码设计有机地结合在一起，注重对读者实际动手能力的训练与培养。内容精炼、文字简洁、结构合理，所举案例经典实用，趣味性强、综合性强。

(1)内容实用，组织较为合理。在内容编排、叙述表达、实例选择等方面以循序渐进为原则，方便教与学。本书的叙述尽量采用口语化和通俗比喻来描述晦涩难懂的概念和术语，用学习者熟悉的身边事物和已有的生活经验来帮助他们完成知识的迁移。

(2)案例引入法，知识点环环相扣。本书摒弃了许多教材采用“平铺直叙”的方式，而是采用新颖实用的“案例引入”，引入案例并分析，然后引出实现时所需掌握的知识点，消除了学习者的畏难情绪。

(3)所举例子的趣味性、实用性和综合性。任务的趣味性改进了传统教法中单调与枯燥之处，引发学习者的学习兴趣和主观能动性；任务的实用性又能让学习者亲身感受到所学的知识确实有用，并且认识到所培养的编程能力对工作的重要性，即学即用，立竿见影。

由于成人及网络教育的读者知识层次存在高中起点、专科起点及职业院校起点等差别，很难全面考虑到各层次的具体专业学习结构，各层次读者可根据自身实际情况进行有选择、有重点的学习。学习过程中还可以通过各种方式查阅其他学习资料。

本书由石家庄铁道大学胡畅霞主编，韩立华任副主编并负责全书的统稿。

本书在编写过程中查阅和引用了大量的优秀教材和相关网站的资料，在此表示衷心感谢。由于计算机技术发展迅速，编者水平有限，书中难免有欠妥和错误之处，恳请各位读者批评指正。

编　者

2014 年 4 月

前言

自学指导

欢迎大家进入本课程的学习，为帮助大家更好学习，首先给出以下学习建议：熟悉本教材的编写组织结构；在领悟教材及查阅相关技术资料基础上，掌握程序设计的基本思想和基本方法；灵活运用编程技术，理论联系实际，分析和解决实际工作中的问题。

众所周知，现在是信息时代，目前几乎所有政府部门、企事业单位都配备了计算机，但是应用水平却很低。过去是理念落后，重硬件、轻软件，现在理念跟上了，可是对口的软件却远远没能跟上。因为软件开发人员不可能精通所有部门的业务流程，开发出来的软件往往与用户的实际需求有较大的差距。要解决这个问题，则需要工作人员自己来开发软件，才能更好地缩小这个差距。如果你能通过自己开发的软件来改进工作流程，如果能让同事们应用你的软件来提高工作效率，你的老板一定会对你刮目相看。

在本课程的学习中，希望大家能刻苦钻研、踏踏实实、虚心求教、持之以恒，具体方法及要求如下。

(1)熟悉内容的组织结构

每一章基本按照"案例引入＋知识点讲解＋案例实现＋程序举例＋思考练习＋总结"的模式组织内容，读者在看案例引入时，不要局限于教材中的案例分析，而是还要提出自己的问题，然后带着问题去学习相应的知识点，这样会大大提高学习的效率。

(2)合理安排学习环节

预习是一种良好的学习习惯，可以调动学习的积极性，从而不断提高专业知识的积累。学习时要注意多练，多练是属于实践性的学习环节；同时要多思，多思是属于理论性的学习环节。两者可相互促进，练中多思，思中多练，则学习心得就必然增多。同时要善于总结，即将自己的一点一滴的学习心得理顺，巩固认识，使学到的内容成为真正自己的东西。

(3)重视上机实践

对于任何程序设计语言的学习，只看书不实践、"纸上谈兵"将收效甚微，读者一定要重视上机实践与演练，这样才能加深对知识的理解，同时增强自己的编程能力。

(4)提高调试能力

许多初学者在编写程序时喜欢照抄教材或网上的代码，可能会由于自己的失误而导致程序出错，或者参考的程序本身就是有问题的，面对出错的程序如何快速解决，初学者可能会走很多弯路。因此希望读者提前学习调试程序的能力，本书中有专门的章节进行介绍。学会调试程序，可起到事半功倍的效果。

(5)理论联系实际

当学完一些编程知识之后,可联系实际的工作,编一些小的程序服务自己的工作,改善自己的工作环境,可以提高学习的兴趣。这需要读者用心,有了需求,有了动力,才能用程序实现。比如,网上有许多桌面背景定时更换的小软件,那么读者能不能自己做一个这样的程序呢?

专业知识的学习要善于提出问题,勤于分析的读者会发现教材中所举例子实现时并没有考虑得面面俱到,学习者在练习的时候可以将程序补充的更完整。

上述观点仅限于编者在长期教学过程中对于专业知识学习的理解,为一己之言。读者应根据自身实际情况及特点有选择地进行学习,关键是领悟专业知识的学习之"渔"。

目 录

第一章
概　述

本章是本书的基础，首先介绍程序设计的基本知识，接着对 Visual Basic 进行了简介，包括 Visual Basic 的产生与发展过程、特点及其功能。然后，对 Visual Basic 的集成开发环境进行了介绍。最后，简述了开发 Visual Basic 程序的步骤与方法。

学习目标

学完本章后，您应：

(1)理解程序设计语言的分类。

(2)熟悉 Visual Basic 集成开发环境的使用。

(3)掌握 Visual Basic 工程的概念及管理方法。

(4)了解 Visual Basic 应用程序开发的一般步骤。

本章重难点

1. 本章重点

(1)Visual Basic 集成开发环境。

(2)Visual Basic 工程及构成。

2. 本章难点

Visual Basic 应用程序开发的步骤。

1.1 程序设计基础

程序设计语言（又称编程语言，Programming Language），是用于编写计算机程序的语言，如我们熟知的 Visual Basic、C、C++、Java 等都是。

程序（Program）是软件开发人员根据用户需求开发的、用程序设计语言描述的、适合计算机执行的指令（语句）序列。例如下列代码：

```
If  x<y Then t=x: x=y: y=t
```

这就是一段用 VB 语言描述的程序，含义是如果 x 小于 y，则将 x 和 y 的值进行互换。

从程序设计语言发展过程的角度来分类，计算机程序设计语言分为：机器语言、汇编语言和高级语言。

1. 机器语言

机器语言是用二进制代码表示的计算机能直接识别和执行的一种机器指令的集合。它是计算机的设计者通过计算机的硬件结构赋予计算机的操作功能。

机器语言具有灵活、直接执行和速度快等特点。但使用机器语言编写程序花费的时间往往是实际运行时间的几十倍或几百倍，而且编出的程序全是 0 和 1 的指令代码，直观性差，还容易出错。如果和人类的文字历史相类比，机器语言就相当于远古时代文字、记录靠在绳上打结或在墙上画画实现一样。

2. 汇编语言

汇编语言（Assembly Language）是面向机器的程序设计语言。在汇编语言中，用助记符代替机器指令的操作码，用地址符号或标号代替指令或操作数的地址，如此就增强了程序的可读性并且降低了编写难度。但使用汇编语言编写的程序，机器不能直接识别，还要由汇编程序或者汇编语言编译器转换成机器指令才能执行。如果和人类的文字历史相类比，汇编语言就相当于甲骨文，虽然很复杂，但已经是有体系的健全的文字。

3. 高级语言

为了便于程序员学习和使用，程序设计语言的进化不断趋近于人类的自然语言，越来越“高级”。刚刚介绍过的机器语言和汇编语言属于低级语言，而 Visual Basic、C、Java 等则属于高级语言。

高级语言是面向应用的语言，用以描述要解决的问题，然后把高级语言程序映射成等价的机器语言程序，用计算机求解。高级语言的表示方法要比低级语言更接近于具体应用的表示方法，其特点是在一定程度上与具体机器无关，易学、易用、易维护。如果和人类的文字历史相类比，高级语言相当于现在的白话文，简单易学。

1.2 Visual Basic 简介

1.2.1 Visual Basic 的产生与发展

鲁迅先生曾经说过“治学先治史”，只有明白了 Visual Basic 语言发展的前世今生，才能更好地帮助我们学好这门语言。

Visual Basic 简称 VB，源自于 BASIC 语言，是由美国微软公司于 1991 年开发的一种可视化的、面向对象和采用事件驱动编程机制的结构化高级程序设计语言，可用于开发 Windows 环境下的各类应用程序。

BASIC 语言诞生于 20 世纪 60 年代初期，是 Beginner's All-purpose Symbolic InstructionCode（初学者通用符号指令代码）的缩写。BASIC 简单易学、使用方便，对计算机的推广普及起到了重要作用。但随着计算机技术的快速发展、硬件功能的增强，以及 Windows 操作系统的流行，BASIC 的优点得不到发挥，缺点却逐渐显现出来。

1991 年，微软公司推出了 Visual Basic 1.0，引起了很大的轰动。这个连接编程语言和用户界面的进步被称为 Tripod（有时也称 Ruby），最初的设计是由阿兰 · 库珀（Alan Cooper）完成的。许多专家把 VB 的出现当作是软件开发史上的一个具有划时代意义的事件。在当时，它是第一个“可视”的编程工具，这使得程序员欣喜至极，都尝试在 VB 的平台上进行软件创作。微软也不失时机地在 4 年内接连推出 2.0、3.0、4.0 三个版本，并且从 VB 3.0 开始，将 Access 的数据库驱动集成到了 VB 中，这使得 VB 的数据库编程能力大大提高。从 VB 4.0 开始，VB 也引入了面向对象的程序设计思想。VB 功能强大，学习简单，而且还引入了“控件”的概念，使得大量已经编好的 VB 程序可以被编程人员直接拿来使用。

2002 年开始，微软将 .NET Framework 与 Visual Basic 结合而成为 Visual Basic .NET（vb.net），重新打造 VB，新增许多特性及语法，又将 VB 推向一个新的高度。

通过二十几年的发展，Visual Basic 已成为一种专业化的开发语言和环境。用户可用它快速创建 Windows 程序，并可编写企业水平的客户端/服务器程序及强大的数据库应用程序，是国内外最流行的程序设计语言之一。在 2014 年 1 月 TIOBE 公布的编程语言排行榜上，其排行位置和 2013 年持平，位于第 7 名。

1.2.2 Visual Basic 基本特点

从字面上理解，Visual 的意思是“视觉的、可视的”，那么 Visual Basic 也就是可视化的编程语言。它引入了一些控件，并把这些控件模式化，每个控件都有若干属性以控制控件的外观、工作方法，并且能够响应用户操作（事件）。这样就像在画板上画画一样，单击几下鼠标，一个按钮就完成了。这使得编写程序变得简单易学、快捷方便。Visual Basic 的基本特点如下。

1. 面向对象的可视化编程

VB 向程序员提供图形对象（窗体、控件、菜单等）进行应用程序的界面设计。在设计用户界面时，程序设计人员只需使用设计工具，在屏幕上以图形的方式“画”出界面上的各个对象，再为每个对象设置各自的属性即可，程序设计的效率大大提高。

2. 事件驱动的编程机制

VB 采用的是事件驱动的编程机制。程序执行时，用户的动作即事件发生的先后次序，决定了程序执行的流程。当某事件被触发，相对应的事件过程中的代码就会被执行。程序设计人员在编写程序时只需要考虑程序应该响应哪些事件并编写这些事件过程的代码。事件驱动的编程机制使得程序的编写和维护都更加容易。

3. 强大的数据库访问功能

VB 利用数据 Control 控件可以访问多种数据库。VB 6.0 提供了 ADO Control 控件，不但可以用最少代码实现数据库操作和控制，也可以取代 Data Control 控件和 RDO Control控件，可以方便、快速地开发出数据库应用系统。

4. 网络功能

VB 6.0 提供了 DHTML(Dynamic HTML)设计工具，可以动态地创建和编辑 Web 页面，开发网络应用软件。

5. 支持对象链接和嵌入技术

VB 全面支持对象的链接与嵌入 OLE，利用此技术可以方便地把声音、图片、文本或动态图像嵌入 Windows 程序中，以实现多媒体控制功能。利用 OLE 对象，可以在程序运行期间调用其他应用程序或组件并处理几种类型的信息。

6. 软件集成式开发

VB 为编程提供了一个集成开发环境，在这个环境中编程者可设计界面、编写代码、调试程序直至把应用程序编译成可在 Windows 中运行的可执行文件，为编程者提供了很大方便。

7. 完备的联机帮助功能

点击 VB 6.0 主窗口中的“帮助”菜单或者按 F1 键，均可以方便快捷地得到MSDN (Microsoft Developer Network)Library 中关于 VB 的编程技术信息。这些帮助信息中还提供了许多示例代码，为学习使用 VB 提供了极大的方便。

1.2.3 Visual Basic 6.0 的版本

按照不同的开发需求，VB 6.0 有学习版、专业版和企业版 3 种版本。

学习版包含最基本的控件和功能，适用于普通学习者及大多数使用 Visual Basic 开发一般 Windows 应用程序的人员。

专业版为专业编程人员提供了一整套功能完备的软件开发工具，主要是为专业人员创建客户服务器应用程序而设计的。

企业版供专业编程人员开发功能强大的分布式、高性能的客户/服务器或基于Internet/Intranet 的应用程序。

1.2.4 用 Visual Basic 做什么

多数人学习 Visual Basic，都是因其简单易学，像用友、金碟等财务软件都是用 Visual

Basic编写的；日常使用的各类管理软件，如图书管理系统、通讯录、学生成绩管理系统、工资管理系统等都可以用 VB 实现；像浏览器、记事本、扫雷游戏、五子棋游戏等小型软件，用 VB 开发起来更轻松。

1.3 Visual Basic 6.0 集成开发环境介绍

“工欲善其事，必先利其器”，为了学好 VB 语言，必须能熟练使用 VB 的集成开发环境(IDE)。

启动 VB 6.0 后，首先出现“新建工程”对话框，如图 1-1 所示。

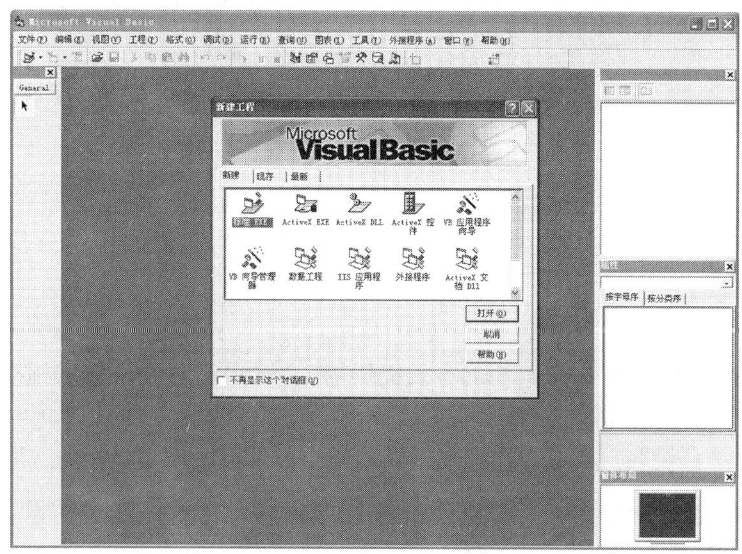

图 1-1　VB 6.0“新建工程”窗口

在“新建工程”窗口中有 3 个选项卡：“新建”、“现存”和“最新”，其中通过“新建”选项卡，可以建立新的工程或应用程序，通过“现存”选项卡可以选择并打开系统中现存的工程文件，“最新”选项卡中列出了最近使用过的工程文件。

单击“新建”选项卡中的“标准 EXE”图标即可进入建立应用程序环境，如图 1-2 所示。“标准 EXE”是最常用的工程之一，可以用来创建标准的 Windows 应用程序，是可以编译或解释执行的应用程序。

1. 标题栏

如图 1-2 所示，标题栏中的标题为“工程 1-Microsoft Visual Basic[设计]”，此时的集成开发环境处于设计模式。VB 有以下 3 种工作模式。

(1)设计模式：可编辑代码，可编辑界面。

(2)运行模式：不可编辑代码，不可编辑界面。

(3)中断模式：可编辑代码，但不可编辑界面。单击“启动”按钮可继续运行；单击“结束”按钮停止程序运行。

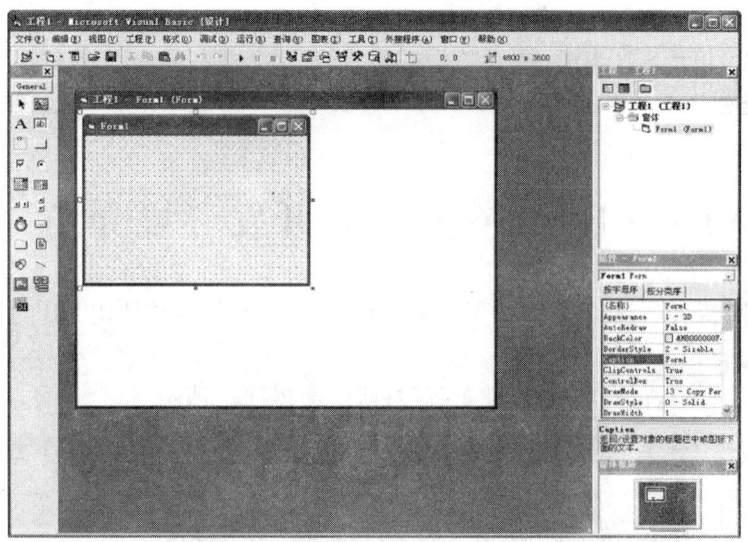

图 1-2　Visual Basic 6.0 的主窗口

2. 菜单栏

菜单栏中的菜单命令提供了开发、调试和保存应用程序所需的工具。VB 6.0 菜单栏共有 13 个菜单项。

3. 工具栏

VB 中最常用的操作是以工具栏的方式提供的。VB 启动时默认显示标准工具栏，如图 1-3所示。除标准工具栏外，还有编辑、窗体编辑器、调试等专业工具栏。如果需要可以通过菜单“视图”→“工具栏”命令，或者在标准工具栏处右击进行所需工具栏的选取。

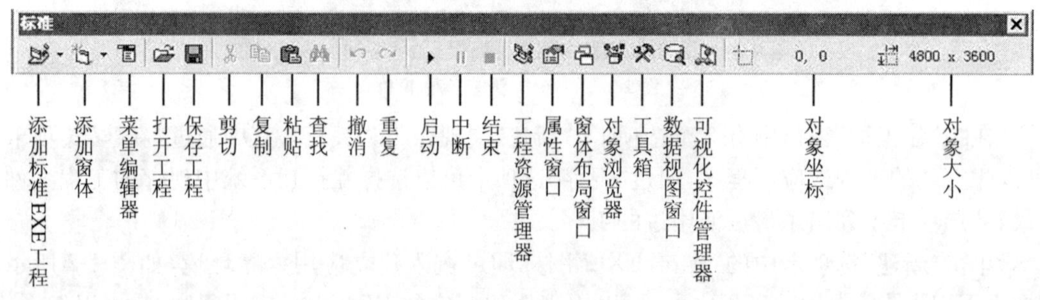

图 1-3　标准工具栏

4. 工具箱窗口

控件工具箱如图 1-4 所示，由 21 个按钮形式的图标所构成，除指针外，每个图标都代表一个标准控件(Control)。控件数目的增减，可以通过单击“工程”→“部件”选项，打开“部件”对话框，在“控件”选项卡中进行。在设计模式下，工具箱总是显示的。若不显示工具箱，可以关闭工具箱窗口；若要再显示，可通过“视图”→“工具箱”命令显示。在运行状态下，工具箱自动隐去。

5. 窗体窗口

窗体是 VB 应用程序的主要组成部分，用户通过与窗体上的控件交互可得到结果。

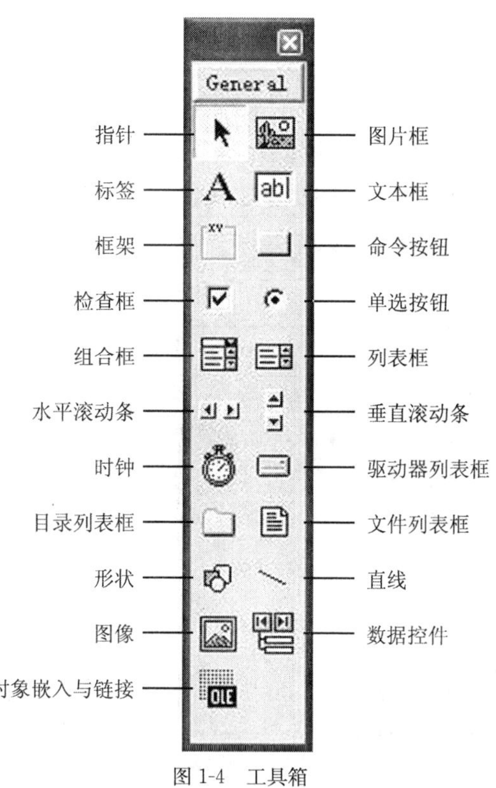

图 1-4　工具箱

窗体窗口(如图 1-5 所示)的标题栏中显示出当前窗体对象所属的工程和它的名称，括号内的 Form 表示窗体对象属于窗体类。每个窗体必须有自己的名称，而且在同一个工程中每个窗体的名称都是唯一的，每个新建的窗体都会有一个默认的名称 Form1、Form2、Form3、……

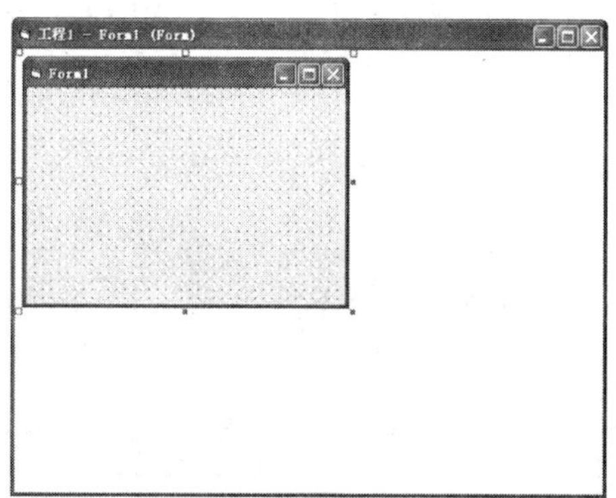

图 1-5　窗体窗口

窗体窗口可以定义窗体对象的大小和外观特征，安排控件对象在窗体中的显示大小和位置。可以通过执行“视图”→“对象窗口”命令显示。

6. 属性设置窗口

属性用来设置对象的特征。属性窗口(如图 1-6 所示)显示的是当前窗体中选中控件的属性列表，可按照属性的字母顺序或性质分类排列。可单击“视图”→“属性窗口”或按功能键 F4 使其再现。

属性窗口由以下 4 部分构成。

(1)对象下拉列表框。显示当前对象的名称及其所属的类。可以选择这个列表框中的其他列表项切换当前对象,也可以在窗体设计器中选择某个对象为当前对象,这时属性窗口的对象下拉列表框中选中的列表项会同步发生变化。在图 1-6 中,当前对象为窗体 Form1。

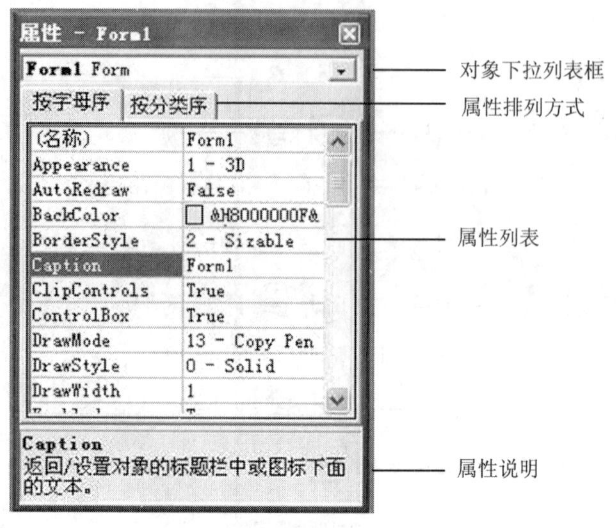

图 1-6 属性窗口

(2)属性排列方式选项卡。为方便程序设计者使用,当前对象的属性均有两种排列方式:按字母排序和按类别排序。编程时可根据实际需要单击其中的一个选项卡,查看当前对象的所有属性及属性值。

(3)属性列表。属性列表的左边一列显示属性名,右边一列列显示对应的属性值。单击左列中的某个属性,该属性被选中,呈反显显示。被选中的属性称为当前属性。例如,在图 1-6 中,窗体 Form1 的当前属性为 Caption(标题)。在右列中可以对当前属性的属性值进行设置。

(4)属性说明。显示当前属性的简短说明。

7. 代码窗口

代码窗口(如图 1-7 所示)用于编写程序代码。代码窗口中包含了对象下拉列表框、过程下拉列表框和代码编辑区。

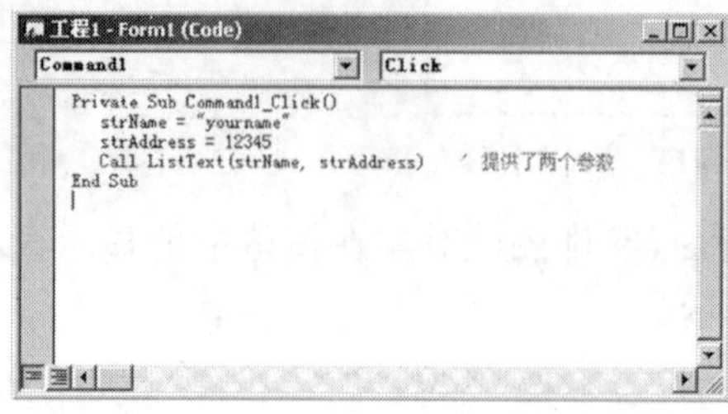

a) 过程查看

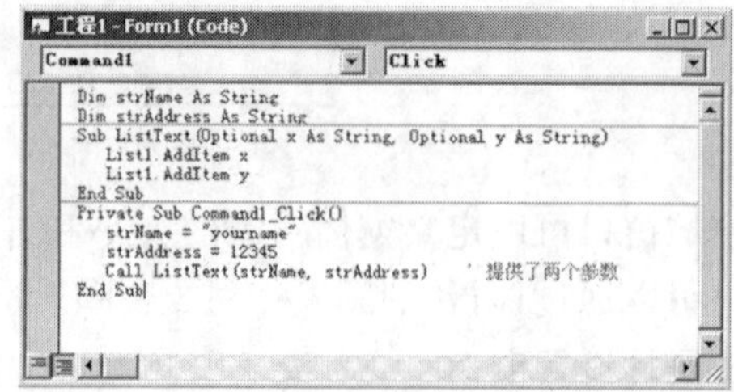

b) 全模块查看

图 1-7 代码窗口

对象下拉列表框：列出了当前窗体及这个窗口中的所有控件的名称。其中，无论当前窗体的名称是什么，在对象下拉列表框中总显示为 Form。这个下拉列表框中的“(通用)”表示与特定对象无关的代码，一般用于声明模块级变量、自定义过程等。

过程下拉列表框：列出了当前对象所拥有的所有事件的名称。需要为哪个事件过程编写代码，就在该列表框中选择相应的事件。当对象下拉列表框中显示“(通用)”时，过程下拉列表框中显示“(声明)”或自定义过程名。

代码编辑区：代码编辑区的显示模式有两种，过程查看〔图 1-7a)〕和全模块查看〔图 1-7b)〕。通过单击代码编辑器左下角的过程查看按钮和全模块查看按钮可以在这两种模式间切换。在过程查看模式下，代码编辑区中只显示当前对象(对象下拉列表框中所显示的对象)的当前事件过程(过程下拉列表框中所显示的事件过程)中的代码或模块级变量的声明或自定义过程的代码。而在全模块查看模式下，则显示组成整个窗体模块的所有代码，各个过程之间、过程与模块级变量的声明之间由横线隔开。

通过单击“视图”菜单中的“代码窗口”菜单项或者双击窗体设计器中的窗体或控件可以打开代码编辑器，单击代码编辑器窗口右上角的“关闭”按钮可以关闭它。

8. 工程资源管理器窗口

通过单击“视图”菜单中的“工程资源管理器”菜单项或者标准工具栏中的“工程资源管理器”按钮可以打开工程资源管理器，如图 1-8 所示，可以对所有工程资源(应用程序的各个组成部分)进行可视化管理。工程文件的扩展名为“. VBP”，工程文件名显示在工程文件窗口的标题栏内。在工程资源管理器窗口可以打开、添加或删除每一个资源，每个资源以独立的文件存在。

工程资源管理器窗口的上部是三个工具按钮：“查看代码”按钮、“查看对象”按钮和“切换文件夹”按钮。

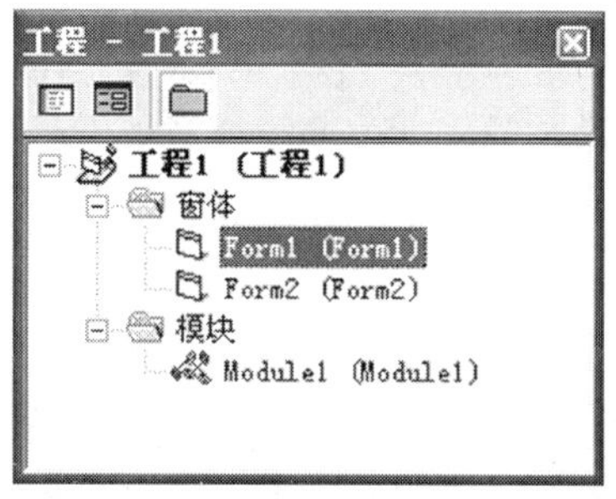

图 1-8　“工程资源管理器”窗口

(1)查看代码：可切换到代码窗口，显示和编辑代码。

(2)查看对象：可切换到窗体窗口，显示和编辑对象。

(3)切换文件夹：切换文件夹显示的方式。

工程资源管理器窗口的列表窗口，以层次列表形式列出组成这个工程的所有文件。主要有以下两种类型的文件。

(1)窗体文件(. FRM 文件)：含该文件存储窗体及其中所有控件对象和有关的属性、对象相应的事件过程、程序代码。

(2)标准模块文件(. BAS 文件)：含该文件存储所有模块级变量和用户自定义的通用过程。

9. 窗体布局窗口

窗体布局窗口(如图 1-9 所示)在屏幕的右下角,显示程序运行时窗体的初始位置。拖动该窗口中的窗体对象,能很方便地调整窗体运行时的初始位置。

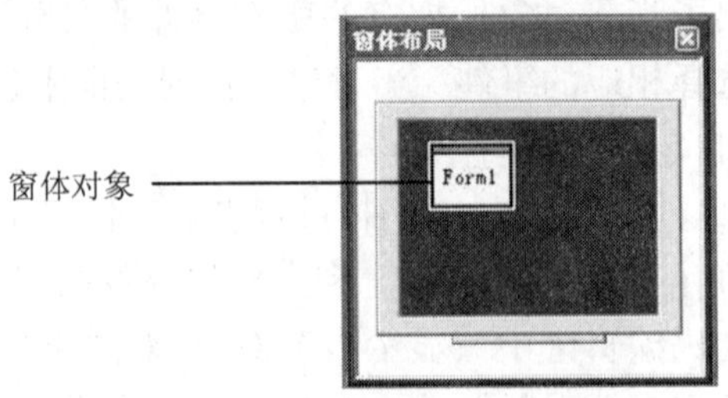

图 1-9 窗体布局窗口

通过单击"视图"菜单中的"窗体布局窗口"菜单项或者标准工具栏中的"窗体布局窗口"按钮可以打开窗体布局窗口。单击窗体布局窗口右上角的"关闭"按钮可以将其关闭。

10. 立即窗口

"立即"窗口在 IDE 之中运行应用程序时才有效,是专门为调试应用程序提供的。用户可直接在该窗口中利用 Print 方法或直接在程序中用 Debug. Print 显示所关心的表达式的值。

1.4 设计 VB 程序的步骤与方法

1.4.1 VB 程序设计步骤

在 VB 中,一个独立的应用程序称为一个工程,开发一个 VB 工程的通常步骤如下。

1. 创建窗体

绝大多数应用程序都至少有一个窗体,否则用户无法与程序进行交互,所以 VB 程序设计的第一步就是创建一个窗体。

2. 设计界面

应用程序通常是需要与用户进行交互的,比如我们常见的登录界面,需在文本框中输入用户名、密码,单击【确定】按钮判断用户的输入是否正确,这个界面中出现的文本框、按钮都是控件,因此需要在窗体设计之初添加所需的控件。

3. 设置属性

可以通过属性窗口方便地对窗体和控件对象的大小、位置、颜色、样式等进行属性设置。还有一个重要的属性,那就是它们的名称(Name)属性,名称是程序识别不同对象的唯一标识。

4. 编写代码

接下来就需要在代码窗口中进行编程。代码是用文本表示的、按照语法规定书写的程序指令集合,也就是将指令按照一定的逻辑关系进行编排。这是编写 VB 程序的核心步骤。

5. 调试运行

编写的代码在语法上和逻辑上可能不一定正确，需要运行程序并发现问题，然后修改问题、再运行、再调试，直至程序运行正确为止。

6. 保存工程

工程开发完成或部分完成时，需要保存已完成部分的窗体和代码文件。保存的工作其实贯穿程序开发的整个过程中。

7. 编译程序

工程通过上述步骤后就可以发布并投入使用了。所谓发布指的是将程序部署到其他的通用运行环境，也就是不依赖于 IDE 的环境中运行。要脱离这个环境运行，就必须将程序源代码编译生成可执行的机器代码，生成的可执行代码文件的扩展名是“. exe”。

1. 4. 2 VB 程序设计举例

根据上节所列步骤，本节通过创建一个简单的程序，使读者对使用 VB 编程有一个总体的认识，同时也能领略到 VB 的简单易用。

例 1-1 江苏卫视的《万家灯火》中有一期讲座“战胜糖尿病”，专家指出肥胖的人属于糖尿病的高危人群，他们比不胖的人得糖尿病的机率高 3 倍。标准体重的计算有一个简单的公式：标准体重＝身高－100。本例实现了根据身高得到对应标准体重的功能。

1. 创建窗体

启动 VB6. 0 进入开发环境，同时自动创建一个窗体 Form1，就像打开 Word 时默认创建一个空白文档一样。

2. 设计界面

根据本例的需求，界面中需放置控件：1 个标签 Label1、1 个文本框 Text1 和 1 个按钮 Command1。在控件工具箱中单击合适的控件图标，然后在窗体中拖动鼠标，画出一个矩形，即可得到相应的控件，拖动鼠标调整控件到适当的大小和位置。

3. 设置属性

程序中各对象的属性设置如表 1-1 所示。

程序中对象的属性设置 表 1-1

对 象	名 称	属 性	属 性 值
窗体	Form1	Caption	计算标准体重(单位:kg)
标签	Label1	Caption	身高(单位:cm)
文本框	Text1	Text	
按钮	Command1	Caption	计算

4. 编写代码

在窗体窗口中双击【计算】按钮即可进入代码窗口，此时已经自动写好了两行代码，这是按钮对象 Command1 被单击(Click)时的事件响应接口框架，编程者只需在 Sub 和 End Sub 之间添加代码即可。

```
Private Sub Command1_Click()
    Dim tz As Integer
    tz=Text1-100
    MsgBox "您的标准体重是" & tz & "kg"
End Sub
```

这段代码的含义是：当按钮 Command1 被单击时，首先计算出标准体重，然后弹出对话框并显示“您的标准体重是 * * kg”，其中的 * * 根据身高的值计算得到。

5. 调试运行

单击工具栏中的“启动”按钮运行该程序。程序启动后，用户在文本框中输入身高，如输入 162，然后单击【计算】按钮，此时会弹出对话框“您的标准体重是 62kg”，运行结果如图 1-10所示。

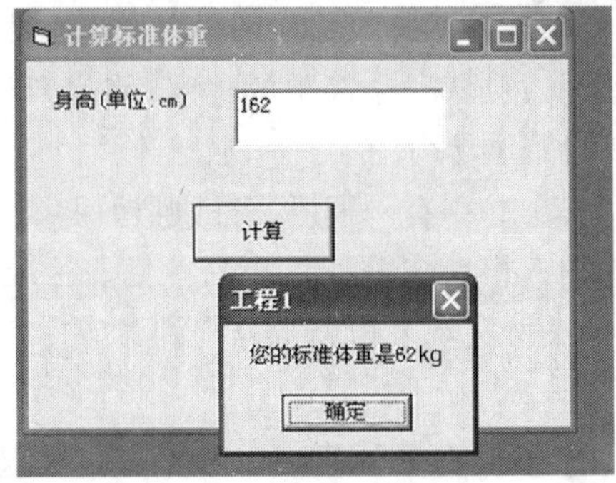

图 1-10　运行效果

6. 保存工程

至此，一个简单 VB 应用程序完成了。但这些程序都位于内存中，因此还需将其保存在磁盘中。

本例仅涉及一个窗体，只产生一个窗体文件和工程文件。单击“文件”菜单的“保存工程”选项或工具栏中的“保存”按钮，将会弹出“保存”对话框。此处要记住，在磁盘中选择一个适当的位置为工程单独创建一个文件夹，保存的顺序依次为窗体文件“form1. frm”、工程文件“工程1. vbp”，这两个名字都是 VB 给出的默认文件名(也可以自定义，但扩展名不能更改)。

7. 编译程序

为使程序能脱离 VB 环境而独立运行，需要生成可执行文件。单击“文件”菜单的“生成 * * *. exe”(* * * 为工程名)，在弹出的“生成工程”对话框中，选择保存位置和文件名(默认保存在当前工程文件夹下，文件名为“工程 1. exe”)，单击“确定”按钮即可生成程序的可执行文件。

1.5 本章小结

本章首先介绍了程序设计的基础知识，指出 Visual Basic 是一种高级语言；然后简述了

Visual Basic 的发展过程，介绍了 Visual Basic 的基本特点和集成开发环境；最后，以一个实际的例子简述了开发 Visual Basic 程序的步骤与方法。

本章要掌握程序设计语言的发展过程；了解集成开发环境中各窗口的功能，并能够熟练定制集成开发环境；了解开发 Visual Basic 程序的一般步骤，并能运用到后续的编程中。

1.6 思考和练习

1. 问答题

(1)VB 6.0 集成开发环境由哪些部分组成？并简述它们的用途。

(2)请描述 VB 程序的开发步骤。

(3)在 VB 的 IDE 中编写的程序，可以脱离 IDE 运行么？如果可以，需要什么条件？

2. 选择题

(1)下面列出的程序设计语言中(　　)是面向问题的语言。

A. 机器语言　B. 汇编语言　C. 高级语言　D. 0-1 二进制语言

(2)下面列出的程序设计语言中(　　)不是面向对象的语言。

A. C　B. C++　C. Java　D. VB

(3)下列(　　)不属于 VB 6.0 的版本。

A. 学习版　B. 专业版　C. 企业版　D. 共享版

(4)在下列操作中，不能打开工具箱窗口的操作是(　　)。

A. 执行“视图”菜单中的“工具箱”命令

B. 按 Alt+F8 键

C. 单击工具栏上的“工具箱”按钮

D. 按住 Alt 键不放，然后先按 V 键，再按 X 键

(5)VB 窗体设计器的主要功能是(　　)。

A. 建立用户界面　B. 添加图片　C. 编写源程序代码　D. 显示文字

(6)通过(　　)可以在设计阶段直接调整窗体在屏幕上的显示位置。

A. 代码窗口　B. 窗体设计窗口　C. 窗体布局窗口　D. 属性窗口

(7)打开属性窗口不能使用下述(　　)项操作。

A. 执行“视图”菜单中的“属性窗口”命令

B. 按 F4 键

C. 使用组合键 Ctrl+T

D. 单击工具栏上的“属性窗口”按钮

3. 填空题

(1)VB 工程文件的扩展名是________，窗体文件的扩展名是________。

(2)在 VB 中，按下________键运行程序。

(3)在 Visual Basic 6.0 中，程序共有________、________和中断三种工作状态。

第二章
VB 程序设计入门

VB 最主要的对象是窗体和控件。它们是编写应用程序的基础，也是 VB 作为可视化编程的重要工具。本章首先以一个典型的登录界面为引例，提出实现时要解决的几个问题；以解决问题为目的，引出知识点——面向对象程序设计的基本概念，介绍了窗体、标签、文本框和命令按钮的常用属性、事件和方法。通过本章的学习，读者可以进行简单的应用程序设计。

学习目标

学完本章后，应该达到如下学习目标：

(1)理解面向对象程序设计的方法。

(2)掌握窗体对象的常用属性、事件及其方法。

(3)掌握文本框、标签和命令按钮控件的常用属性、事件和方法及其使用。

(4)初步了解简单应用程序的界面设计。

本章重难点

1. 本章重点

(1)窗体、文本框、标签、命令按钮控件的使用。

(2)事件驱动的程序设计和工作过程。

2. 本章难点

(1)对象的属性、事件、方法及其之间的区别和联系。

(2)事件驱动的工作原理。

2.1 案例引入及分析

许多应用软件都有一个登录界面，比如常用的 QQ 登录界面、飞信登录界面、阿里旺旺登录界面等，只有当用户的账号和密码输入正确时，才能使用软件提供的功能。

例 2-1　本案例制作一个简单的登录界面，如图 2-1 所示。

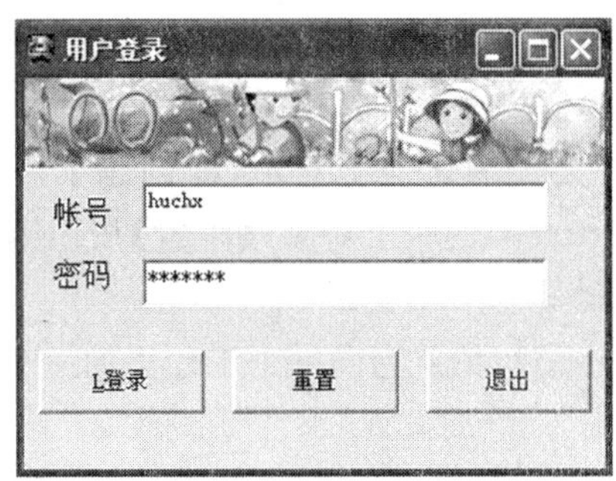

图 2-1　登录界面

要求：单击【登录】按钮，弹出"登录成功!"；单击【重置】按钮，清空账号和密码文本框中的内容；单击【退出】按钮，关闭程序。

分析：按照第一章 1.4 节创建 VB 程序的步骤，创建完一个窗体后就需要设计界面了。图 2-1 的界面设计中，需要使用几个控件，包括两个文本框对象(用于输入账号和密码)、三个按钮对象、两个标签对象(用于显示提示信息"账号"和"密码")。

在实现例 2-1 的过程中，带着如下几个问题，进行后续知识点的学习。

(1)文中提到了"对象"，"对象"的含义是什么?

(2)在 VB 中，对象如何建立? 如何编辑：选择对象、调整大小、快速对齐等?

(3)窗体标题栏上的图标和文字、窗体上的背景图片、背景色等如何设置?

(4)图 2-1 中的"账号"、"密码"提示信息是直接显示在窗体上，还是显示在窗体的某个控件上?

(5)账号、密码后面的控件同是文本框对象，但为何输入账号的文本框显示的是明文，而输入密码的文本框中却以" * "显示?

(6)同是按钮对象，三个按钮上显示的文字却是不同的，如何设置? 另外，【登录】按钮上的快捷键如何设置?

2.2 面向对象程序设计的基本概念

用 Visual Basic 进行应用程序设计，实际上是与一组标准对象进行交互的过程。因此正确地理解对象的概念，是设计 Visual Basic 程序的重要一环。学完本节，能解决 2.1 节提出的(1)和(2)两个问题。

2.2.1 对象的概念

对象是具有某些特定性质和行为的实体，类是对象共同的性质和行为的描述，是一种模板，而对象则是类的实例。例如，各种各样的汽车，都属于汽车的范畴，那么，某一辆大众牌的银色小轿车就是汽车的一个实例，在这里汽车是类，而这辆大众牌的银色小轿车则是该类的一个对象。

在第一章谈到，Visual Basic 是面向对象的程序设计语言。面向对象的程序设计需要根据实际情况自己设计类、建立类的对象，或者应用已有的类建立程序所需的对象。

在 VB 中，工具箱提供了一套界面设计常用的对象模板——标准控件类，当把工具箱的某一工具拖动到窗体上，就将类实例化为了对象，即创建了一个控件对象。在例 2-1 中，【登录】按钮就是 CommandButton 类的一个对象，【重置】按钮则是 CommandButton 类的另一个对象；输入账号的文本框是 TextBox 类的一个对象。

窗体是个特例，它既是类也是对象。当向一个工程添加一个新窗体时，实质就是由窗体类创建了一个窗体对象。

2.2.2 对象的建立和编辑

1. 对象的建立

在窗体上建立对象的方法有以下 3 种。

(1)在工具箱中双击所需的控件图标，则该控件按默认的大小和形状出现在窗体中央。

(2)在工具箱中单击所需的控件图标，将鼠标移动到窗体上合适的位置，按住鼠标左键拖动到所需的大小后释放鼠标。

(3)在窗体中添加多个同类控件，方法如下：

①按住 Ctrl 键，同时单击工具箱中要添加的控件图标，然后释放 Ctrl 键和鼠标。

②鼠标移到窗体中的适当位置，按住左键拖动到所需的大小后释放鼠标，即可加入一个控件。

③重复第②步，可加入多个同类控件。

④单击工具箱中的指针图标，添加结束。

2. 对象的选定

(1)单个对象的选定。单击对象就可选定，这时选中的对象周围出现 8 个方向的控制点。

(2)多个对象的选定。

①先选定一个对象，按 Ctrl 键或 Shift 键，再单击其他要选定的控件。

②区域法选择。拖动鼠标指针，将欲选定的对象包围在一个虚线框内即可。

如果要取消选中某个控件，可以按住 Ctrl 键或 Shift 键，然后单击该控件。

3. 对象的缩放

在窗体上缩放对象的方法有 2 种。

(1)选定对象，把鼠标移到任何一个控制点上，待指针变成双向箭头时，拖动鼠标。

（2）选定对象，按住 Shift 键，借助方向键，即可进行缩放。

技巧：同时选择多个控件，然后按住 Shift 键，借助方向键，可同时调整多个控件的大小。这是一种简单实用的方法。

4. 对象的移动

在窗体上移动对象的方法有 2 种。

（1）鼠标指向要移动的对象，按下左键并拖动鼠标，就能移动窗体上的控件。

（2）选定对象，按下 Ctrl 键，借助方向键，即可进行移动。

技巧：同上述类似，若选择了多个控件，然后按住 Ctrl 键，借助方向键，可同时移动多个控件。

5. 对象的删除

选中要删除的对象，按 Del 键，或执行"编辑"→"删除"命令，或者右击，在快捷菜单中选择"删除"命令。

如果想恢复误删除的控件，按 Ctrl＋Z 键或者选择"编辑"菜单的"撤销删除"命令。

6. 对象的对齐

当窗体上有多个控件时，为了使窗体看起来整齐美观，需要对窗体进行合理布局，如对齐控件、统一控件的尺寸等。手动调整不但速度慢而且调整的效果也不会很好，下面通过例 2-1 的 3 个按钮，介绍如何使用菜单命令实现控件大小一致。

（1）单击工具箱中的 CommandButton 控件，然后单击选择该控件，并用鼠标在窗体的合适位置上拖动，当达到所需要控件的大小后释放鼠标；同样的方法添加另外 2 个按钮。

（2）选定这 3 个按钮，如图 2-2 所示，选择"格式"菜单→"统一尺寸"→"两者都相同"命令，则 Command1、Command2 按钮的大小都会和 Command3 一致。（注：请注意图 2-2 中 Command3周围 8 个控制点与另外 2 个按钮周围控制点的不同）

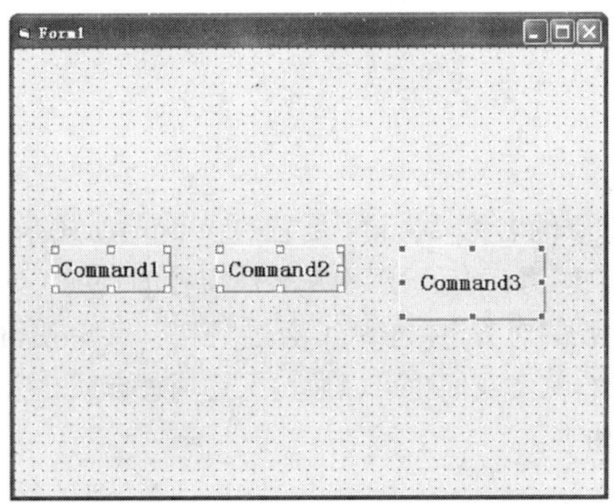

图 2-2　选定后界面效果

（3）选择"格式"菜单→"对齐"→"顶端对齐"后，Command1、Command2 和 Command3 的顶端进行了对齐。

7. 对象的锁定

在设计窗体时，有时会不小心将窗体中已经设计好的控件误调到其他位置，这样就需要花费时间重新调整。为了避免这种情况的发生，可以将设计好的控件锁定，使其不能移动或改变大小，防止设计时随意移动控件或改变控件大小。锁定控件的设置方法有以下几种：

(1)选择“格式”菜单→“锁定控件”命令。

(2)在工具栏的窗体编辑器中直接单击“锁定控件”按钮。

(3)在窗体上单击鼠标右键，在弹出的快捷菜单中选择“锁定控件”命令。

注意：解除对控件的锁定，只需再次选择“锁定控件”命令，或是窗体编辑器中直接单击“锁定控件”按钮，或是选择“格式”菜单→“锁定控件”命令，窗体上的控件即可进行移动或更改大小。

2.2.3 对象的属性

对象某一方面的性质称为对象的属性。例如，VB 中的窗体具有窗体大小、位置、背景颜色和图片、窗体标题等各种属性，属性的取值叫属性值。

设置对象的属性有两种方法：

(1)在设计阶段利用属性窗口直接设置。

(2)在运行阶段，用 VB 语句通过赋值语句设置。

用 VB 语句设置对象属性的格式是：对象名称. 属性名称＝属性值，其中“. ”表示汉语中“的”的含义。

例如，要把例 2-1 中窗体对象的大小设置为：高度＝4800，宽度＝5600，可采用以下两种方法之一。

(1)使用属性窗口设置。

①设计阶段，在窗体上的空白处单击，选中窗体；

②在属性窗口找到窗体对象的 Height，属性值处输入 4800；找到 Width，属性值输入 5600。

(2)VB 语句如下：

```
Form1. Height=4800
Form1. Width=5600
```

Form1 是一个窗体对象的名称，Height 是它的一个属性，用来表示窗体的高度，4800 是高度值；Width 是窗体对象的另一个属性，用来表示窗体的宽度，5600 是宽度值。

再例如，2. 2. 2 节“对象的对齐”中介绍了通过“格式”菜单使得 Command1、Command2 和 Command3 的大小一致，其实我们也可以通过上述两种方式之一实现。

若用 VB 语句，代码如下：

```
Command1. Width=Command3. Width
Command1. Height=Command3. Height
Command2. Width=Command3. Width
Command2. Height=Command3. Height
```

这段代码的含义是使 Command1、Command2 的大小等于 Command3 的大小。

大多数属性既可在设计阶段也可在运行阶段设置，这种属性称为可读/写属性；而一些属性只能在设计阶段通过属性窗口设置，在运行阶段不可改变其值，称为只读属性，如控件名称(Name)属性等；还有少数属性只能在运行阶段设置，如选定文本(SelText)属性等。

2.2.4 方法

这里所说的方法是 VB 的一个术语，是指 VB 提供的已经封装好的具有特定功能的一段通用子程序，可供对象直接调用。调用语句格式如下：

对象名称.方法名称 [方法参数]

例如，要在图片框中输出一句话："欢迎使用 VB!"。VB 语句如下：

```
Picture1. Print "欢迎使用 VB!"
```

Picture1 是一个图片框控件对象的名称，Print 是方法名称，"欢迎使用 VB!" 是 Print 方法的参数。

2.2.5 事件

事件是指 VB 预先定义的、能被对象识别的动作，如单击、双击、获得焦点、失去焦点等。当程序执行时，某个事件被触发，应用程序对这个事件做出反应，实际上就是执行一段程序代码，这段程序代码就是一个事件过程。VB 中不同类的对象能识别不同的事件，拥有不同的事件过程。编写 VB 应用程序的主要工作就是在已建立的对象所拥有的事件过程中选取符合程序设计要求的事件过程，然后为这些事件过程编写代码。

如，在例 2-1 中要求单击【登录】按钮时弹出"登录成功！"

因为按钮要响应单击事件，所以，在代码窗口中首先需要选取该按钮(名称为 Cmd_login)的单击事件过程，自动生成事件模板：

```
Private Sub Cmd_login_Click()

End Sub
```

注意：在窗体窗口中双击 Cmd_login，也可完成该过程。

然后按上面的要求编写代码，整个事件过程的代码为：

```
Private Sub Cmd_login_Click()
    MsgBox "登录成功!"
End Sub
```

MsgBox 语句表示弹出对话框的含义，具体使用方法请见第三章。

事件过程名称的格式一般为"对象名称_事件名称（[事件过程参数]）"，但当对象是一个窗体时，"对象名称"始终为"Form"，详见第六章的 6.3 节。

2.3 窗体和基本控件

为了后面编程的方便，本节先简要介绍窗体和最基本的控件：标签、文本框和按钮，其他控件的学习方法同本节，从控件的常用属性、方法和事件入手即可。因此本节将尽量完整详尽地叙述每一个细节。

2.3.1 共有属性

每一个对象都有自己的属性，不同的对象有许多相同的属性。以下是所有控件（注：不仅仅指本章的窗体、标签、文本框和按钮）共有的属性。

1. Name 属性

该属性是对象的名称，是系统识别对象的唯一标识。所有的控件在创建时由 VB 自动提供一个默认名称，例如 Label1、Command1 等。Name 属性在属性窗口的“名称”栏可以进行修改，在运行时是只读的。

设置的名称最好“见名知义”，以增强程序的可读性。命名规则参见第三章。

2. Enabled 属性

该属性决定控件在运行时是否能够响应事件，有两个属性值：True、False。

True：允许用户进行操作，并对操作作出响应（默认值）。

False：禁止用户进行操作，控件呈暗淡色。

3. Index 属性

如果将对象做成数组，Index 就是数组的下标。详见第五章 5.5 节的内容。

2.3.2 非共有属性

有些属性是多数界面对象所共有的，下面介绍对于窗体、标签、文本框和按钮共有的一些属性。

1. Height、Width、Top 和 Left 属性

在窗体上设计控件时，VB 提供了默认的坐标系统。窗体左上角为坐标原点，上边框为坐标横轴，左边框为坐标纵轴，坐标单位为缇（twip），1twip＝1/20 点＝1/1440 英寸＝1/567 厘米。

(1) Height 和 Width 属性

它们决定了控件的高度和宽度，如图 2-3 所示。

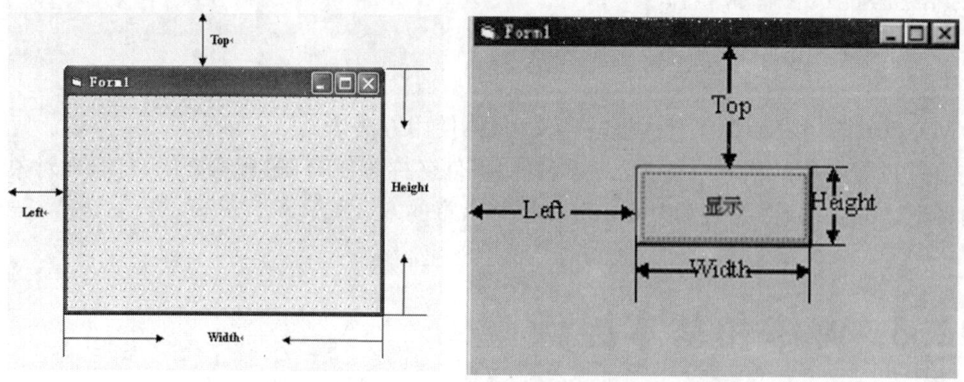

图 2-3 窗体和控件的 Left、Top、Height 和 Width 属性

(2)Top 和 Left 属性

如果是窗体对象,表示窗体在屏幕中的位置:Left 属性是指窗体左边界于屏幕左边界的相对距离,Top 属性是指窗体顶边与屏幕顶边的相对距离,如图 2-3 所示;如果是控件对象,Left 和 Top 指控件的左边和顶边相对于窗体左边和顶边的距离。

2. Font 系列属性

Font 是属性组,用来设置窗体上正文的字体。可以在属性窗口中选择字体对话框设置字体、字型、字号和效果等。也可以在代码中给各属性赋值,各个属性表示的含义如下。

FontName:字符型,字体。

FontSize:整型,字体大小,以磅为单位。

FontBold:逻辑型,是否是粗体。默认值是 False,不加粗。

FontItalic:逻辑型,是否是斜体。默认值是 False,不倾斜。

FontStrikeThru:逻辑型,是否加删除线。默认值是 False,不加删除线。

FontUnderLine:逻辑型,是否带下划线。默认值是 False,不带下划线。

如以下的代码:

```
Form1. FontName="隶书"   '设置字体名称
Form1. FontSize=12       '设置字体大小
```

3. 前景色(ForeColor)和背景色(BackColor)属性

ForeColor 属性用于设置或返回控件的正文颜色,改变 ForeColor 属性不影响已创建的文本或图形。BackColor 属性用于设置控件正文以外的显示区域的颜色。

ForeColor 和 BackColor 的值可以直接在属性窗口中使用调色板设置,也可以在代码中使用 RGB(R,G,B)函数或 QBColor 函数设置颜色。

表 2-1 列出了一些常见的标准颜色。

RGB 颜色方案　　表 2-1

颜　色	红 色 值	绿 色 值	蓝 色 值
黑色	0	0	0
蓝色	0	0	255
绿色	0	255	0
青色	0	255	255
红色	255	0	0
洋红色	255	0	255
黄色	255	255	0
白色	255	255	255

4. Visible 属性

该属性决定控件是否可见。

True:程序运行时控件可见(默认值)。

False:程序运行时控件隐藏起来,不可见,但控件本身仍然存在。

Visible 属性也可以在代码中设置，格式为：

```
对象.Visible=Boolean 值
```

注意：此属性只有在程序运行时才起作用。即使在设计阶段把该属性设置为 False，对象仍然可以看到。

2.3.3 窗体

窗体是设计 VB 应用程序的“工作台”，是设计用户界面的“画布”。程序运行时，窗体是用户与应用程序之间进行交互的窗口。窗体可以看成是控件的容器，几乎所有的控件都是添加在窗体上的。

窗体是对象的一种，在本节中将介绍窗体的属性、事件和方法。学完本节，能解决2.1节提出的第(3)个问题。

1. 窗体的结构

VB 中的窗体结构和 Windows 环境下的应用程序窗口一样。窗体结构如图 2-4 所示，由标题栏、控制菜单、控制按钮和窗体界面组成。

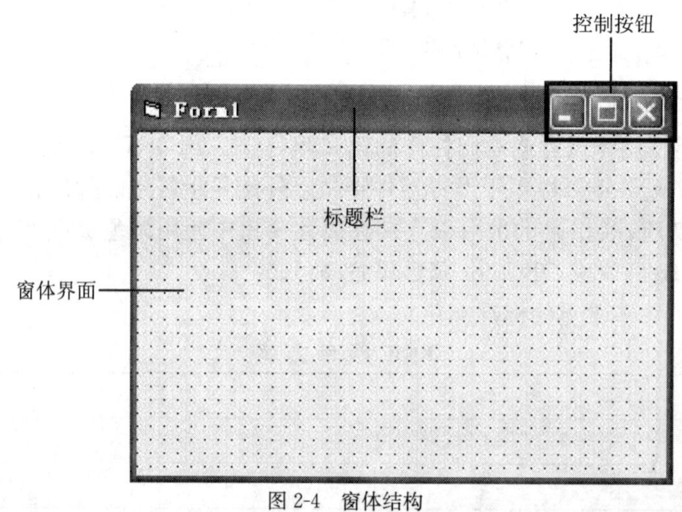

图 2-4 窗体结构

(1)标题栏

标题栏是指窗体顶部的长条区域，在其中显示窗体的图标和标题，双击窗体图标将关闭该窗体。

(2)控制按钮

窗体的控制按钮位于窗体标题栏的最右端，包括“最大化”、“最小化”和“关闭”按钮，其作用是对窗体进行控制。

(3)窗体界面

窗体界面指用户设计程序外观的操作界面，可以在该界面上放置各种控件。

(4)控制菜单

单击窗体标题栏上的图标或者在窗体栏的其他位置单击鼠标右键，都将以下拉的方式显示系统的控制菜单。

2. 常用属性

下面按字母顺序列出窗体常用的属性，这些属性中有少数是只适用于窗体的。

(1)边框样式(BorderStyle)属性

不同的窗体有不同的用处，根据窗体不同的用处，可以将其设置成不同的样式。利用窗体的 BorderStyle 属性可以设置窗体的样式，该属性用于返回或设置对象的边框样式。但窗体对象在运行时，是不可用的。

该属性的设置值如表 2-2 所示。

BoderStyle 属性值 表 2-2

设 定 值	常 量	定 义
0	None	无边框，无法移动及改变大小
1	FixedSingle	单线边框，可移动但不可以改变窗口大小
2	Sizable	双线边框，可移动并可以改变窗体大小
3	FixedDouble	固定边框，不可以改变窗体大小
4	FixedToolWindow	有关闭按钮，不可以改变窗体大小
5	SizableToolWindow	有关闭按钮，可以改变窗体大小

(2)标题(Caption 属性)

窗体的 Caption 属性用于设置窗体显示的标题。当窗体最小化时，该文本显示在窗体图标的下面。Caption 属性的语法格式为：

```
object. Caption[=string]
```

参数说明：

object：对象表达式，这里为窗体对象。

string：字符串表达式，其值是显示为标题的文本。

该属性既可以在属性窗口中设置，也可以在事件过程中通过代码设置。

(3)控制框(ControlBox)属性

该属性设置窗体是否有控制菜单。True 为有控制菜单(默认值)；False 为没有控制菜单，这时系统将 MaxButton 和 MinButton 属性自动设置为 False。

注意：此属性只适用于窗体。

(4)图标(Icon)属性

该属性用来设置窗体在运行时处于最小化状态时显示的图标。一般情况下，如果不对 Icon属性进行设置，VB 会给窗体设置一个默认的图标，在将工程生成 EXE 文件的时候，将显示该图标。在实际的开发中，程序员会给自己的程序设置一个美观大方、具有实际意义的图标。

在设计阶段，从属性窗口中单击该属性右边的触发按钮，在弹出的“加载图标”对话框中选择一个图标文件(通常是.ICO 格式)装入。也可以在程序代码中使用 LoadPicture()函数给Icon属性赋值。

下面的代码可对窗体的图标进行设置：

```
Private Sub Form_load()
    Me. Icon=LoadPicture(App. Path & "\test. ico")  '加载窗体图标
End Sub
```

(5)最大化按钮(MaxButton)和最小化按钮(MinButton)属性

这两个属性用来设置窗体右上角的最大化按钮和最小化按钮是否显示，默认为 True。一般窗口都会显示这两个按钮。在设计对话框时，如果需防止对话框运行时被最大化或最小化，会将这两个属性设置为 False。

注意：这两个属性只适用于窗体。

(6)背景(Picture)属性

VB 灰色的窗体背景并不美观，在设计应用程序的时候，为了窗体的美观性会给窗体设置一个符合程序主题的背景图片。这里可以通过在窗体上添加一个 Image 控件或 PictureBox 控件，然后在控件中添加图片来实现，当然也可以通过直接设置窗体的 Picture 属性来实现。

在使用 Picture 属性时，可以通过属性窗口实现，也可以通过程序代码实现。

下面的代码可对窗体的背景进行设置：

```
Private Sub Form_load()
    Me. Picture=LoadPicture(App. Path & "\界面. jpg")
End Sub
```

通过上面窗体属性的学习，您能指出例 2-1 中的窗体设置了哪些属性么？

3. 常用事件

与窗体有关的事件较多，其中常用的有以下几个。

(1)Load(载入)事件

当窗体加载到内存时发生，该事件由系统自动触发。常在 Load 事件里对变量或属性进行初始化。

(2)Unload(卸载)事件

当从内存中清除一个窗体(关闭窗体或执行 Unload 语句)时触发该事件，是与 Load 事件对应的事件，也是由系统触发。

(3)Initialize(初始化)事件

当应用程序创建窗体的实例时发生，它发生在 Load 事件前，是程序运行时发生的第一个事件。

(4)Activate(活动)事件和 Deactivate(非活动)事件

当窗体成为活动窗体时触发的事件。用户单击某个窗体或在程序代码中用 Show 方法显示窗体，或用 SetFocus 把焦点设置在某个窗体上时都能使该窗体成为活动窗口，此时触发 Activate 事件。在另一个窗体变为活动窗口前触发 Deactivate 事件。

(5)Click(单击)事件

用鼠标左键单击窗体时发生的事件。注意，单击的位置必须没有其他对象，如果单击窗体上的控件，只能调用控件的单击过程，不能调用 Form_Click 过程。

(6)DblClick(单击)事件

用鼠标左键双击窗体时发生的事件。实际上,双击时触发了两个事件,第一次按鼠标按钮时产生 Click 事件,第二次产生 DblClick 事件。

(7)Paint(绘画)事件

当窗体被移动或放大,或者窗体移动时覆盖了一个窗体,此时触发该事件。

4. 常用方法

窗体有许多方法,通过在代码中调用来执行。常用的方法如下。

(1)Show 方法

Show 方法是窗体最常用的方法,用于显示窗体。如果调用 Show 方法时指定的窗体没有装载,VB 将自动装载该窗体。如果窗体被遮住,调用 Show 方法可以将窗体显示在屏幕最上层。调用格式为:

```
[窗体名].Show
```

(2)Hide 方法

该方法用于隐藏一个窗体,但并不把窗体从内存中卸载。它的调用格式为:

```
[窗体名].Hide
```

(3)Refresh 方法

该方法用于对窗体进行刷新,使窗体显示新的内容。它的调用格式为:

```
[窗体名].Refresh
```

(4)Cls 方法

Cls 方法用来清除在窗体上显示的文本或图形。它的调用格式为:

```
[窗体名].Cls
```

(5)Move 方法

Move 方法可以移动窗体,并可以改变窗体的大小。它的调用格式为:

```
[窗体名].move  Left,[Top[,Width[,Height]]]
```

注意:窗体名称也可以用 Me 关键字来代替。Me 关键字是窗体的通用称呼,在某一时刻 Me 代表当前窗体。例如:Me.FontName="隶书",表示将当前窗体的字体设置为隶书。

(6)Print 方法

Print 方法用于在窗体上显示文本。它的调用格式为:

```
[窗体名].print [要打印的表达式或表达式的列表]
```

技巧:在书写代码时,写完对象名后,只要接着写一个句点(.),VB 就会自动列出该对象的成员以供选择,以免记不住成员名称或出现拼写错误,这是 VB 开发环境为程序员提供的效率工具之一。反之,如果将对象名称拼写错了,当书写完句点(.)后,也就不会列出对象的成员,这时就需要注意仔细检查对象名称是否输入正确。

2.3.4　标签

标签的主要作用是在窗体上相对固定的位置显示提示信息,可以用作标题、栏目或输入输出区域的标识，也可作为结果信息的输出区域，常和文本控件一起使用。例 2-1 窗体上显示的“账号”和“密码”就是分别用两个标签实现的，起到了提示文本框性质的作用。

因为标签控件的事件和方法一般很少用到，所以下面只介绍其常用属性，部分属性前面已经讲过，这里就不再重复。

1. Alignment 属性

该属性用来设定标签中文本的对齐方式。可以设置为 0、1 或 2，表示意义如下：

0：左对齐(默认值)

1：右对齐

2：居中

2. Autosize 属性

该属性设定标签是否根据标签内容自动调整大小。其属性值为逻辑型，如果把 Autosize 属性设置为 True，则标签大小自动调整以适应内容；如果设置为 False，则标签将保持设计时的大小，一旦内容太长，标题会显示不全。

3. BackStyle 属性

BackStyle 属性用于设定标签的背景模式。共有两个值，其中 0 表示标签重叠显示在背景上，即标签是“透明”的。1 表示显示标签时把背景覆盖掉，是该属性的默认值。

4. WordWrap 属性

WordWrap 属性用来设定标签中的文本在显示的时候是否能够自动换行。如果属性值设置为 True 表示文本可以自动换行，标签将在垂直方向上变化大小以适应标题文本，水平方向上与设计时一样保持不变。如果设置为 False，则没有自动换行功能。如果此时标签内容太多，一行显示不下，内容就会被截断。

为了使 WordWrap 起作用，必须把 AutoSize 属性设置为 True。

注意：Label 的对象名很容易拼错，请注意最后一个字母是小写的 L，而不是数字 1。

2.3.5 文本框

例 2-1 中在文本框中可以输入账号和密码，在 VB 应用程序中，文本框类控件用于显示用户输入的信息，作为接受用户输入数据的接口；或者在设计或运行时，通过对控件的 Text 属性赋值，作为信息输出的对象。

1. 常用属性

(1)Text 属性

该属性是文本框控件的主要属性，其值就是文本框控件内显示的内容。当文本内容改变时，Text 属性也会随之变化。通常，Text 属性所包含字符串中字符的个数不超过 2048 个字符。

例如：

```
Text1.Text="hcx"                'Text1 中显示 hcx
Label1.Caption=Text1.Text       '将 Text1 接收的输入数据在 Label1 中显示出来
```

(2)MultiLine 属性

通常,文本框中的文本只能够单行输入,当文本框的高度受到限制时,无法完整地查看文本内容。为了更方便地显示文本,文本框控件提供了多行输入的功能,这是通过 MultiLine 属性实现的。

MultiLine 属性的默认值为 False,表示只能输入一行,并忽略回车键的作用;如果设置为 True,表示允许显示和输入多行文本,当显示或输入的文本超过文本框的右边界时,文本自动换行,输入时也可用 Enter 键强制换行。

(3)MaxLength 属性

该属性指明文本框中能够输入的正文内容的最大长度。默认值为 0,表示无字符限制;若给该属性赋一个具体的值,该数值就作为文本的长度限制;当输入的字符数超过设定值时,文本框将不接受超出部分的字符,并发出警告声。

注意:在 VB 中字符长度以字为单位,也就是一个西文字符与一个汉字都是一个字,长度为 1,占两个字节。

(4)PassWordChar 属性

设置该属性是为了掩盖文本框中输入的字符。它常用于设置密码输入,设置时只能是一个字符,如 PassWordChar 属性设为 *,则用户若在文本框中输入"hcx",文本框中却显示"* * *"。例 2-1 中的第二个文本框就是设置了该属性。

注意:该属性的设置不会影响 Text 属性的内容,它只会影响 Text 属性在文本框中的显示方式。

(5)ScrollBars 属性

ScrollBars 属性设置文本框中是否带滚动条。该属性与 Multiline 属性相关,当 Multiline 属性设置为 True 时,ScrollBars 属性才有效。这个属性有四个值可供选择,各个值的含义如下。

0——None:无滚动条

1——Horizontal:加水平滚动条

2——Vertical:加垂直滚动条

3——Both:同时加水平和垂直滚动条

注意:在文本框中加入滚动条后,文本框中的文本将不能自动换行,只能使用回车键换行。

(6)Locked 属性

该属性指定文本框是否可以编辑。

False:表示文本框可编辑(默认值);

True:表示文本框不可编辑,此时相当于标签的作用。

(7)SelStart、SelLength、SelText 属性

在程序运行时,可以对文本框中的文本进行选择,这时用这三个属性标识用户选定的文本。SelStart、SelLength 和 SelText 属性分别表示如下。

SelStart:选定的正文的开始位置,0 表示选择的开始位置在第一个字符之前。

SelLength:选定文本的长度。该属性可以设置为整数值。

SelText:选定的正文内容。

设置了 SelStart 和 SelLength 属性后，VB 将选定的正文送入 SelText 属性。这三个属性一般用于在文本编辑器中选择字符串等，并且常和剪贴板一起使用，完成文本的复制、剪切、粘贴等。

2. 常用事件

(1)Change 事件

通过任意方式使文本框 Text 属性值发生变化就会引发 Change 事件。

例如，程序运行后，在文本框中输入 Hello 一词时，就会触发 5 次 Change 事件。

(2)KeyPress 事件

当进行文本输入时，每一次键盘输入，都将使文本框接受一个 ASCII 码字符，发生一次 KeyPress 事件，因此，通过该事件对某些特殊键(如 Enter 键和 ESC 键等)进行处理是十分必要的。

例如：

```
Private Sub Text1_KeyPress(keyAscii As Integer)   '在 Text1 中输入字符 b
    Print KeyAscii,chr(keyAscii)                  '窗体中输入 98 和 b
End Sub
```

窗体上输出的 98 是字符 b 的 ASCII 值。常用字符的 ASCII 值在编程时经常用到，需要记住，如小写字母 a 的 ASCII 值是 97，大写字母 A 的 ASCII 值是 65；回车符的 ASCII 值为 13 等。

(3)LostFocus 事件

当按下 Tab 键使光标离开当前文本框或者用鼠标选择窗体中的其他对象时，触发该事件。LostFocus 事件过程主要用来对数据更新进行验证和确认。常用于检查 Text 属性的内容。

(4)GotFocus 事件

GotFocus 事件与 LostFocus 事件相反，当文本框获得焦点时，将触发该事件。

3. 常用方法

该方法能够使文本框获得输入焦点。

格式：[对象.]SetFocus

例如，图 2-1 中，假设输入账号的文本框名称属性是 Txt_name，则语句：

```
Txt_name.SetFocus   '文本框 Txt_name 获得焦点
```

说明：

(1)此方法在 Form_Load()事件中失效；

(2)请注意此方法和 GotFocus 事件的区别；

(3)SetFocus 方法还可适用如 CommandButton、CheckBox 和 ListBox 等控件。

2.3.6 命令按钮

命令按钮(CommandButton)控件也是编程中最常应用的控件之一，其使用方法简单，用户可以通过简单的单击按钮来执行操作。命令按钮常用于启动、中断或结束一个进程。通过编写命令按钮的 Click 事件可以指定按钮的功能。

1. 常用属性

(1)Default 属性和 Cancel 属性

这两个属性是命令按钮独有的,分别用于设置使用键盘上的 Enter 键和 Esc 键触发窗体上相应的按钮单击事件。

当一个命令按钮的 Default 属性被设置为 True 时,按 Enter 键相当于用鼠标单击该按钮。在一个窗体上里,仅能有一个按钮的 Default 属性设置为 True。当一个命令按钮的 Cancel 属性设为 True 时,程序运行时按 Esc 键,就相当于单击了此按钮。在一个窗体里只能有一个按钮的 Cancel 属性设置为 True。

在程序设计时,将"确定"、"是"等按钮的 Default 属性设置为 True,将"取消"、"否"等按钮的 Cancel 属性设置为 True,既符合 Windows 操作系统的使用风格,也方便用户使用。

(2)Value 属性

Value 属性用于检查该按钮是否被按下。该属性在设计阶段无效,只能在程序运行期间设置或引用。其属性值为逻辑型。值为 True 表示该按钮被按下,如果为 False 则表示命令按钮未被按下。

(3)Style 属性

Style 属性决定命令按钮中是否可以显示图形。属性值有:

0——Standard (默认)标准的,按钮上不能显示图形。

1——Graphical 图形的,图形由 Picture 属性指定,按钮上可同时显示文本和图形。

(4)ToolTipText 属性

该属性是工具提示功能。当程序运行时,把鼠标指向命令按钮,会出现提示文字。

2. 常用事件

命令按钮最常用的事件就是 Click 事件。程序运行后,用户单击按钮触发该事件,执行该事件下的代码,实现响应的功能。

2.4 案例实现

通过 2.2 节和 2.3 节的学习,我们来实现例 2-1。

实现过程如下。

(1)新建一个工程,在窗体上添加 3 个按钮、2 个标签和 2 个文本框。将各控件摆放在窗体上合适的位置后对齐。

(2)对各对象的属性进行设置,如表 2-3 所示。

另外一个标签的属性设置基本同 Label1;另外两个按钮的属性设计基本同 Cmd_login,表中就不再列出。

请注意 Cmd_login 的 Caption 设置:在设置时,在某个字母前加上字符 &,则程序运行时标题中的这个字母带有下划线,这个字母就成为快捷键,可参加图 2-1【登录】按钮的效果。运行时,当用户按下 Alt+快捷键时,便可激活该按钮。

例 2-1 中各对象的属性设置 表 2-3

对 象	名 称	属 性	属 性 值
窗体	Form1	Caption	用户登录
		Icon	E:\2-1\标题栏图标.ICO
		BackColor	&H80000013&
		Picture	E:\2-1\植树节.jpg
标签	Label1	Caption	账号
		BackStyle	0
		BackStyle	0
文本框	Txt_pwd	PassWordChar	*
按钮	Cmd_login	Caption	&L 登录
		Style	1
		BackColor	&H80000013&

(3)在设计阶段,双击窗体中的【登录】按钮,进入代码窗口。

```
Private Sub Cmd_login_Click()
    MsgBox "登录成功!"
End Sub
```

运行时,单击【登录】按钮,弹出对话框,显示“登录成功!”。

(4)在设计阶段,双击窗体中的【重置】按钮,进入代码窗口。

```
Private Sub Cmd_clear_Click()
    Txt_name.Text=""
    Txt_pwd.Text=""
End Sub
```

其中 Txt_name.Text=""表示 Txt_name 中什么也没有,即清空了文本框中的内容。

(5)在设计阶段,双击窗体中的【退出】按钮,进入代码窗口。

```
Private Sub Cmd_exit_Click()
    End
End Sub
```

代码中 End 语句的功能就是结束程序,同时关闭窗体。除此方法之外,还可以用卸载语句:Unload <对象名>实现关闭窗体。

例如,将上述的 End 语句换成 Unload Form1 也可。

与卸载语句不同的是,结束语句 End 会结束整个程序,关闭所有窗体(如果程序有多个窗体),并清除程序运行时占用的所有内存空间;而卸载语句仅卸载并清除指定的对象。

在窗体关闭前,如果还有一些扫尾工作要做的话,就可以将这些扫尾语句写在卸载语句或结束语句之前。因为程序流程是按照语句书写的顺序执行的,所以 VB 会先完成前面的任务之后才结束程序,这种按语句书写次序执行流程的结构叫作程序的顺序结构,除非有流程转向语句来改变程序流程。程序的流程结构详见第四章。

例 2-2 对例 2-1 的延伸。要求：

(1)在第一个文本框 Txt_name 中输完之后，按回车键，第二个文本框获得焦点；

(2)在第二个文本框 Txt_pwd 中输完之后，按回车键，光标置于【登录】按钮。

分析如下。

①文本框和按钮都有 TabIndex 属性，只要将第一个文本框、第二个文本框、【登录按钮】的 TabIndex 值设为连续，则如果光标置于第一个文本框中，按 Tab 键就会自动到第二个文本框中；此时再按 Tab 键，焦点会到【登录】按钮上。

但 TabIndex 的含义和题意不符，题中要求按下回车键后某个控件获得焦点。请注意，这里有个关键词，“获得焦点”，即 2.3.4 节谈到的 SetFocus 方法。因此如果让第二个文本框和【登录】按钮获得焦点，只需加入如下代码：

```
Txt_pwd. SetFocus
Cmd_login. SetFocus
```

②控件获得焦点的问题解决了，紧接着其他问题又来了，这两条语句写在哪个事件中呢？此时需要注意触发的时机，从而得出合适的事件。根据题目要求，分别是在两个控件输入回车键时触发，因此需要在两个文本框的 KeyPress 事件中完成。

③最后需解决的问题是一些细节：如何知道文本框中按下的是回车键呢？这仍然和 KeyPress 事件的含义相关，只要知道回车键的 ASCII 值是 13 就能解决这个问题，当然程序实现的时候，判断当前按下的是不是回车键，用到了选择结构，这个知识点也将在第四章中讲述。

代码如下：

```
Private Sub Txt_name_KeyPress(keyAscii As Integer)
    If KeyAscii=13 Then Txt_pwd. SetFocus
End Sub
Private Sub Txt_pwd_KeyPress(keyAscii As Integer)
    If KeyAscii=13 Then Cmd_login. SetFocus
End Sub
```

2.5 程序举例

例 2-3 屏幕自适应窗体。

主要代码如下：

```
Private Sub Form_Load()
    Me. Top=0
    Me. Left=0
    Me. Width=Screen. Width
    Me. Height=Screen. Height
End Sub
```

其中 Me 代表当前窗体；语句 Me. Width＝Screen. Width 和 Me. Height＝Screen. Height，使窗体的宽度、高度与屏幕的宽度、高度相同，则运行程序后，就可以使屏幕自适应窗体。

例 2-4 动起来的文本框控件。

要求：窗体上有 1 个 CommandButton 控件和 2 个 TextBox 控件，编程实现每单击一次 CommandButton 控件，2 个 TextBox 控件向右移动一段距离。

主要代码如下：

```
Private Sub Command1_Click()
    Text1. Left=Text1. Left+50
    Text2. Left=Text2. Left+50
End Sub
```

注意：如果要实现文本框自动往右移动，需要加入 Timer 控件，详见第 7 章 7.4 节。

例 2-5 编程实现每单击一次 CommandButton 控件，窗体的宽度和高度自动增加。

主要代码如下：

```
Private Sub Command1_Click()
    Form1. Width=Form1. Width +50
    Form1. Height=Form1. Height +50
End Sub
```

单击按钮后，窗体的宽度在原来的基础上增加了 50，窗体的高度在原来的基础上增加了 50。

例 2-6 设计一个简单的模拟编辑器，可以实现文本框内光标的移动定位、文本的选择和替换等操作。运行界面如图 2-5 所示。

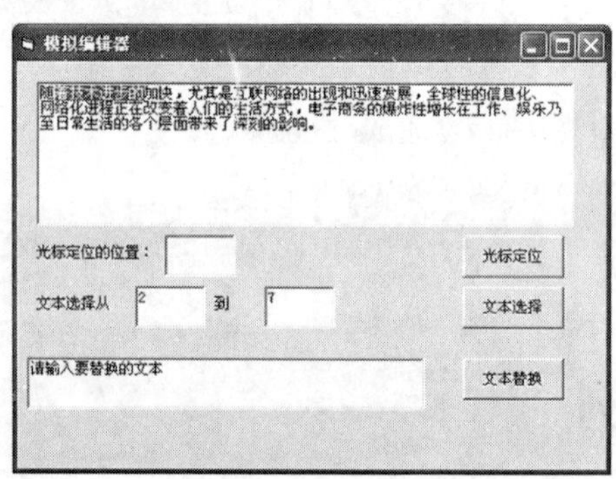

图 2-5 运行效果图

分析：本例是对本章知识点的一个综合运用。

新建完窗体后，需要放置文本框、按钮、标签控件，同时要设置每个控件相应的属性。

为了实现文本框的几个基本功能："光标定位"、"文本选择"、"文本替换"，还涉及了 TextBox 的 SelLength、SelStart 和 SelText 属性，这是该题实现时的技术要点。

操作步骤如下：

(1)新建一个工程，在窗体上添加 3 个按钮、3 个标签和 5 个文本框。将各控件摆放好后对齐。

(2)设置各控件的属性,可以参照例 2-1 的实现。注意,将界面最上方的文本框 Text1 的 MultiLine 属性设置为 True。

(3)主要程序代码如下:

```
Private Sub Command1_Click()  '光标定位
'用户在 Text2 中输入定位的位置;用 SelStart 属性根据位置实现定位
    Text1. SelStart=Text2. Text
    Text1. SetFocus
End Sub

Private Sub Command2_Click()  '文本选择
    Text1. SelStart=Text3. Text-1
    Text1. SelLength=Text4. Text-Text3. Text+1
    Text1. SetFocus
End Sub

Private Sub Command3_Click()  '文本替换
'由用户在 Text5 中输入替换内容;用 SelText 属性实现替换
    Text1. SelText=Text5. Text
    Text1. SetFocus
End Sub
```

本例的拓展应用:

(1)本例中在实现三个功能的过程中,都需要通过文本框输入位置的值或替换的文本,界面布局显得有些凌乱,在第三章将会介绍 InputBox 函数来代替 TextBox 的功能。

(2)本例的定位替换是在一个文本框内完成的,也可以制作两个文本框间的替换,但程序中需要使用至少是窗体级的变量,将在后面的章节中予以介绍。

(3)扩展 SelText 的应用,还可以实现文本的剪切与粘贴等操作,在制作工具栏上的按钮时可以应用。

2.6 本章小结

本章主要介绍了面向对象程序设计的基本概念,窗体、标签、文本框和命令按钮常用的属性、事件和方法。在讲述的过程中,以一个登录界面的例子串起了本章所有的知识点,这些知识点是我们进行后续 VB 程序设计所必备的基础知识。

本章的重点是要掌握对象和类的区别,在 VB 中如何进行建立和编辑对象,掌握对象属性的两种设置方法,掌握对象的事件、方法的含义及调用格式。

在控件的学习过程中,从常用的属性、事件和方法三方面入手,建议学习时,多在 VB 集成开发环境中测试。

2.7 思考和练习

1. 选择题

(1)如果要将窗体中的某个命令按钮设置成无效状态,应该设置命令按钮的(　　)属性。

A. Value　　B. Visible　　C. Default　　D. Enabled

(2)在窗体上有多个控件,要实现程序运行后焦点默认在某一控件上,应该设置的属性是(　　)。

A. 设置 Enabled 的值为 True　　B. 设置 TabIndex 的值为 1

C. 设置 TabIndex 的值为 0　　D. 设置 Index 的值为 0

(3)标签控件能够显示文本信息,决定其文本内容的属性是(　　)。

A. Alignment　　B. Caption

C. Visible　　D. BorderStyle

(4)下列说法不正确的是(　　)。

A. 对象的可见性可设为 True 或 False

B. 标题的属性值可设为任何文本

C. 属性窗口中属性可以按字母顺序排列

D. 某些属性的值可以跳过不设置,系统自动设为空值

(5)要设置窗体为固定对话框,并包含控制菜单栏和标题栏,但没有最大化和最小化按钮,设置的操作是(　　)。

A. 设置 BoderStyle 的值为 FixedToolWindow

B. 设置 BoderStyle 的值为 Sizable ToolWindow

C. 设置 BoderStyle 的值为 FixedDialog

D. 设置 BoderStyle 的值为 Sizable

(6)如果要将文本框作为密码框使用时,应设置的属性为(　　)。

A. Name　　B. Caption

C. PasswordChar　　D. Text

(7)用来设置文本框有无滚动条的属性是(　　)。

A. ScrollBars　　B. MultiLine

C. SelText　　D. SelLength

(8)当 Esc 键与单击该命令按钮作用相同时,此命令按钮的(　　)属性被设置为 True。

A. Style　　B. Default　　C. Caption　　D. Cancel

(9)有关程序代码窗口的说法错误的是(　　)。

A. 在窗口的垂直滚动条的上面,有一个"拆分栏",利用它可以把窗口分为两个部分,每个窗口显示代码的一部分

B. 双击控件设计窗体即可打开程序代码窗口

C. 在程序代码的左下角有两个按钮，可以选择全模块查看或者是过程查看

D. 默认情况下，窗体的事件是 Load

(10)下列说法正确的是(　　)。

A. 属性的一般格式为对象名_属性名称，可以在设计阶段赋予初值，也可以在运行阶段通过代码来更改对象的属性

B. 对象是有特殊属性和行为方法的实体

C. 属性是对象的特性，所有的对象都有相同的属性

D. 属性值的设置只可以在属性窗口中设置

(11)在窗体上画一个名称为 Command1 的命令按钮，然后编写如下事件过程：

```
Private SubCommand1_Click()
Move 500,500
End Sub
```

程序运行后，单击命令按钮，执行的操作为(　　)。

A. 命令按钮移动到距窗体左边界、上边界各 500 的位置

B. 窗体移动到距屏幕左边界、上边界各 500 的位置

C. 命令按钮向左、上方向各移动 500

D. 窗体向左、上方向各移动 500

(12)关于 Visual Basic"方法"的概念错误的是(　　)。

A. 方法是对象的一部分　　B. 方法是预先定义好的操作

C. 方法是对事件的响应　　D. 方法用于完成某些特定的功能

(13)在窗体上有两个命令按扭，其中一个命令按钮的名称为 cmda，则另一个命令按钮的名称不能是(　　)。

A. cmdc　　B. cmdb

C. cmdA　　D. Commandl

(14)如果设计时在属性窗口将命令按钮的(　　)属性设置为 False，则运行时按钮从窗体上消失。

A. Visible　　B. Enabled

C. DisabledPicture　　D. Default

2. 填空题

(1)当程序运行时，系统自动执行启动窗体的事件过程是________。

(2)在文本框中，通过________属性能获得当前插入点所在的位置。

(3)当对命令按钮的 Picture 属性装入 bmp 图形文件后，命令按钮上并没有显示所需的图形，原因是没有将________属性设置为 1(Graphical)。

(4)将文本框的 ScrollBar 属性设置为 2(有垂直滚动条)，但没有垂直滚动条显示，原因是没有将________属性设置为 True。

(5)控件和窗体的 Name 属性只能通过________设置，不能在________期间设置。

(6)要运行当前工程，可以按键盘上的________键。

(7)假定建立了一个工程，该工程包括两个窗体，其名称(Name 属性)分别为 Form1 和

Form2，启动窗体为 Form1。程序运行后，要求当单击 Form1 窗体时，Form1 窗体消失，显示窗体 Form2，请将程序补充完整。

```
Private Sub Form1_Click()
    ________Form1
    Form2. ________
End Sub
```

(8)要使文本框 Text1 中显示的字符字体为隶书，使用的语句是________。

3. 编程题

在窗体上建立 4 个命令按钮 Command1、Command2、Command3 和 Command4。

要求：

(1)命令按钮的 Caption 属性分别为“字体变大”、“字体变小”、“加粗”和“标准”。

(2)每单击 Command1 按钮和 Command2 按钮一次，字体变大或变小 3 个单位。

(3)单击 Command3 按钮时，字体变粗；单击 Command4 按钮时，字体又由粗体变为标准。

(4)4 个按钮每单击一次都在窗体上显示“欢迎使用 VB”。

(5)双击窗体后可以退出。

第三章
VB 语言基础

Visual Basic 是一个功能强大、使用方便、容易上手的工具，使用它编写应用程序，必须掌握它的语言，实际运用时才会得心应手。本章主要介绍组成 VB 语言的基本元素，包括数据类型、变量和常量、运算符和表达式，代码编写规则等。

学习目标

学完本章后，应该达到如下学习目标：

(1)了解 VB 的数据类型，能根据实际情况合理的选择数据类型。

(2)掌握常量、变量的概念和定义方法。

(3)理解各种运算符的表达方式、含义、优先级等，能够计算出表达式的值。

(4)了解函数的特点，并能熟练使用常用的内部函数。

(5)了解 VB 中赋值、注释、暂停和结束语句的书写方法。

(6)掌握数据输入输出方法。

本章重难点

1. 本章重点

(1)变量的概念，赋值语句的使用。

(2)函数的调用方法。

(3)MsgBox 函数和 MsgBox 语句的格式和使用。

(4)InputBox 函数的格式和使用。

2. 本章难点

(1)表达式的运算顺序。

(2)赋值语句的使用。

(3)MsgBox、InputBox 的格式和使用方法。

3.1 案例引入及分析

例 3-1 本例实现一个简易的运算器的创建。用户在两个文本框中分别输入数字后，单击按钮可以进行数字之间的加法和减法运算。效果如图 3-1 所示。

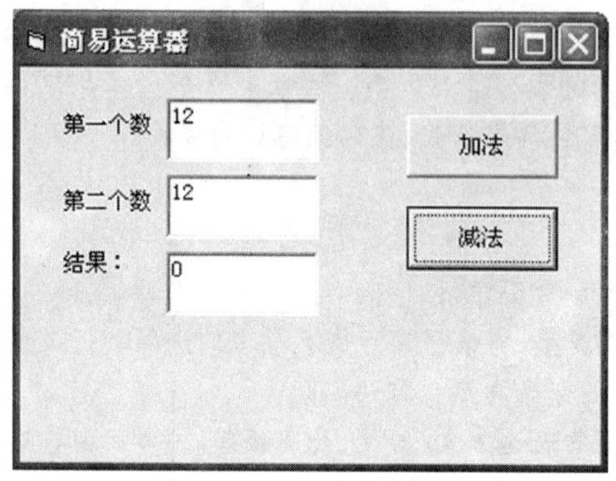

图 3-1 执行减法的效果图

分析：有了第二章的知识，可以很轻松地设计图 3-1 的界面，在窗体上放置控件：3 个标签、3 个文本框、2 个按钮，将控件摆放在合适的位置并修改各自的属性。在图 3-1 中，文本框从上往下的名称属性依次为 Text1、Text2 和 Text3。

两个按钮单击(Click)事件的编程也非常简单。

(1)【减法】按钮单击事件的主要代码如下：

```
Text3. Text=Text1. Text－Text2. Text
```

运行程序，如图 3-1，两个文本框中各输入 12，然后单击【减法】按钮，会得到结果 0，运行结果正确。

(2)按照【减法】按钮的事件代码，可以照猫画虎写出【加法】按钮的单击事件代码：

```
Text3. Text=Text1. Text+Text2. Text
```

运行程序，如图 3-2 所示。两个文本框中输入的值不变，仍为 12，但单击【加法】按钮的结果并不是 24，而是 1212。这个值是两个文本框中的 12 和 12 连接到一起的结果，运行结果错误。

为什么减法运算使用"－"正确，而换成"＋"错误呢？出现这种情况的原因和"＋"前后数据的类型有关，数据类型的概念将在下文中讲述。

另外，在短短的语句中，"Text3. Text＝Text1. Text－Text2. Text"中还包含了许多知识点。

(1)Text3. Text＝Text1. Text－Text2. Text 是一条语句，"语句"在 VB 中如何识别？在代码窗口中，如果语句输入过长，需要换行时，是自动换行还是按下回车键呢？

(2)在 Text3. Text＝Text1. Text－Text2. Text 中，"＝"的含义是什么？

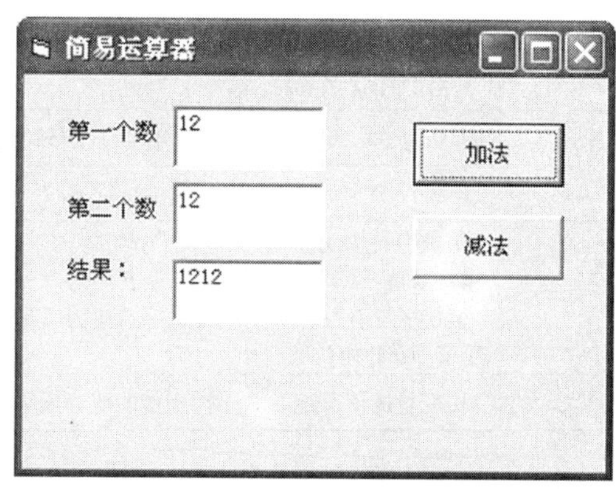

图 3-2 执行加法的效果图

(3)+、-是最基本的运算符，除了加减，像数学中的乘、除、求余数等符号在 VB 中如何表示？

(4)有了运算符，我们就可以描述一个式子，即表达式，如本例的 Text1. Text-Text2. Text、Text1. Text+Text2. Text 等，表达式的结果如何确定？

带着这些问题，我们进行本章知识点的学习。

3.2 基本数据类型

数据是信息在计算机内的表现形式，也是程序的处理对象。不同类型的数据有不同的操作方式和取值范围。Visual Basic 6.0 具有系统定义的基本数据类型，它们是 Visual Basic 6.0 中数据结构的基本单元。

VB 提供的基本数据类型有字符型、数值型、布尔型、日期型、变体型和对象型。其中数值型数据，考虑到运算效率、所占空间及精度要求，又分为整数型、长整型、单精度型、双精度型、货币型和字节型。有关基本数据类型的大体介绍如表 3-1 所示。

Visual Basic 的基本数据类型 表 3-1

数据类型	关键字	类型符	存储空间(字节)	取 值 范 围
字节型	Byte	无	1	0 到 255
逻辑型	Boolean	无	2	True 或 False
整型	Integer	%	2	-32,768 到 32,767
长整型	Long	&	4	-2,147,483,648 到 2,147,483,647
单精度浮点型	Single	!	4	负数时从-3.402823E38 到-1.401298E-45 正数时从 1.401298E-45 到 3.402823E38
双精度浮点型	Double	#	8	负数时从-1.79769313486232E308 到 -4.94065645841247E-324 正数时从 4.94065645841247E-324 到 1.79769313486232E308
货币型	Currency	@	8	从-922,337,203,685,477.5808 到 922,337,203,685,477.5807

续上表

数据类型	关键字	类型符	存储空间(字节)	取值范围
日期型	Date	无	8	100 年 1 月 1 日到 9999 年 12 月 31 日
对象型	Object	无	4	任何 Object 引用
字符型	String	$	定长字符串为字符串的长度 变长字符串为 10 个字节加字符串长度	定长字符串为 0 到大约 20 亿 变长字符串为 1 到大约 65,535
变体型	Variant	无	按变量的值分配	按变量的值分配

下面详细介绍常用的 5 种数据类型。

1. 字符型

字符型数据是用双引号括起来的若干个字符,字符串中的字符可以是计算机系统允许使用的任意字符。例如,"登录成功!","1+2=?"等。“""”称为起止界限符,且必须是半角双引号。

因为用户可以在文本框中输入任意字符,因此引例中 Text1、Text2 中输入的 12,代表的并不是数值 12 ,而是字符型"12",这也为执行“+”后的错误结果"1212"埋下了伏笔。

字符串分为定长和变长两种:定长字符串,长度固定;变长字符串,长度不固定。

例如:

```
Dim a As String,b As String * 4   'a 是变长字符串,b 是定长字符串
a="Hello"                         'a 的值为 5 个字符"Hello"
b="VB  "                          'b 的值为 4 个字符"VB  "(注:后面有 2 个空格)
```

注意:定义定长字符串不仅是一种良好的编程习惯,而且还可以减少内存溢出的情况。例如,要定义一个 UserName 的字符串类型,若所规定 UserName 的长度最多只能是 10,则可以使用语句 Dim UserName As String * 10,这样一来,无论字符串多长,系统都会自动进行裁剪,保留前 10 位。

2. 数值型

VB 支持 6 种数值型数据类型,如果知道变量总是存放整数,就应当将其声明为 Integer 类型或 Long 类型。因为整数的运算速度较快,而且比其他数据类型占据的内存少。

浮点数值可表示为 mmmEeee 或 mmmDeee 形式,其中 mmm 是底数,而 eee 是指数(以 10 为底的幂)。用 E 将数值文字中的底数部分或指数部分隔开,表示该值是 Single 类型;用 D 分开,则表示该值是 Double 类型。

货币类型的数值保留小数点后面 4 位和小数点左面 15 位,适用于金额计算。

注意:所有数值型变量都可以相互赋值,但浮点型或货币型数值赋予整型变量时,VB 会自动将该数值的小数部分四舍五入之后去掉,而不是直接去掉。例如:

```
Dimi As Integer
i=3.1415926
MsgBox i
```

因为i被定义成了整型，所以输出结果并不是3.1415926，而是3。

3. 布尔型

布尔型数据由于表示逻辑判断的结果，只有“真”(True)和“假”(False)两个值。默认值为False。若变量的值只有“True/False”、“Yes/No”、“On/Off”，则可以将它声明为布尔型。

布尔型数据可以转换成整型数据，即True为－1，False为0。

其他类型的数据可以转换成布尔型，即非0为True，0为False。

4. 日期型

日期型是由一对“#”号括起来的用于表示时间的数据。在计算机中按8个字节的浮点数存储，表示从公元100年1月1日到公元9999年12月31日的日期，表示的时间范围从0点0分0秒到23点59分59秒。

日期型数据可以是单独日期的数据，也可以是单独时间的数据，还可以是日期和时间的组合。例如：

```
#10/01/2014#
#2014,10,01#
#2014-10-31 12:00:00 pm#
```

日期型数据的表示有多种形式，最常用的格式为mm/dd/yyyy。

在VB 6.0中，输出年份时通常只输出后两位，例如“1999”输出时为“99”，2000年后的年份输出“01”、“02”等，用户可根据需要做出处理(如在前面加上“20”)。

5. 变体型

变体型数据是一种可变的数据类型，在没有说明数据类型时，变量为变体型。变体型的数据在进行运算时不需要人为的进行转换，VB会自动完成必要的转换。占用字节数根据需要分配。

例如：

```
Temp="17"                    '字符串
Temp=Temp －1                '数值
Temp=#10/01/2014#            '日期
```

变体型包含三种特定值：Empty、Null和Error。变体型数据在计算机中占用的空间比较大，一般用于用户在编程时无法确定运算结果类型的情况下。建议在应用程序中尽量少用变体型数据。

3.3 常量和变量

程序中处理的数据必须首先存放在内存中，为其分配一定的存储单元。给存放数据的存储单元指定特定的名字，通过引用存储单元的名字操作其中的数据，这些存储单元的名字通常称为变量。

常量的值在程序运行期间不发生变化，而变量的值是可变的。

3.3.1 常量

常量是指在程序执行过程中不变的量，分为一般常量和符号常量。

1. 一般常量

如 123、"VB"、True、#10/01/2014#等，是一种直接用数来表示的常量。

在 VB 中，除了十进制常数外，还有八进制常数、十六进制常数。八进制数前加“&O”，十六进制数前加“&H”。例如：100、&O347、&H68 分别是十进制常数、八进制常数、十六进制常数。

2. 符号常量

当程序中有需要重复使用的常量时，可以使用 Const 语句来声明，语法如下：

```
[Public|Private] Const <常量名> [As <数据类型>]=<常量表达式>
```

注意：在程序设计语言的教材中，通常都会使用一套俗成的表达符号约定，如表 3-2 所示。

VB 语法描述符号约定 表 3-2

<table>
<tr><th>表达符号</th><th>语法含义</th></tr>
<tr><td>< ></td><td>必选项，括号内的文本是对象名称、表达式等的代名词</td></tr>
<tr><td>[ ]</td><td>可选项，括号内的表达式或语句是可选的</td></tr>
<tr><td>{a|b|c}</td><td>多种选一，其中的多个表达式之间用竖线分隔</td></tr>
<tr><td>,…</td><td>依此类推，按前一项的描述类推</td></tr>
</table>

根据表 3-2，符号常量的定义中，Public 和 Private 是可选项，但是如果出现了 Public 或 Private 的话，两者只能出现其一。

符号常量习惯用大写字母表示。

例如：

```
Const PI As Single=3.1415                  '声明符号常量 PI 代替 3.1415
Const ERR as string="未知错误发生!"        '声明符号常量 ERR 代替"未知错误发生!"
```

再如，某窗体的 Load 事件如下：

```
Private Sub Form_Load()
    Show
    Print "半径为 3 的圆的面积为:"+Str(3.1415926 * 3 * 3)
    Print "半径为 4 的圆的面积为:"+Str(3.1415926 * 4 * 4)
    Print "半径为 5 的圆的面积为:"+Str(3.1415926 * 5 * 5)
End Sub
```

该代码段的含义是计算半径分别为 3、4、5 的圆的面积并输出，代码中计算面积用了“3.1415926 * 半径 * 半径”的表达式。

我们将上述代码中的 3.1415926 定义为常量 PI，代码改为：

```
Private Sub Form_Load()
    ConstPI=3.1415926
    Show
    Print "半径为 3 的圆的面积为:"+Str(PI * 3 * 3)
    Print "半径为 4 的圆的面积为:"+Str(PI * 4 * 4)
    Print "半径为 5 的圆的面积为:"+Str(PI * 5 * 5)
End Sub
```

修改后的代码，首先增加了安全性；其次，如果希望 PI 改为 3.1415，直接修改定义处"Const PI=3.1415926"的值就可以了。

3.3.2 关键字和标识符

关键字和标识符是 Visual Basic 代码中的一部分。关键字是指系统使用的具有特定含义的字符，用户不能用作其他用途。比如第二章的 2.2.5 节，窗体窗口中双击名称为 Cmd_login 的按钮，在代码窗口自动生成了事件代码的模板，其中有 Private、Sub、End 等词，这些就属于 VB 的关键词。常用的关键词有 Dim、Private、Sub、End、Public、If、Else、Form、Me、While、For、Do、MessageBox、InputBox 等。

在 Visual Basic 中，所有的常量、变量、模块、函数、类、对象及其属性等都有各自的名称，这些名称就是标识符。例如，第二章的例 2-1 中，Txt_name 就是用于输入用户名的那个文本框的标识符；Form1 是窗体的标识符；例 3-1 中，Text1 是输入第一个数的文本框的标识符。

3.3.3 变量

前面介绍数据类型的同时，已经简单地涉及了一些变量。

1. 变量的定义

一个变量相当于一个容器，这个容器对应着计算机内存中的一块存储单元，因此，它可以保存数据。

假设有两个存储单元，分别为 UserName 和 PassWord，存放的值分别是 huchx、123，如图 3-3 所示。

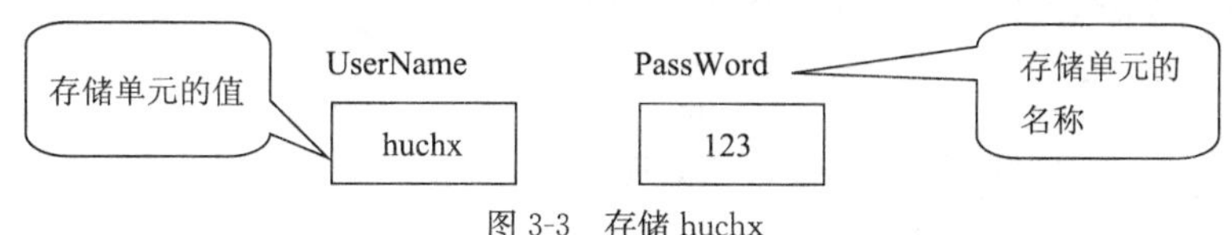

图 3-3 存储 huchx

从图 3-3 可以看出，存储单元的名称类似于某教室的名称是"209 室"；存储单元的值类似于这个教室目前的学生是"土木 01 班"。

如果程序中改变了两个变量的值，将 UserName 改为了 hcx，PassWord 改为了 222，如图 3-4 所示。

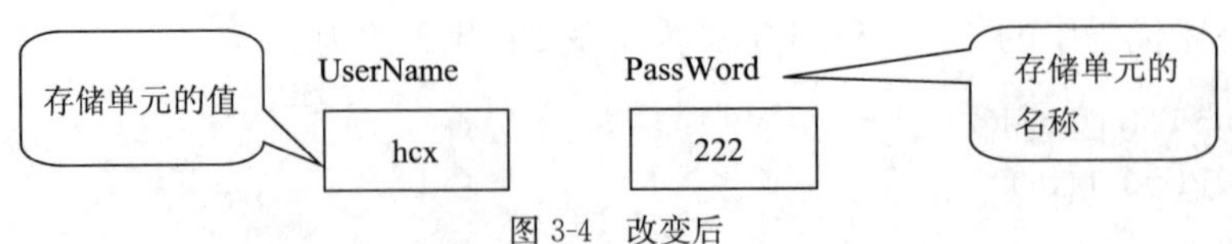

图 3-4 改变后

从图 3-4 看出，将 UserName 由 huchx 改为 hcx，类似于“209 室”由原来的“土木 01 班”改为“土木 02 班”上课。

综上所述，变量也就是在程序运行时，值在不断发生改变的量，它在程序设计中是一个非常重要且关键的内容。

2. 变量的命名规则

变量名代表数据的名称，通过变量引用它所存储的值。变量的命名必须遵守如下的规则：

(1)变量名由字母、数字和下划线组成；

(2)变量名必须以字母开头，不得以数字或其他字符开头。

(3)变量名最长不能超过 255 个字符。

(4)变量名不能和 VB 的关键字相同。如 If、And、Mod、Len、Print 等。

(5)变量名中不能包含空格等标点符号和类型声明字符(%、¥、@、#、&、!)。

VB 不区分变量名中字母的大小写。为了便于区分，一般变量名首字母用大写字母，其余用小写字母表示。也可以大小写混合使用组成变量名，每个单词的开头字母用大写。例如，PrintText。并且为了增加程序的可读性，常在变量名前加上一个表示该变量数据类型的前缀，如，intNumber。

还要注意的是，在同一个范围内，变量名不能重复，否则就会造成歧义。试想如果一条街道上有两个 19 号门牌，那么哪个是你要找的呢?

控件命名规则基本同变量的命名规则，一般建议使用“控件类型缩写＋控件用途”的命名方式。控件类型缩写要简单，应控制在 3 个字母以内。

3. 变量的声明

变量声明是指在使用变量之前对变量的名称及其类型加以定义。在 VB 中，可以用下面几种方式规定一个变量的类型。

(1)用声明语句显示声明变量

格式：

```
Dim|Private|Static|Public  变量名 [As 数据类型]
```

或

```
Dim|Private|Static|Public  变量名 [类型说明符]
```

例如：

```
Dim a As Integer,b As String,c  '定义了整型变量 a,字符型变量 b,变体型变量 c
```

等价于

```
Dim a%,b$,c                     '注意:类型符与变量之间不能有空格
```

类型说明符有：

```
%'          表示整型
&'          表示长整型
!'          表示单精度型
#'          表示双精度型
$'          表示字符串型
@'          表示货币型
```

说明：

①在代码编辑窗口中，不用输入完整的数据类型名，通过开发环境提供的输入提示功能，选择合适的数据类型，可以快速声明变量。

②一条 Dim 语句可以同时定义多个变量，多个变量之间用英文逗号间隔。每个变量都应有类型说明，否则为变体型。

③Dim 语句一般放在程序的最前面，也可放在程序的其他位置。不能在 Dim 语句中给变量赋值，如 Dim a=123 是错误的。

④在 VB 中，变量根据不同的类型有不同的默认值。

若为数值类型，默认值为 0；若为 Boolean 型，默认值为 False；若为 String，默认值为""。

(2)隐式声明变量

在 VB 中，允许对变量不加声明而直接使用，称为隐式声明。所有隐式声明的变量都是 Variant(变体)类型的。

声明一个整型变量 a，并为 a 赋值，代码如下：

```
Dim a%
a=123
```

或不声明而直接使用：

```
a=123
```

此时 a 的数据类型为变体型。

(3)强制声明变量

前面介绍了两种声明变量的方式，其中隐式声明显然较为方便，但并不主张使用。因为如果变量名拼写错误，系统就会认为它是另一个新的变量了，从而引起潜在的错误。这时如果设置了强制声明变量，就不会出现这种情况。如果设置了强制声明，编写程序时若存在直接使用而未声明的变量，运行程序，系统会提示“变量未定义”。

强制声明变量有两种方法，使用时选其一：

①在类模块、窗体模块或标准模块的声明段中，加入 Option Explicit 语句。

②选择“工具”→“选项”菜单命令，在“选项”对话框中选择“编辑器”选项卡，选中“要求变量声明”复选框，如图 3-5 所示。

单击【确定】按钮后，重启 VB 集成开发环境，发现在代码窗口的声明段中自动插入了 Option Explicit 语句。

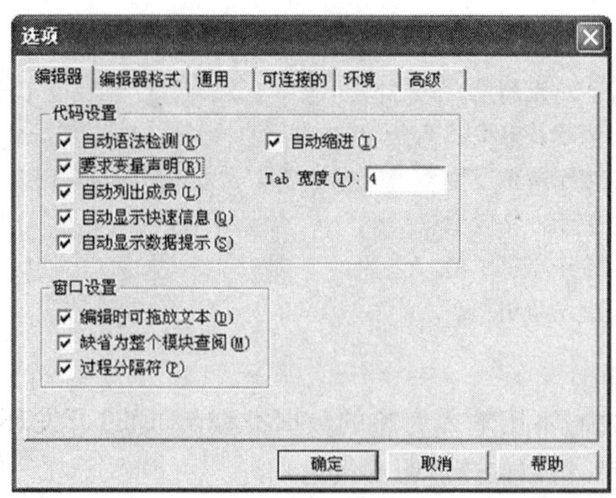

图 3-5 设置强制声明变量

3.4 运算符和表达式

在进行程序设计时，经常要做各种运算，运算时就会涉及一些运算符。运算符是表示实现某种运算的符号，如上述的＋、－等均为运算符。在 VB 中运算符分为 4 种：算术运算符、字符串运算符、关系运算符和逻辑运算符。

表达式是运算符和数据连接而成的式子，如例 3-1 中的“Text1. Text－Text2. Text”就是由运算符“－”和数据连接而成的。本节将详细介绍运算符和表达式在程序中的应用。

3.4.1 算术运算符与算术表达式

1. 算术运算符

算术运算符用于简单的算术运算。它的操作对象是数值型数据。VB 有 8 个算术运算符，表 3-3 按优先级的高低列出了算术运算符。

算术运算符 表 3-3

运算符	功能	举例	优先级
^	乘方	5^3=125	1
－	负号	－5^2=－25	2
*	乘	3*2=6	3
/	除	9/6=1.5	3
\	整除	9\6=1	4
Mod	求余数	9 mod 5=4	5
＋	加	10＋3=13	6
－	减	6－9=－3	6

表 3-3 中只有“－”(负号)为单目运算符(只有一个操作数)，作负号运算，其余符号均为

双目运算(两个操作数)。

VB中的加、减、乘法运算和代数中的运算相同。除法运算有两种:浮点除法(/)和整数除法(\)。它们的区别是:浮点除法(/)执行标准除法操作,其结果为浮点数;整数除法(\)的操作数一般为整型值,当操作数带有小数时,首先被四舍五入为整型数或长整型数,然后进行整除运算,结果为整型值。例如:4/3=1.33333333333,而4\3=1。

Mod运算符用来求余数,如果操作数为整型数,则直接运算;如果操作数带有小数,则先四舍五入取整后再求余数。

算术运算符两边都应是数值型,若是数字字符型或逻辑型,则自动转换为数值型后再运算。若是日期型,则结果为日期型加上或减去相应的天数。

如:"4"+5+True,结果为8;10+#2010-3-20#,结果为#2010-3-30#;如果包含非数字字符,如"a"+5,则是错误的表达式。

2. 算术表达式

算术表达式是由数值型数和算术运算符组成的式子,表达式的值为数值型数,计算时根据优先级的先后顺序进行。

如表达式:100\10 Mod (3 * 2),运算结果为4。

中间过程如下:

(1)表达式中出现了3种算术运算符,按优先级的高低依次为 * 、\、Mod;

(2)计算3 * 2,得到6;

(3)计算100\10,得到10;

(4)计算10 Mod 6,得到最终结果4。

3.4.2　字符串运算符与字符串表达式

1. 字符串运算符

VB的字符串运算符只有两个:“&”和“+”,基本功能是连接两个字符串。两者的区别是:“&”运算符用来强制两个表达式作字符串连接,而“+”运算符既可以作字符串连接又可以进行加法运算(见表3-4)。

字符串运算符　　表3-4

运算符	说明	举例	结果
&	字符串连接	"Vis" & "al"	Visual
+	字符串连接、计算和	"100"+"abc"	100abc

2. 字符串表达式

字符串表达式是由字符串运算符和字符型数据组成的式子。

说明:

(1)“&”用作强制字符串连接,即两边的表达式无论是字符型还是数值型,均先转换成字符型,然后再连接。使用运算符“&”时,变量与运算符“&”之间要留有一个空格。因为“&”既是字符串连接符,又是长整型的类型符,当变量名和符号“&”连在一起时,VB首先把&作为类型符号处理,因此会出现错误。

(2)“+”可以作为数值连接，如果被连接的表达式中有一个是数字字符串，另一个是数值型数据则进行加法运算。如果一个操作数为数值型，另一个为字符型数据，运行时报错。

```
例如："12"+"12"        '结果为“1212”
     "12"+12          '结果为 24
     "12"+"abc"       '结果为“12abc”
     12+"abc"         '报错
     "12" & "12"      '结果为“1212”
     "12" & 12        '结果为“1212”
     "12" &"abc"      '结果为“12abc”
     12 &"abc"        '结果为“12abc”
```

现在您明白例 3-1 中 Text1、Text2 中分别输入 12，单击【加法】按钮后得出 1212 的原因了吧。这是因为“+”号前后的数据类型都是字符串类型，此时的“+”表示连接。为了能够得到 24，只需要将“+”前后的数据类型改为数值型即可，这将在 3.5.3 中介绍。

3.4.3 关系运算符与关系表达式

1. 关系运算符

关系运算符也称比较运算符，用来对两个表达式的值进行比较，比较的结果为逻辑值。若关系成立返回 True，若关系不成立返回 False。在 VB 中分别用 1 和 0 表示 True 和 False。表 3-5 列出了 VB 的关系运算符。

关系运算符　　表 3-5

运算符	说明	举例	结果
=	等于	"ABC"="abc"	False
<>	不等于	4<>3*4	True
>	大于	"abc"<"ABC"	True
>=	大于等于	3>=2	True
<	小于	"abc"<"abd"	True
<=	小于等于	15+10<=15	False

2. 关系表达式

关系表达式是用关系运算符将两个比较元素连接起来的式子。比较时注意以下规则：

(1)如果两个操作数都是数值型时，按数值的大小比较。

(2)如果两个操作数均为字符型时，按字符的 ASCII 码值从左到右逐个比较，即首先比较两个字符串的第一个字符，ASCII 码值大的字符串大，若第一个字符相同，则比较第二个字符，依此类推，直到比较出大小为止。

(3)汉字字符以拼音顺序比较大小。

(4)关系运算符的优先级相同。

3.4.4　逻辑运算符与逻辑表达式

1. 逻辑运算符

表 3-6 列出了常用的逻辑运算符、运算优先级等。表中用 T 表示 True,F 表示 False。逻辑运算的对象和结果都是逻辑值。

逻辑运算符　　表 3-6

运算符	说明	举例	结果	优先级
Not	取反	Not T Not F	F T	1
And	与	T And T F And T T And F F And F	T F F F	2
Or	或	T Or F T Or T F Or T F Or F	T T T F	3
Xor	异或	T Xor F T Xor T	T F	3

说明:

(1)如果逻辑运算符对数值进行运算,则以数字的二进制值逐位进行逻辑运算。And 运算常用于屏蔽某些位;Or 运算常用于把某些位置 1。例如:

```
12 And 7  '表示对 1100 与 0111 进行 And 运算,得到二进制 100,即十进制 4
```

(2)对一个数连续进行两次 Xor 操作,可恢复原值。

2. 逻辑表达式

逻辑表达式是一种综合型表达式,可包含其他运算符,运算元素可以为数值型、字符型、日期型和逻辑型。表达式的值为逻辑型数,如 Not (20＜30) And ("ABC"＞"488")结果为 True。

3.4.5　表达式的运算顺序

1. 表达式的书写规则

VB 表达式的书写规则如下:

(1)乘号不能省略。

(2)括号必须成对出现,均使用圆括号,可以嵌套,但必须配对。

(3)表达式从左到右在同一基准上书写,无高低、大小之分。

如有数学式子:3[x+2(y+z)],在 VB 中就应表示为:3 * (x+2 * (y+z))。

2. 不同数据类型的转换

操作数的数据类型应该符合要求,不同的数据应该转换成同一类型。在算术运算中,如果操作数的数据精度不同，VB 规定运算结果采用精度较高的数据类型。

Integer<Long<Single<Double<Currency

但当 Long 型数据与 Single 型数据进行运算时，结果为 Double 型数据。

3. 优先级

同一表达式中，不同运算符的优先级是：

括号>算术运算符>字符运算符>关系运算符>逻辑运算符。

注意： 对于存在多种运算符的表达式，建议增加圆括号改变优先级或使表达式更清晰。

技巧： 可以用"视图"→"立即窗口"命令，打开立即窗口，使用 Print 测试表达式的值，如图 3-6 所示。

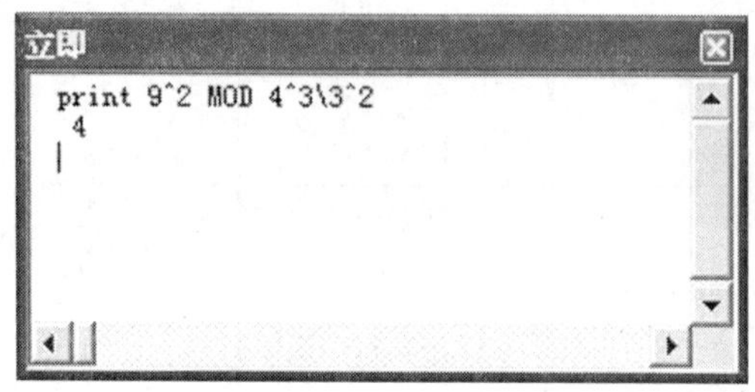

图 3-6 立即窗口

3.5 常用内部函数

为了便于编程人员开发程序，VB 提供了大量的系统内置函数和语句，这些函数极大地提高了编程人员的开发效率。程序员利用这些函数可以更轻松地实现许多功能，以减少代码的编写量，使程序设计水平更上一个台阶。

一般调用格式为：

```
函数名([参数表])
```

例如：

```
y=Sqr(9)
```

Sqr 是内部函数名，9 是参数，运行时该语句调用内部函数 Sqr 求 9 的平方根，其计算结果 3 由系统返回给变量 y。

VB 系统为用户提供了数学函数、字符串函数、日期函数、类型转换函数、测试函数、格式输出函数、颜色函数和路径函数。本节仅介绍常用的内部函数的格式与功能，其他内部函数可查阅帮助。

3.5.1 数学函数

表 3-7 列出了常用的数学函数，函数的参数与结果一般都为数值型数。

常用数学函数　　表 3-7

函数名	功能	返回值类型	举例
Abs(x)	绝对值	与 x 相同	Abs(－3.04)＝3.04
Exp(x)	自然指数	Double	Exp(2)＝7.389
Log(x)	自然对数	Double	Log(10)＝2.3
Sgn(x)	取参数的符号值	Integer	Sgn(－5)＝－1　Sgn(0)＝0　Sgn(5)＝1
Sqr(x)	算术平方根(x>＝0)	Double	Sqr(2)＝1.414
Int(x)	取整(取小于或等于参数的最大整数)	Integer	Int(－32.65)＝－33
Fix(x)	取整(取参数的整数部分)	Integer	Fix(－32.65)＝－32
Cint(x)	四舍五入取整	Integer	Cint(99.8)＝100
Rnd(x)	产生一个 0～1 之间的随机数	Double	Rnd 产生 0～1 的数
Sin(x)	正弦	Double	Sin(0)＝0　x 为弧度
Cos(x)	余弦	Double	Cos(0)＝1　x 为弧度
Tan(x)	正切	Double	Tan(0＝0)　x 为弧度
Atn(x)	反正切	Double	Atn(0)＝0　x 为弧度

说明：随机函数 Rnd 可以产生一个[0,1)左闭右开区间内的随机小数。为了保证每次运行时产生不同序列的随机数，需要先执行 Randomize 语句。

格式：

```
Randomize
```

如果产生某个区间[a,b]内的正整数，格式为：

```
Int(Rnd * 个数)+a      '个数=b-a+1
```

例如，产生[10,99]的随机正整数，则可用 Int(Rnd * 90)＋10 实现。

3.5.2　字符串函数

VB 系统提供了丰富的字符串函数，使用十分方便灵活，给编程中的字符处理带来极大的方便。常用的字符串函数如表 3-8 所示。

常用字符串函数　　表 3-8

函数名	功能	返回值类型	举例
Ltrim(C)	删除字符串左边的前导空格	String	Ltrim("　123")＝"123"
Rtrim(C)	删除字符串右边的尾随空格	String	Rtrim("123　")＝"123　"
Trim(C)	删除字符串的前导和尾随空格	String	Trim("123　")＝"123"
Left(C,N)	从字符串的左边取出 N 个字符	String	Left("abc",2)＝"ab"
Right(C,N)	从字符串的右边取出 N 个字符	String	Right("abc",2)＝"bc"
Mid(C,M,N)	从字符串的 M 位开始向右边取出 N 个字符	String	Mid("abc",2,2)＝"bc"

续上表

函 数 名	功 能	返回值类型	举 例
Len(C)	返回字符串的长度	Integer	Len("abc")=3
Instr(C1,C2)	返回字符串 2 在字符串 1 中的位置	Integer	Instr("abc","bc")=2
Space(N)	返回 N 个空格字符组成的字符串	String	Space(3)=" "
String(N,C)	返回 N 个指定字符组成的字符串	String	String(5,"#")="#####"
Lcase(C)	返回以小写字母组成的字符串	String	Lcase("AbC")="abc"
Ucase(C)	返回以大写字母组成的字符串	String	Ucase("AbC")="ABC"
StrComp(C1,C2,[M])	字符串 1<字符串 2　−1 字符串 1=字符串 2　0 字符串 1>字符串 2　1	Integer	StrComp("abc","abd")=−1

说明：

(1)C 可以是字符型常量、字符型变量，函数的返回值可以是字符型常量也可以是数值型常量。

(2)VB 中字符串长度是以字为单位的，也就是每个西文字符和每个汉字字符都作为一个字(在内存中占两个字节)。Len(C)函数就是以字符个数为长度单位的。

例 3-2　身份证号码各位数字的含义如下：

前 1、2 位数字表示所在省份的代码；第 3、4 位数字表示所在城市的代码；第 5、6 位数字表示所在区县的代码；第 7～14 位数字表示出生年、月、日；第 15、16 位数字表示所在地的派出所的代码；第 17 位数字表示性别：奇数表示男性，偶数表示女性；第 18 位数字是校检码，也有的说是个人信息码，一般是随机产生，用来检验身份证的正确性。

本例可以根据输入的身份证号，提取出对应的出生日期信息，如图 3-7 所示。

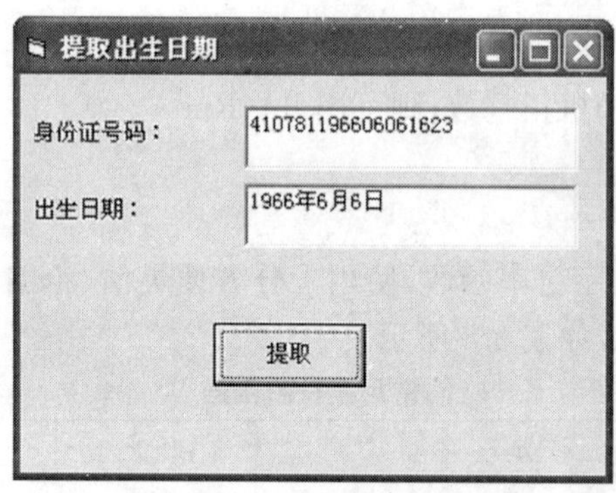

图 3-7　运行效果图

图 3-7 中从上往下两个文本框的名称属性依次为 Text1、Text2,【提取】按钮的名称属性为 Command1。

分析：

(1)根据身份证号各位数字的含义，第 7～10 位表示年，第 11～12 位表示月，第 13～14 位表示日。在 Text1 中输入身份证号，它的数据类型是字符串类型。若想得到年、月、日，我们只需对 Text1. Text 用 Mid 函数即可。

(2)Text2 中要显示(输出)出生日期,语句肯定应该是 Text2. Text=?。? 很好确定,因为年、月、日根据 Mid 函数已经获得,只需要用字符串运算符"&"或"+"把年、月、日连接起来即可。

界面的设计过程省略,下面是【提取】按钮的 Click 事件。

```
Private Sub Command1_Click()
    Dim num As String
    num=Trim(Text1. Text)
    Dim y As Integer, m As Integer, d As Integer
    y=Mid(num, 7, 4)
    m=Mid(num, 11, 2)
    d=Mid(num, 13, 2)
    Text2. Text=y & "年" & m & "月" & d & "日"
End Sub
```

在代码中,y、m、d 分别代表出生日期的年、月、日,注意此处定义的数据类型为整型。如图 3-6,该身份证号的月份是"06",若用整数表示则为 6,因此最后输出的结果是 1966 年 6 月 6 日。

思考:若将输出结果由"1966 年 6 月 6 日"改为"1966 年 06 月 06 日",上述程序如何修改?

3.5.3 转换函数

转换函数主要用于数值型数据与字符型数据之间的转换。表 3-9 给出了常用的类型转换函数。

常用类型转换函数　表 3-9

函数名	功能	返回值类型	举例
Asc(C)	返回 C 的第一个字符的 ASCII	Integer	Asc("A")=65
Chr(N)	返回 ASCII 对应的字符	String	Chr(67)="C"
Str(N)	将数值型转换成字符型	String	Str(123)="123"
Val(C)	将字符型转换成数值型	Integer	Val("98. 66")=98. 66

有了表 3-9 的知识,您知道引例中【加法】按钮单击事件中的代码该如何修改了吧? 因为 Text1. Text 是字符串类型,只需用 Val 函数,将 Text1. Text 转换成数值型即可。因此代码修改为:

```
Text3. Text=Val(Text1. Text)+Val(Text2. Text)
```

因为"+"前后都是数值型数据,此时"+"表示加法的含义,因此单击【加法】按钮后就可以执行加法运算得到 24 了。

思考:为什么例 3-1 的 Text3. Text=Text1. Text-Text2. Text 语句中,没有用 Val 函数转换两个文本框的值,计算结果也是正确的呢?

3.5.4 日期函数

日期和时间函数主要用来测试和设置系统的日期和时间，表 3-10 给出了常用的日期和时间函数。

常用的日期时间函数 表 3-10

函 数 名	功 能	返回值类型	举 例
Date[()]	返回计算机系统当前的日期(年—月—日)	Date	Date
Day(D)	返回月中的第几日(1～31)	Integer	Day("2013-9-1")=1
Hour(D)	返回小时(0～23)	Integer	Hour(#5:12:17 PM#)=15
Month(D)	返回月份(1～12)	Integer	Month(#2013/11/1#)=11
Year(D)	返回年份(yyyy)	Integer	Year(#2013/11/1#)=2013
Now[()]	返回系统的日期和时间	Date	Now=2007-10-26 11:12:36
Time[()]	返回系统的当前时间	Date	Time()=11:12:36
WeekDay(D)	返回星期几(1～7),1 表示星期天	Integer	WeekDay(#2013/12/24#)=3

3.5.5 Format 格式输出函数

格式：

```
Format(表达式,"格式字符串")
```

功能：指定表达式按格式输出。

参数说明：

(1)表达式，要格式化的数值、日期或字符串类型的表达式。

(2)格式字符串，表示按其指定的格式输出表达式的值。格式字符串有 3 种，数值格式、日期格式和字符串格式。格式字符串两旁要加双引号。常用的格式字符串如表 3-11 所示。

(3)函数的返回值，按规定格式形成的一个字符串。

常用数值格式化符号 表 3-11

符 号	功 能	格式化字符串	结 果
0	实际数字位数小于符号位数，数字前后加 0	Format(1234.567,"00000.0000") Format(1234.567,"000.00")	01234.5670 1234.57
#	实际数字位数小于符号位数，数字前后不加 0	Format(1234.567,"#####.####") Format(1234.567,"###.##")	1234.567 1234.57
,	千分位	Format(1234.567,"##,##0.0000")	1,234.5670
%	数值乘以 100，加百分号	Format(1234.567,"####.##%")	123456.7%
$	在数字前强制加$	Format(1234.567,"$###.##")	$1234.57
E+	用指数表示	Format(1234.567,"0.00E+00")	1.23E−01

3.5.6 Shell( )函数

Shell 函数是 VB 中的内部函数，它负责运行一个可执行程序。如果函数成功调用，返回程序的进程 ID;若不成功,则返回 0。

格式:

```
Shell (命令字符串[,窗口类型])
```

说明:

(1)命令字符串:要执行的程序名,包括路径名,仅限于 *.exe、*.com 类型文件。

(2)窗口类型:整型。指定在程序运行时窗口的样式,可取值为 0～4、6。一般取 1。

例如,在 VB 程序中打开记事本:

```
i=Shell("C:\Windows\System32\NotePad.exe",1)
```

3.5.7　其他函数

不知大家有没有考虑过,在例 3-1 中,如果用户在文本框中输入了非数字字符,那么计算结果会怎么样呢? 如:在 Text1 中输入 12,Text2 中输入 abc,此时两个文本框的值是不能进行加减的。不论计算结果是什么,错误的输入肯定是不允许的,是必须要避免的。这个避免的工作就应该由程序员来做,这称为输入保护。

解决方法:在执行运算之前,需用 IsNumeric 函数判断 Text1 和 Text2 中输入的是否是数值型,如果是,进行运算;如果不是,直接弹出错误信息。当然,实现时还需用第四章的 If 语句进行流程的控制,详见 4.3.2。

表 3-12 给出的是一些常用的测试函数和其他函数。

常用测试函数和其他函数　　表 3-12

函数名	功能	返回值类型	举例
VarType(V/E)	测试变量或表达式的类型,返回是数值	Long	VarType(a%)=2
TypeName(V/E)	测试变量或表达式的类型,返回是类型名	String	TypeName((a%)=Integer
IsArray(E)	测试变量或表达式是否为数组	Boolean	Dim A(10) IsArray(A)=True
IsDate(E)	测试变量或表达式是否为日期型	Boolean	IsDate(2007-1-1)=False
IsNumeric(E)	测试变量或表达式是否是数值型	Boolean	IsNumeric("123"+345)=True
Eof()	测试文件的指针是否到了文件尾	Boolean	
Ubound(A,[n])	返回一个指定数组维可用的最大上标	Long	
Lbound(A,[n])	返回一个指定数组维可用的最小下标	Long	

3.6 语句

3.6.1　VB 中的语句

1. 语句的构成

VB 中的语句由 VB 关键字、对象属性、运算符、函数以及能够生成 VB 编辑器可识别指令的符号组成，书写时不区分大小写(有些语言，如 C 语言严格区分大小写)。每个语句以回车键结束，一个语句行的最大长度不能超过 1023 个字符。在书写语句时，必须遵循一定的规则，这种规则称为语法。

一个语句可以很简单，也可以很复杂。例如：

```
Cls
```

就是一个简单的 VB 语句，只有一个关键字。而例 3-2 中的输出语句：

```
Print y & "年" & m & "月" & d & "日"
```

是一个稍复杂些的语句。

2. 自动语法检查

为了使程序能被 VB 正确地识别，在书写代码时必须遵循一定的语法规则。如果设置了"自动语法检测"("工具"→"选项"命令对话框中的"编辑器"选项卡)，则在输入语句的过程中，VB 将自动对输入的内容进行语法检查，如果发现了语法错误，则弹出一个信息框，提示出错的原因。

VB 按自己的约定对语句进行简单的格式化处理，例如命令词的第一个字母大写，运算符前后加空格等。在输入语句时，命令词、函数等可以不必区分大小写。例如，在输入 Cls 时，不管输入 cls、CLS，按回车键后都变为 Cls。为了提高程序的可读性，在代码中应加上适当的空格，同时应按惯例处理字母的大小写。

3. 复合语句行

在一般情况下，输入程序时要求一行一句，一句一行。但 VB 允许使用复合语句行，即把多条语句放在同一行中，此时各语句之间用冒号(:)隔开。例如：

```
a=7:b=3:c=4:d=a+b+c
```

一行中放了 4 条语句，各语句中间以冒号隔开。

4. 续行

当某条语句较长时，为了便于阅读程序，可以通过续行符把一个语句分别放在几行中。VB 中使用的续行符是行尾加空格和下选线"_"。例如：

```
Print Text1.Text _
    & Text2.Text _
    & Text3.Text
```

它与下面的语句等价：

```
Print Text1.Text & Text2.Text & Text3.Text
```

注意：续行符只能出现在行尾，而且与它前面的字符之间至少要有一个空格。

3.6.2 赋值、注释、暂停和结束语句

1. 赋值语句

在例 3-1 中，【减法】按钮单击的事件代码：Text3.Text=Text1.Text-Text2.Text 就

是一条赋值语句，意味着将 Text1. Text－Text2. Text 计算出来的结果显示在 Text3 中，即赋给了 Text3. Text 属性。

格式：[Let] 变量名＝表达式

[Let] [对象名.]属性名＝表达式

功能：先计算表达式的值，再将其值赋给变量或指定对象的属性。

说明：

(1)赋值语句以关键字 Let 开头，因此也称 Let 语句。其中的关键字 Let 可以省略。

(2)赋值语句兼有计算与赋值双重功能。例如：BitCount＝BitCount * 8，首先计算 BitCount * 8 的值，然后将此值再赋给 BitCount 变量。

(3)"＝"与代数式中的等号不同，它是赋值号。例如：A＝3，数学上读作"A 等于 3"，这容易混淆赋值符号的含义，正确的读法应是"将 3 赋给变量 A"。

(4)赋值语句中的"＝"与关系运算符中的"＝"不同，赋值运算符左边只能是一个变量或对象属性，而不能是表达式，执行的是给变量或对象属性赋值的操作；关系表达式中的"＝"可以出现在表达式中的任何位置，用来判断两边的值是否相等。

(5)赋值号两边的数据类型必须一致。

(6)当表达式和变量的类型不同时，会出现编译错误。

例 3-3　编写一段程序，使用两个文本框和一个按钮，在两个文本框中输入数据之后，单击按钮，使两个数据交换后显示在文本框中。如图 3-8 所示。

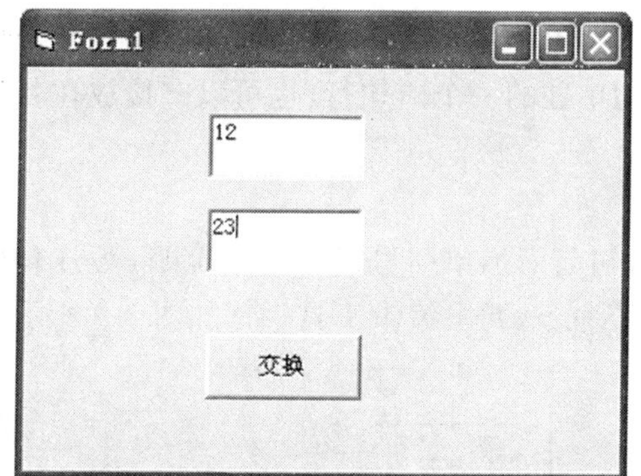

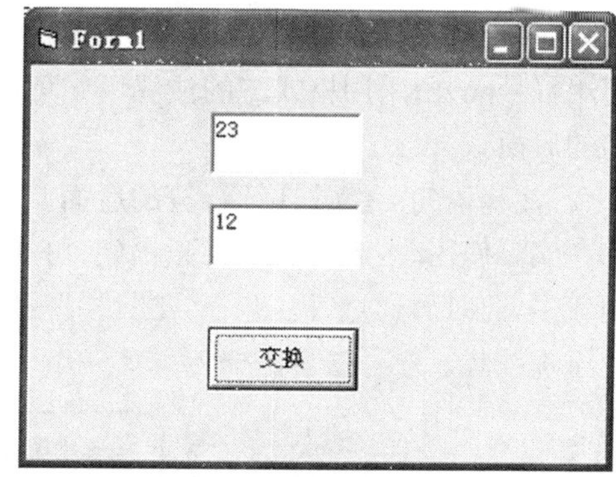

图 3-8　交换前后效果图

分析：

按照题目的规定，只能使用 2 个文本框，那么交换怎么进行呢？如果将后面文本框的值写入前面的文本框，就会覆盖前面的值，反之亦然，还没有来得及交换，就只剩下 1 个值了。这该怎么办呢？

回到现实生活中，如果有 1 瓶酱油和 1 瓶醋，想让酱油和醋交换瓶子，我们会怎么做呢？对了，找第 3 个瓶子作为中介。那我们的数据交换不也可以找一个中介吗？

声明一个临时变量，将第 1 个值暂时存入这个变量中，然后将第 2 个值写入前面的文本框，再将临时变量中的值写入第 2 个文本框，3 条赋值语句就可以实现 2 个数的交换了。

代码如下：

```
Private Sub Command1_Click()
    Dim a As String
    a=Text1.Text
    Text1.Text=Text2.Text
    Text2.Text=a
End Sub
```

a 变量的作用就是中介的作用。执行过程如下：

(1)将 Text1 的值 12 赋值给 a 变量，则 a 的值为 12，注意此时 Text1 中也仍是 12。

(2)将 Text2 的值 23 赋值给 Text1. Text，则 Text1 中显示 23，注意此时 Text2 中也仍是 23。

(3)将 a 的值 12 赋值给 Text2. Text，则 Text2 中显示 12。

有了这 3 个步骤，就实现了两个文本框中值的互换。

2. 注释语句

为了提高程序的可读性，通常应在程序的适当位置添加必要的注释。VB 提供了两种添加注释的方法。

格式一：Rem 注释内容

格式二：'注释内容

说明：

(1)采用格式一的注释语句可以作为单独的一个语句行，也可以放在其他语句的后面，之间用冒号隔开；采用格式二的注释语句可以作为单独的一个语句行，也可以直接放在其他语句的后面。

(2)注释语句不能放在续行符的后面。

在实际使用时，若要注释某条语句，可在该语句前面加单引号或 Rem；如果需要注释的语句较多，此时可通过"视图"→"工具栏"→"编辑"命令，调出编辑工具栏，(如图 3-9 所示)，快速添加注释。

图 3-9　编辑工具栏

选中需要添加注释的语句块，单击图 3-9 的设置注释块，系统会在所选区域中的每条语句前面自动加上单引号。需要取消注释时，选中语句，单击图 3-8 的解除注释块即可。

3. 暂停语句

格式：Stop

Stop 语句用来暂停程序的执行，它的作用类似执行"运行"菜单中的"中断"命令。当执行 Stop 语句时，将自动打开立即窗口。一般调试程序时使用。

4. 结束语句

格式：End

在第二章的 2.4 节谈到了 End 的使用方法，End 语句可以结束一个程序的执行。

End 语句除用来结束程序外，在不同的环境下还有其他一些用途，例如：

```
End Sub          '结束一个 Sub 过程
End Function     '结束一个 Function 过程
End If           '结束一个 If 语句块
End Select       '结束情况语句
```

5. 代码格式书写

好的代码格式能够增强代码的可读性，在代码书写过程中，规范的代码格式也是必不可少的。下面介绍代码编写的格式规范。

(1)代码行

尽量使一行代码只做一件事或只写一条语句。这样的代码容易阅读，方便添加注释。

(2)使用空行

对于含有大量代码的应用程序，使用空行将相关功能的代码进行分块，能使代码布局更加清晰。

(3)代码对齐

注意代码缩进对齐，这样能够使代码中控制结构语句清晰可辨。代码缩进一个 Tab 制表位(一般一个制表位为 4 字符)。

(4)可在代码中添加注释

程序注释是对编写的代码加以说明和注解。在程序中使用注释非常有用，可以说明代码的功能或所声明的变量的用途，既方便了程序员自己阅读修改程序，也为今后阅读此程序提供了方便。

3.7 数据输入输出

计算机通过输入操作接收数据，然后对数据进行处理，并将处理完的数据以完整有效的方式提供给用户，即输出。本节主要介绍窗体的输入输出操作。

3.7.1 数据输出——Print 方法

在 VB 中，可以用 Print 方法在窗体、图片框、立即窗口以及打印机上输出文本数据或表达式的值。

Print 方法的一般格式为：

```
[<对象名称>.]Print [定位函数][<表达式列表>][分隔符]
```

说明：

(1)对象若缺省，则在窗体上输出。

(2)定位函数：指定输出的位置。

①Tab(n)：输出的数据在对象光标当前行，从最左端算起第 n 列处显示。

②Spc(n)：显示 n 个空格后，输出数据。

若定位函数省略，输出内容在对象的当前位置显示。

(3)表达式列表：要输出的数值或字符串表达式。当表达式省略时，将输出一个空行。

(4)分隔符：输出各项之间的分隔，指定输出后光标的定位。可以用分号和逗号。

①分号(;)：表示光标定位在上一个显示的字符的后面。

②逗号(,)：表示光标定位在上一个打印区的开始位置处，一般每隔 14 列为一个打印区。

(5)输出列表最后一个表达式的后面如果有分隔符，表示输出后不换行。

(6)该方法在 Form_load 事件中默认无效。将窗体的 AutoRedraw 属性设为 True，则变有效。

例 3-4 打印工资数据，如图 3-10 所示。

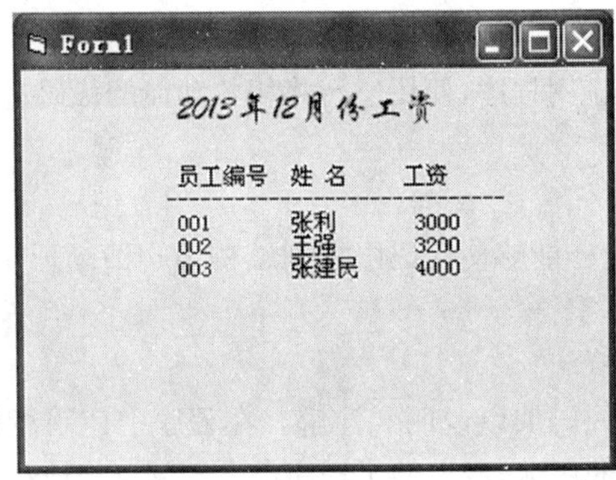

图 3-10 打印工资

代码如下：

```
Private Sub Form_Click()
    Print
    Font.Size=14
    Font.Name="华文行楷"
    Print Tab(15); Year(Date) & "年" & Month(Date) & "月份工资"
    Print
    Font.Size=9
    Font.Name="宋体"
    Print Tab(15); "员工编号"; Tab(25); "姓名"; Tab(35); "工资"
    Print Tab(14); String(30, "-")
    Print Tab(15); "001"; Tab(25); "张利"; Tab(35); 3000
    Print Tab(15); "002"; Tab(25); "王强"; Tab(35); 3200
    Print Tab(15); "003"; Tab(25); "张建民"; Tab(35); 4000
End Sub
```

说明：

(1)若 Print 后面没有表达式，将在窗体上打印出空行。代码中使用了两次 Print，即在“2013 年 12 月份工资”的上下都输出空行。

(2)思考，若将语句：

```
Print Tab(15); Year(Date) & "年" & Month(Date) & "月份工资"
```

改为：

```
Print Tab(15); Year(Date) ; "年" ; Month(Date) ; "月份工资"
```

效果一样吗？

(3)请改写代码，在工资数据下方加虚线，形成表格，如图 3-11 所示。

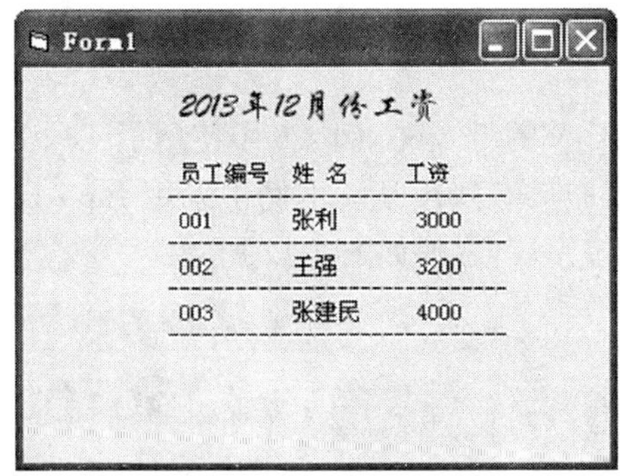

图 3-11　打印带表格的工资

(4)题目的延伸

如果计算机连接着打印机，可在 Form1 添加一个【打印】按钮，并在它的单击事件中添加语句：

```
Me.PrintForm
```

运行程序，窗体上的工资输出后，单击【打印】按钮即可进行打印。

3.7.2　数据输入——InputBox 函数

在程序设计时，实现数据的输入可以采用多种方式，常用的有以下 3 种。

(1)通过赋值语句给变量赋值。例如：

```
UserName="huchx"
UserName="huchx"+"huchx"
```

(2)通过文本框等控件属性获得用户的输入数据。例如：

```
UserName=Text1.Text
```

(3)通过 InputBox 函数获得输入的数据。

格式：

```
InputBox(<提示内容> [,<对话框标题>] [,<默认内容>][,<X 坐标位置,Y 坐标位置>])
```

说明：

(1)<提示内容>是一个字符串，最大长度为 1024 个字符。它是在对话框中显示提示信息，用来提示用户输入。提示信息可以自动换行，如果想按自己的要求换行，需要在每行末使用回车符(Chr(13))和换行符(Chr(10))或字符常量 vbCrLf。

(2)<对话框标题>是一个字符串，用来在对话框标题栏上显示对话框的标题。如果省略标题，则把应用程序名显示在标题栏中。

(3)<默认内容>是字符串，是显示在文本框中的信息。如果用户没有输入任何信息，则可用此字符串作为输入的内容。如果省略<默认内容>，则文本框为空。

(4)<X 坐标位置，Y 坐标位置>是整型表达式，用来指定对话框在屏幕上的位置。X 坐标位置指定对话框的左边与屏幕左边的水平距离，Y 坐标位置指定对话框的上边与屏幕上边的垂直距离。如果省略该项，则对话框在水平方向居中，在垂直方向距下边大约三分之一处。

例 3-5 改进第二章 2.5 节的例 2-6。例 2-6 中使用了 TextBox 接收了光标定位等位置信息，界面文本框较多，显得布局有些凌乱。本例中采用 InputBox 函数输入光标定位的位置。例如，单击【光标定位】按钮后，界面如图 3-12 所示。

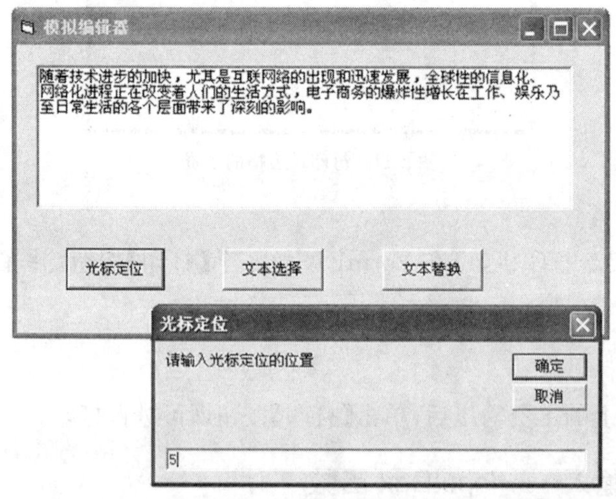

图 3-12 改进后的界面

分析：

程序改进前使用文本框接收输入的数据，而改进后则采用单击按钮后弹出输入对话框的方式输入数据，输入对话框的实现方式用 InputBox 实现。

主要代码如下：

```
Private Sub Command1_Click()
    Text1.SelStart=InputBox("请输入光标定位的位置", "光标定位", 1)
    Text1.SetFocus
End Sub
Private Sub Command2_Click()
    a=InputBox("请输入光标定位的起始位置", "文本选择", 1)
```

```
    b=InputBox("请输入光标定位的截止位置", "文本选择", 1)
    Text1.SelStart=a-1
    Text1.SelLength=b-a+1
    Text1.SetFocus
End Sub
Private Sub Command3_Click()
    Text1.SelText=InputBox("请输入文本替换内容", "文本替换")
    Text1.SetFocus
End Sub
```

在 Command1_Click 中有语句：

```
Text1.SelStart=InputBox("请输入光标定位的位置", "光标定位", 1)
```

此语句执行时，会弹出图 3-11 中的输入框。注意，InputBox 的第 3 个参数 1 是输入框的默认值，在运行时已将默认值 1 改为了 5。

3.7.3　消息对话框函数

在第一章的例 1-1 中为了输出用户的标准体重，采用了弹出消息框显示体重的方式；在第二章的例 2-1 中为了告诉用户登录成功，也采用了弹出消息框的方式。如例 2-1 的语句：

```
MsgBox "登录成功!"
```

在使用计算机的过程中，经常会遇到弹出的对话框，多数都是提示错误(例如：密码错误)、询问选项(例如：要保存吗)和告知执行结果(例如：修改成功)等消息的。这种对话框在 VB 中已经做好了现成的函数，称为消息对话框函数，只要直接调用就可以了。

1. 消息对话框函数的格式

消息对话框 MsgBox 是一个 VB 的函数，可以在需要时向用户弹出一条提示或警告消息，如果需要，还可以让用户做一定的选择，或用于运算结果的输出。消息对话框一旦弹出，用户就必须进行响应(如：单击“确定”按钮)，否则就无法继续后续的程序进程。

MsgBox 函数的格式有两种形式：

(1)MsgBox <消息内容> [,<对话框类型>] [,<对话框标题>]

(2)<变量名>=MsgBox(<消息内容> [,<对话框类型>] [,<对话框标题>])

第 1 种形式是在不需要函数返回值的情形下使用；第 2 种则是 y=f(x)形式，它可以获取函数的返回值。

2. 消息对话框函数的参数

MsgBox 函数最基本的参数有 3 个，用逗号分隔。

(1)<消息内容>：是一个字符串，用于对话框内显示的信息。

(2)<对话框标题>：字符串，是对话框的标题。

(3)<对话框类型>指定对话框中出现的按钮和图标，一般有 3 个参数，分别表示按钮数目、图标类型和缺省按钮。参数值可以相加以达到所需要的样式。

各项参数含义如表 3-13 所示。

对话框类型的参数取值 表 3-13

类　型	符号常量	按钮值	描　述
按钮数目	vbOkOnly	0	只显示“确定”按钮
	vbOkCancle	1	显示“确定”、“取消”按钮
	vbabortRetryIgnore	2	显示“终止”、“重试”、“忽略”按钮
	vbYesNoCancel	3	显示“是”、“否”、“忽略”按钮
	vbYesNo	4	显示“是”、“否按钮
	vbRetryCancel	5	显示“重试”、“取消”按钮
图标类型	vbCritical	16	显示停止图标
	vbQuestion	32	显示问号图标
	vbExclamation	48	显示感叹号图标
	vbInformation	64	显示信息图标
默认按钮	vbDefaultButton1	0	第一个按钮是默认值
	vbDefaultButton2	256	第二个按钮是默认值
	vbDefaultButton3	512	第三个按钮是默认值
	vbDefaultButton4	768	第四个按钮是默认值

MsgBox 函数等待用户单击按钮，返回一个整数，告诉用户单击了哪一个按钮。返回值见表 3-14 所示。

MsgBox 函数返回值 表 3-14

操　作	符号常量	返回值
单击“确定”按钮	vbOk	1
单击“取消”按钮	vbCancle	2
单击“终止”按钮	vbAbort	3
单击“重试”按钮	vbRetry	4
单击“忽略”按钮	vbIgnore	5
单击“是”按钮	vbYes	6
单击“否”按钮	vbNo	7

例如：

```
MsgBox "用户名或密码错误!", vbCritical, "提示"
```

执行后，如图 3-13 所示。

注意：如果省略第 2 个参数而需要保留第 3 个参数时，第 2 个参数后面的逗号不能省略，否则 VB 会把第 3 个参数当作第 2 个参数对待。例如：

图 3-13 对话框

```
MsgBox"用户名或密码错误!",,"提示"
```

3.8 程序举例

例 3-6 设计一个程序,窗体上有两个命令按钮和 4 个标签。单击【显示】按钮则该按钮不可见,并在两个标签中分别显示出当前日期和时间;单击【清除】按钮则取消显示并恢复【显示】按钮。

分析:本例中须在程序运行阶段修改控件的属性,可见/不可见的属性是 Visible,值为 True 或 Flase(表示可见或不可见);为了得出当前日期和时间,只需调用函数 Date 和 Time 即可。

运行结果如图 3-14 所示。

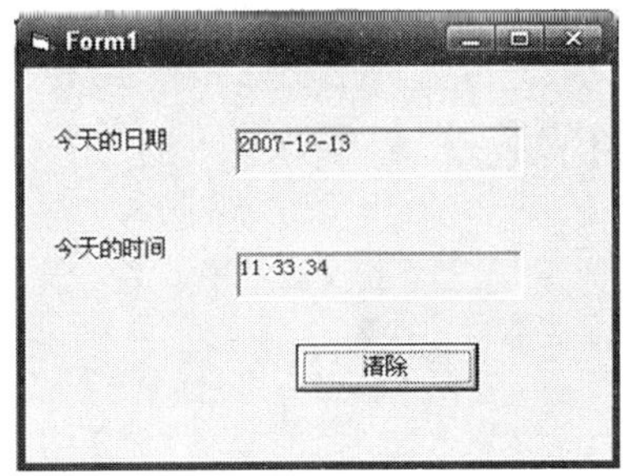

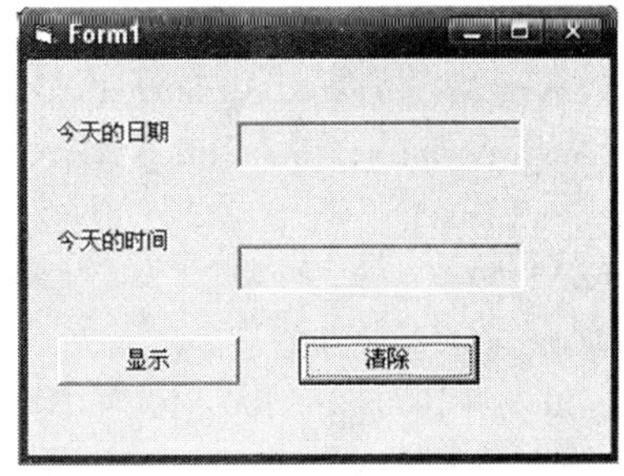

图 3-14 运行结果

图 3-14 中,放置了 4 个标签,从上往下、从左至右依次为 Label1、Label3、Label2、Label4,其中 Label3、Label4 用于输出,BorderStyle 设为了 1,达到了图 3-14 上凹陷的效果。

主要代码如下:

Command1 按钮(显示)的事件代码

```
Command1. Visible=False
Label3. Caption=Date$
Label4. Caption=Time$
```

Command2 按钮(清除)的事件代码

```
Label3. Caption=""
Label4. Caption=""
Command1. Visible=True
```

例 3-7 编写程序将一个 4 位整数反序输出。

分析：该程序的算法一般可有如下两种。

(1)利用 Mod 函数和“\”运算依次分离出该 4 位整数的千位、百位、十位和个位数字给 4 个变量，再重新将这 4 个变量组合成反序的 4 位数即可。

(2)将这个 4 位数转换为字符串来处理。利用 Left、Right 和 Mid 函数取它的各位字符，最后将取出的字符用字符连接符“&”重新组合成反序字符串。

建立程序界面，如图 3-15 所示，放置 1 个文本框 Text1 用于接收这个 4 位整数；放置两个按钮表示采用(1)、(2)两种方法之一；采用弹出对话框的方式输出反序结果。

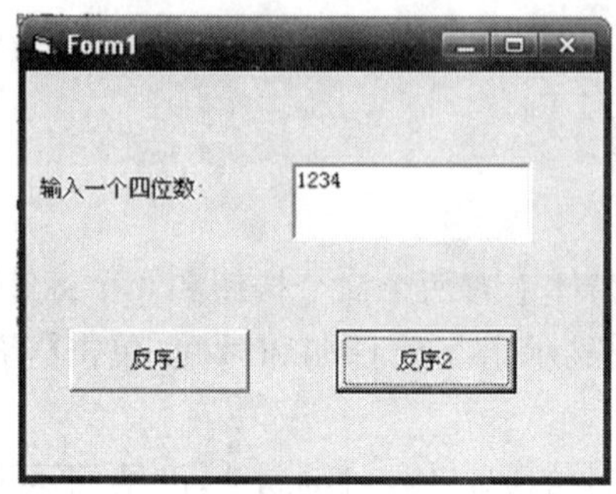

图 3-15 运行结果

主要代码如下：

```
Private sub Command1_Click()
    Dim m As Integer,n As Integer
    Dim a As Integer,b As Integer,c As Integer,d As Integer
  m=Val(Text1)
  a=m\1000                      '取千位数
  b=(m-a*1000)\100              '取百位数
  c=(m-a*1000-b*100)\10         '取十位数
  d=m Mod 10                    '取个位数
  MsgBox d*1000+c*100+b*10+a    '反序输出
End Sub

Private Sub Command2_Click()
    Dim n As String
    Dim a As String,b As String,c As String,d As String
    n=Trim(Text1)
    a=Left(n,1)           '取千位数
    b=Mid(n,2,1)          '取百位数
    C=Mid(n,3,1)          '取十位数
    d=Right(n,1)          '取个位数
    MsgBox d& c & b & a       '反序输出
End Sub
```

本例中整数输入时采用了文本框的方式,请修改上述代码,用 InputBox 函数接收 4 位整数。

思考:如果输入的数字是 1000,则采用方式(1)和方式(2)的结果相同么? 为什么?

例 3-8　使用 Print 方法配合相应函数在窗体上输出特殊图形,要求输出黑五角星构成的平行四边形。程序运行界面如图 3-16 所示。

图 3-16　输出特殊图形

主要代码如下:

```
Private Sub Form_Click()
    Cls
    Print Tab(4); Spc(1); "★"; Spc(1); "★"; Spc(1); "★"; Spc(1); "★"; Spc(1); "★"
    Print Tab(5); Spc(1); "★"; Spc(1); "★"; Spc(1); "★"; Spc(1); "★"; Spc(1); "★"
    Print Tab(6); Spc(1); "★"; Spc(1); "★"; Spc(1); "★"; Spc(1); "★"; Spc(1); "★"
    Print Tab(7); Spc(1); "★"; Spc(1); "★"; Spc(1); "★"; Spc(1); "★"; Spc(1); "★"
End Sub
```

代码中的 Cls 用于清除屏幕,以便在输出内容时不累计原内容,使每次事件执行输出的效果保持一致。

Tab 函数和 Spc 函数的作用类似,可以互相代替,但 Tab 函数从对象的左端开始计数,而 Spc 函数只表示两个输出项之间的间隔。

在输出有规律的图形时,一般会借助循环语句,详见第四章。

3.9　本章小结

VB 有丰富的数据类型,可以保存和处理数字、字符、日期等类型的数据。使用合适的数据类型,可以提高运算效率,减少所占空间。在程序运行过程中,常量用于保存静态不变的数据,变量用于存储可变数据,建议先声明后使用,声明时尽量做到"见名知义"。

在 VB 中运算符分为 4 种:算术运算符、字符串运算符、关系运算符和逻辑运算符,利用它们可以构造不同类型的表达式。表达式复杂时,注意运算符的优先级顺序,建议使用圆括号改变优先级或使表达式更清晰。VB 还提供了大量的内部函数完成对数字、字符串、日期等数据的运算和转换。

数据的输入可以通过赋值语句给变量赋值，或通过控件属性获得数据，还可以用 InputBox 函数输入数据；数据的输出，可以通过给控件的属性赋值，或利用 MsgBox 函数、Print 方法实现。

在书写代码时，建议养成良好的编程习惯，如添加注释、空行、缩进等方式，使得程序便于阅读和维护。

3.10 思考和练习

1. 选择题

(1)VisualBasic 中的数值可以用十六进制或八进制表示，十六进制数的开头符是 &H，八进制数的开头符号是(　　)。

A. $O　　B. &O　　C. $E　　D. &E

(2)MsgBox 函数的返回值的类型为(　　)。

A. 数值型　　B. 变体类型　　C. 字符串型　　D. 日期型

(3)使"计算机技术"在当前窗体上输出的语句是(　　)。

A. Print "计算机技术"　　B. Picture. Print "计算机技术"

C. Printer. Print "计算机技术"　　D. Debug. Print "计算机技术"

(4)下列几项中，属于合法的日期型常量的是(　　)。

A. "10/10/02"　　B. 10/10/02

C. {10/10/02}　　D. #10/10/02#

(5)以下语句的输出结果是(　　)。

```
a=Sqr(26) :Print Format $ (a, "$####.###")
```

A. $5.099　　B. 5.099

C. 5099　　D. $0005.099

(6)语句 A=B+C 代表的意思是(　　)。

A. 变量 A 等于 B+C 的值

B. 变量 A 等于 B 的值，然后再加上 C 的表达式

C. 将变量 A 存入变量存入 B 中，然后再加上 C 的表达式

D. 将变量 A 存入变量 B+C 中

(7)下列程序执行的结果为(　　)。

```
x=25:y=20:z=7
Print"S(";x+z*y;")"
```

A. S(47)　　B. S(165)

C. S(25+7*20)　　D. S(87)

(8)以下关系表达式中，其值为 False 的是(　　)。

A. "ABC">"AbC"　　B. "the"<>"they"

C. "VISUAL"=UCase("Visual")　　D. "Integer">"Int"

(9)下面说法不正确的是(　　)。

A. 变量名的长度不能超过 255 个字符

B. 变量名可以包含小数点或者内嵌的类型声明字符

C. 变量名不能使用关键字

D. 变量名的第一个字符必须是字母

(10)变量 L 的值为－8,则－L^2 的值为(　　)。

A. 64　　B. －64　　C. 16　　D. －16

(11)在使用 MsgBox()时,必须设置的参数是(　　)。

A. 提示　　B. 按钮　　C. 标题　　D. 无

(12)在 VB 中,对于已经声明但没有赋值的整型变量,系统的默认值为(　　)。

A. False　　B. True　　C. 0　　D. 1

(13)在一个语句行内写多条语句时,语句之间应该用(　　)分隔。

A. 逗号　　B. 分号　　C. 顿号　　D. 冒号

(14)代数式(a＋b)÷(5÷c＋d÷2)的 VB 表达式是(　　)。

A. (a＋B)/(5/c＋d/2)　　B. (a＋B)/5/c＋d/2

C. (a＋B)/(5/c＋0.5)　　D. (a＋b)/(5/c＋d/2)

(15)数据类型中的数值数据类型可以包括(　　)Double、Currency 和 Byte。

A. Integer、Object、Single　　B. Integer、Long、Variant

C. Integer、Long、Data　　D. Integer、Long、Single

2. 填空题

(1)语句 Print5/4 * 6\5 Mod 2 的输出结果________。

(2)在窗体上画一个文本框、一个标签和一个命令按钮,其名称分别为 Text1、Label1 和 Command1,然后编写如下两个事件过程:

```
Private SubCommand1_Click()
    strText=InputBox("请输入")
    Text1. Text=strText
EndSub
Private Sub Text1_Change()
    Label1. Caption=Right(Trim(Text1. Text),3)
End Sub
```

程序运行后,单击命令按钮,如果在输入对话框中输 abcdef,则在标签中显示的内容是________。

(3)根据所给条件,列出逻辑表达式。

①闰年的条件是:年号(year)能被 4 整除,但不能被 100 整除;或者能被 400 整除。

____

②一元二次方程 $ax^2+bx+c=0$ 有实根的条件是:$a\neq0$,并且 $b^2-4ac\geqslant0$。

____

(4)函数 Len(Str(Val("123.4")))的值是________。

(5)关系表达式"ABC">"AbC"的值为________。

(6)声明单精度常量 PI 代表 3.1415926 的语句是________。

(7)Shell()函数的作用是在程序运行过程中调用一个________文件。

3. 编程题

(1)我们出门要带一笔钱,希望钱的厚度和重量越小越好。假设从银行取 13579 元人民币,要求钞票数量最少,请给出最佳方案。可用的人民币面值有:100 元、50 元、10 元、5 元和 1 元。

提示:首先我们要尽可能多地取 100 元面值的钞票,取到剩余的金额不够 100 元了,就再取 50 元的,如果剩余的钱不足 50 元了,就再取 10 元的,如此继续,直至取足 13579 元。

可以先用总金额除以最大面额的币值,结果中整数的部分就是最大面值钞票的数量,将这些最大面额的钞票从总金额中减掉,剩余的金额再除以第二大面额的币值……如此继续,直至除尽。

(2)编写分别计算圆、正方形、矩形面积和周长的程序。

第四章 VB 程序控制结构

学好程序的基本控制结构是结构化程序设计的基础，好的基本控制结构具有程序结构清晰、易读性强的优点，并且易于查错和排错。程序控制结构主要有3种，即顺序结构、选择结构和循环结构。本章将详细介绍这3种控制结构，并在讲解过程中列举大量的实例。

学习目标

学完本章后，您应：

(1)理解顺序结构的执行流程。

(2)熟练掌握单分支If语句、双分支If语句、多分支If语句、Select Case结构的使用。

(3)熟练掌握For循环、While循环、Do循环的使用，掌握多重循环。

(4)掌握框架、图形框和单选按钮控件的常用属性、事件和方法及其使用。

(5)掌握程序调试的方法。

本章重难点

1. 本章重点

(1)选择结构的实现及其应用。

(2)循环结构的实现及其应用。

2. 本章难点

(1)选择的嵌套。

(2)多重循环结构的使用。

(3)程序调试的方法。

4.1 案例引入及分析

例 4-1 在中国每年有超过 1.2%的成年人变得超重或肥胖，这个数字比发达国家和许多发展中国家都高，那么怎样才算是肥胖呢？在第一章的例 1-1 中根据身高计算出了其对应的标准体重值，在本案例中，将采用另外一种方法，即目前最常用的方法——“体重指数(BMI)”。

BMI 是一项比较准确且被世界广泛接受并采纳的计算标准体重和评判标准体重的方法。

体重指数(BMI)＝体重(kg)÷身高^2(m)，专家指出最理想的体重指数是 22。

如果 BMI 的计算结果低于 18.5，则表示“过轻”；在 18.5 和 24.9 之间，表示“适中”；在 25 和 29.9 之间，表示“过重”；在 30 和 35 之间，表示“肥胖”；超过 35，则表示“非常肥胖”。

分析：从三方面着手，即输入、处理和输出。一般程序都要有输入(有时不需要)，分析清楚程序所需要的输入，就能设计出基本的界面；然后编程人员编写程序，按照题目要求进行处理；最后将用户所需要的结果显示出来。

按照上述方法，本题的分析过程如下。

(1)输入：根据题意，体重、身高都需用户输入，因此设计界面时可以用 2 个 TextBox 控件分别接受 2 个值，另外在每个 TextBox 前面需添加 Label 控件，用以说明 TextBox 的作用；

(2)处理：根据公式计算出 BMI，注意用 VB 能识别的表达式来描述上述的公式；

(3)输出：将得到的 BMI 告诉用户(即输出)。

本题的难点就是输出时要根据 BMI 所属的取值范围来确定不同的输出结果，实现时需要采用选择结构完成。

在日常生活中，我们的行动经常会受到条件的影响甚至被条件所左右。例如，“如果降温，那么就穿厚点”；“如果下雨，那么就带上雨伞”。换句话说，如果某个条件成立，我们就需要选做一些正常情况下不需要做的事情，用这种思路进行的程序设计，称为选择结构的程序设计。

例 4-2 (第三章的练习题)闰年的条件是：年号(year)能被 4 整除，但不能被 100 整除；或者能被 400 整除。请输出 1949—2014 年所有的闰年。

分析：分析方法采用“输入—处理—输出”的方式。

(1)输入：本题中无须输入，因为题意已经明确了是 1949—2014 年。

(2)处理：如果题目改成“输出 1949 年是否是闰年”，那么实现时与例 4-1 中的情形一样，首先判断 1949 是否满足闰年的条件，如果满足，则输出“是闰年”，需用到选择结构。

另外，不管是 1949 年，还是 1950 年，或者是其他年份，判断闰年的方法都是一样的，如果把“输出 1949 年是否是闰年”的语句段再复制 65 份，把其中的年份 1949 换成相应的数字(1950、1951、…2014)，就可以实现本题的要求。

但如果题目改为“请输出 1949—3014 年所有的闰年”，总不能写 1065 遍语句吧？当然不用，重复劳动是计算机最擅长的。为了适应重复计算的编程需要，程序设计语言都提供了一类语句，叫作循环语句。因此本例在处理时，除了用到选择结构，还需用到循环结构。

(3)输出：可以采用在窗体上输出的方法。

4.2 顺序结构

简单来说，顺序结构就是按照代码书写顺序执行的程序语句，即开始→语句 1→语句2→…→结束，如图 4-1 所示。

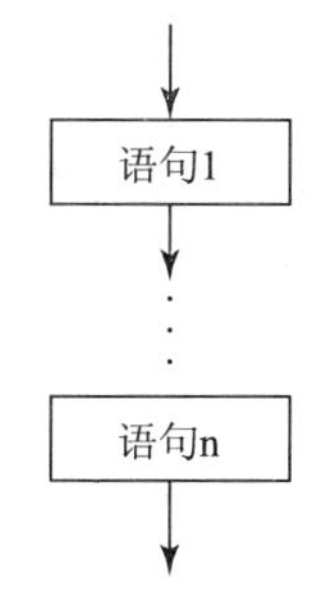

图 4-1 顺序结构流程图

顺序结构是最简单、最基本的一种程序结构，前面章节中所举例子大多数是顺序结构。如，在第 3 章的例 3-3 中：

```
Private Sub Command1_Click()
    Dim a As String             '①
    a=Text1.Text                '②
    Text1.Text=Text2.Text       '③
    Text2.Text=a                '④
End Sub
```

当单击按钮后，上述程序按①②③④的顺序执行，具体为：定义一个 String 类型的变量 a→将文本框 1 中的值赋给变量 a→将文本框 2 中的值赋给文本框 1→将 a 的值赋给文本框 2。这里可以通过按 F8 功能键，逐条语句查看，验证执行顺序。

注意：代码窗口中可能有很多段事件代码，这里所说的“顺序”结构指的不是代码窗口中事件的“先后顺序”，因为事件的执行是由用户触发的；顺序结构指的是某事件被触发后，按照该事件中的代码书写顺序，先写的先执行，后写的后执行。

例 4-3 在文本框中输入长、宽、高，求长方体的表面积和体积并输出。程序界面如图 4-2 所示。

分析：设长方体的长、宽、高为 a、b、c，表面积为 s，体积为 v，则根据数学知识有 s=2(ab+bc+ca)，v=abc。

(1)输入：a、b、c 的值需由用户输入，在设计界面时需要有 3 个 TextBox 来接受 3 个值。

(2)处理：有公式 s=2(ab+bc+ca)和 v=abc 分别计算表面积和体积，注意用 VB 的表达式来描述公式。

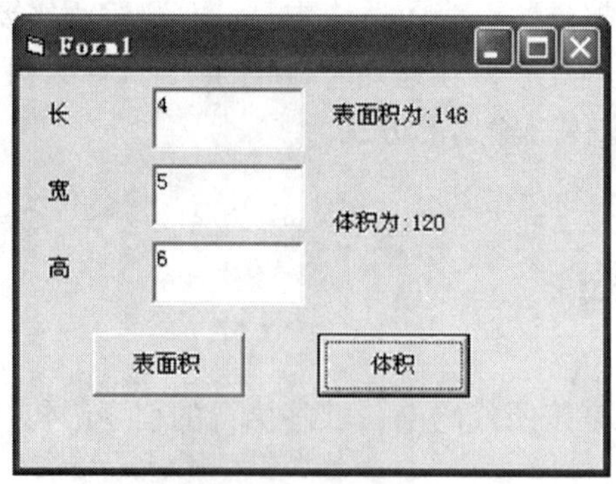

图 4-2　运行效果图

(3)输出:s 和 v 的值需要输出。

本例采用顺序程序结构进行设计,执行的顺序如表 4-1 所示。

顺 序 结 构　　表 4-1

操　作	含　义	操　作	含　义
a←Text1. Text	用户给出长	s←2 * (a * b+b * c+c * a)	计算出表面积
b←Text2. Text	用户给出宽	v←a * b * c	计算出体积
c←Text3. Text	用户给出高	输出 s 和 v	把两个结果输出

依照上面顺序结构的流程编写相应的程序代码即可完成本程序。

主要程序代码如下:

```
'通用变量处声明变量 a、b、c、s 和 v
Dim a As Single, b As Single, c As Single, s As Single, v As Single
Private Sub Command1_Click()     '计算表面积
    a=Val(Text1. Text)
    b=Val(Text2. Text)
    c=Val(Text3. Text)
    s=2 * (a * b+b * c+c * a)
    Label4. Caption="表面积为:"& s
End Sub
Private Sub Command2_Click()     '计算体积
    v=a * b * c
    Label5. Caption="体积为:"& v
End Sub
```

注意:

(1)在编写代码的过程中,遇到数学公式等表达式时,要注意按照运算符等规则正确书写。比如 s=2(ab+bc+ca)必须写成 s=2 * (a * b+b * c+c * a)。

(2)本例是一个典型的只用顺序结构就可完成的程序设计。当遇到实际问题时,用来解决问题的程序越简化越好,能够用顺序结构一次完成得更好;如果不能解决所有问题时,可以考虑用其他结构来完成。

下面我们将例 4-1 中的 BMI 计算出来,如图 4-3 所示,加深对顺序结构地理解(注:只计算,输出 BMI 的值即可)。

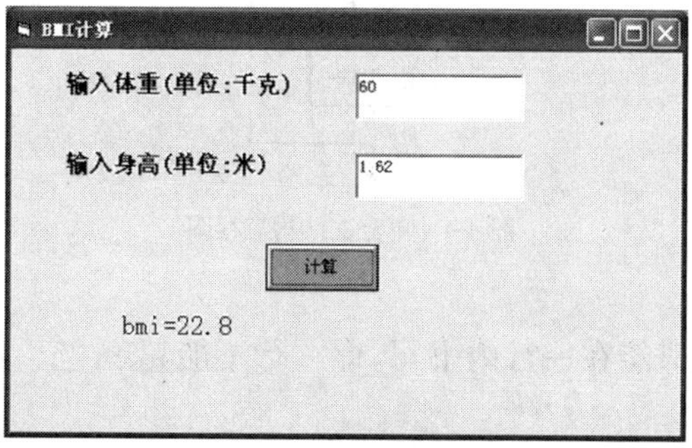

图 4-3 运行效果图

图 4-3 中,两个文本框从上到下的名称属性依次为 Text1、Text2,按钮的名称属性是 Command1,用于显示 BMI 的 Label 名称属性是 Label3。

主要代码如下:

```
Private Sub Command1_Click()
    bmi=Left(Text1. Text / (Text2. Text * Text2. Text), 4)
    Label3. Caption="bmi="+bmi
End Sub
```

上述代码中,首先计算了 bmi 的数值,其中 Left 函数的作用是只取 bmi 数值的前 4 位(包括小数点);然后将其输出到 Label3 中,输出时用字符串连接符"+"连接了字符串常量"bmi="和 bmi 的值。

4.3 选择结构

什么是选择结构?先通过例 4-2 来了解一下:如果某年是闰年,则输出"是闰年";否则什么也不输出,这里出现两种选择。这种需要根据某个前提条件成立与否而做出选择的问题就需要通过选择结构来解决。

选择结构属于分支结构的一种,也称为判定结构。程序通过判断所给的条件和条件的结果执行不同的程序段。

4.3.1 单分支 If...Then 语句

If... Then 语句用于判断表达式的值,满足条件时,执行其包含的一组语句,执行流程如图 4-4 所示。当程序执行到 If... Then 语句时,首先检查表达式,以确定程序进一步的走向。如果表达式的值为 True,则执行 Then 后面的语句块;如果表达式的值为 False,则跳过 Then 后面的语句块,接着往后执行。

If... Then 语句有单行和块两种形式。

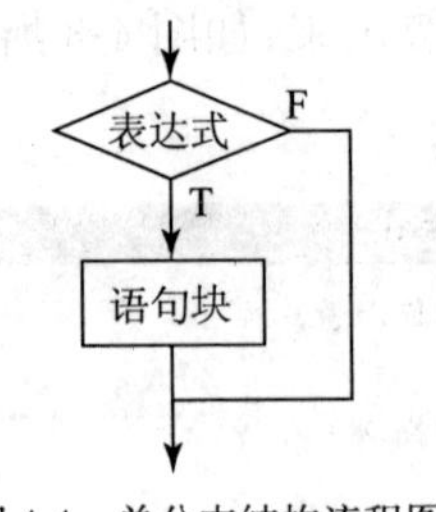

图 4-4　单分支结构流程图

(1)单行形式

顾名思义,单行形式只能在一行内书写,即一行不能超过 255 个字符的限度,语法形式如下:

```
If<表达式>  Then  <语句>
```

(2)块形式

语法形式如下:

```
If  <表达式> Then
    <语句块>
End If
```

说明:

①表达式:一般为关系表达式,也可以是算术表达式。算术表达式时,值按非零为 True,零为 False 处理。

②语句块:可以是一条或多条语句。如果是单行形式,则只能是一条语句,或用冒号分隔的语句,且这些语句必须在一行上。比如:

```
If a>b Then
    t=a
    a=b
    b=a
End If
```

等同于:

```
If a>b Thent=a:a=b:b=a
```

在例 4-2 中,如果 year 是闰年,输出;否则不输出,用 If…Then 的两种形式表示如下:

①单行形式

```
If (year mod 4=0 and year mod 100<>0) or (year mod 400=0) Then Print  year &"是闰年"
```

②块形式

```
If (year mod 4=0 and year mod 100<>0) or (year mod 400=0) Then
    Print  year &"是闰年"
End If
```

理解了单分支的语法后,我们来实现例 4-1,其运行效果如图 4-5 所示。

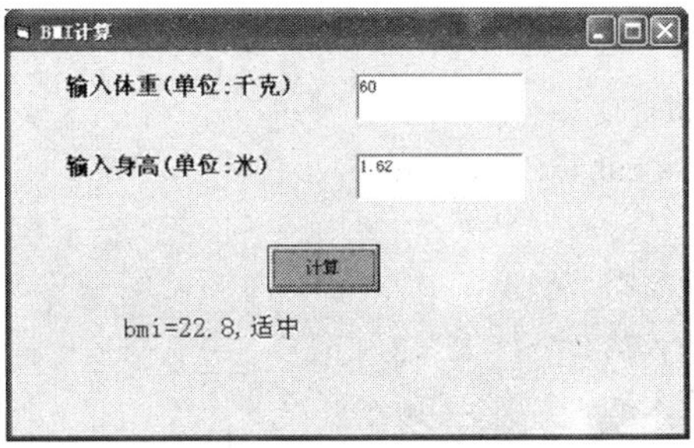

图 4-5　例 4-1 的运行效果图

```
Private Sub Command1_Click()
    bmi=Left(Text1.Text / (Text2.Text * Text2.Text), 4)
    Dim str As String
    If bmi < 18.5 Then   str="过轻"
    If bmi >=18.5 And bmi <=24.9 Then   str="适中"
    If bmi >=25 And bmi <=29.9 Then   str="过重"
    If bmi >=30 And bmi <=35 Then   str="肥胖"
    If bmi > 35 Then   str="非常肥胖"
    Label3.Caption="bmi="+bmi+","+str
End Sub
```

上述代码中，首先计算 bmi 的值；紧接着定义字符串类型的变量 str，表示“适中”等含义；然后用 5 个单分支结构来确定 str 的值；最后将 bmi 的数值及其对应的判断结果(即 str 的值)连接成一个字符串并输出到 Label3 中。

下面再看一个例题，加深对单分支结构的理解。

例 4-4　输入 3 个数 a、b、c，输出 3 个数中的最大数，程序运行界面如图 4-6 所示。

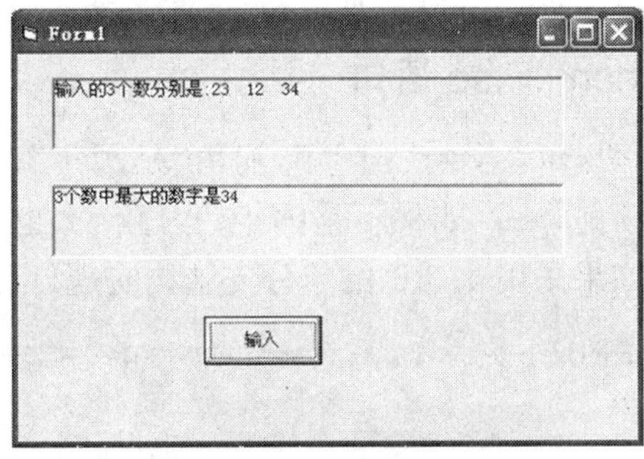

图 4-6　求 3 个数中的最大数

分析：分析方法采用“输入—处理—输出”的方式。

(1)输入：图中没有 TextBox 控件，因此输入时可以采用 InputBox 函数把 3 个数值输入到 3 个变量 a、b、c 中。

(2)处理：在求最大数时，可以先假设 a 最大，放到变量 max 中，然后分别和 b、c 比较，使得最大数放到变量 max 中，用这种方法就可以求到 3 个数中的最大值。

(3)输出：采用了 Label，所以只需给它的 Caption 属性赋值即可。

主要代码如下：

```
Private Sub Command1_Click()
    Dim a As Single, b As Single, c As Single
    Dim max As Single
    a=Val(InputBox("输入第 1 个数", "输入 a"))
    b=Val(InputBox("输入第 2 个数", "输入 b"))
    c=Val(InputBox("输入第 3 个数", "输入 c"))
    Label1.Caption="输入的 3 个数分别是：" & a & "   " & b & "   " & c
    max=a                     '①
    If b > max Then max=b     '②
    If c > max Then max=c     '③
    Label2.Caption="3 个数中最大的数字是" & max
End Sub
```

关键代码①②③分析：

代码中利用了 If 分支结构求出 3 个数中的最大值。先将 3 个数中任意一个数(本例用变量 a)暂存在变量 max 中，然后用 If 语句的单行形式，用变量 b 和 max 比较大小。如果发现 b 比 max 中的值还大，那么，将 b 的值存于变量 max 中，其 max 原来的值被覆盖掉，否则不做任何操作。再用一个 If 语句的单行形式，将变量 c 和 max 比较大小。如果发现 c 比 max 中的值还大，那么，将 c 的值存于变量 max 中，其 max 原来的值被覆盖掉，否则不做任何操作。经过 2 轮比较后，max 变量里存放的就是 3 个数中的最大值，然后将其输出即可。

注意：

(1)上述比较过程中，并没有交换 a、b、c 的值。

(2)将上述代码中表达式的大小关系换一下，可以求出 3 个数中的最小值。

(3)求 n 个数最值的方法实际编程时经常用到，需要掌握。

4.3.2 双分支 If...Then...Else 语句

将例 4-2 做个简单的改动：如果 year 是闰年，输出"是闰年"；否则输出"不是闰年"。和改动前不一样之处在于：改动前，year 如果不是闰年，程序什么也不执行；改动后，如果 year 不是闰年的话，需要输出。如果采用 4.3.1 的单分支结构实现，可以用如下代码：

```
If (year mod 4=0 and year mod 100<>0) or (year mod 400=0) Then
    Print  year &"是闰年"
End If
If Not ((year mod 4=0 and year mod 100<>0) or (year mod 400=0)) Then
    Print  year &"不是闰年"
End If
```

如果闰年的条件表达式成立，用了一段 If... Then 语句；如果闰年的条件表达式不成立，再用一段 If... Then 语句。现实生活中，二选一的情况很多，有没有更简单的语句来实现这种情况呢？双分支 If... Then... Else 语句满足了这样的要求。用双分支结构实现上述代码，代码既清晰又简单：

```
If (year mod 4=0 and year mod 100<>0) or (year mod 400=0) Then
    Print  year &"是闰年"
Else
    Print  year &"不是闰年"
End If
```

If...Then...Else语句也分为单行和块形式。

(1)单行形式

```
If <表达式>  Then  <语句1>  Else  <语句2>
```

(2)块形式

```
If <表达式> Then
    <语句块1>
Else
    <语句块2>
End If
```

功能：当表达式的值成立(TRUE或非零)时，执行Then后面的语句(块)1，否则，执行Else后的语句(块)2。流程图见图4-7。

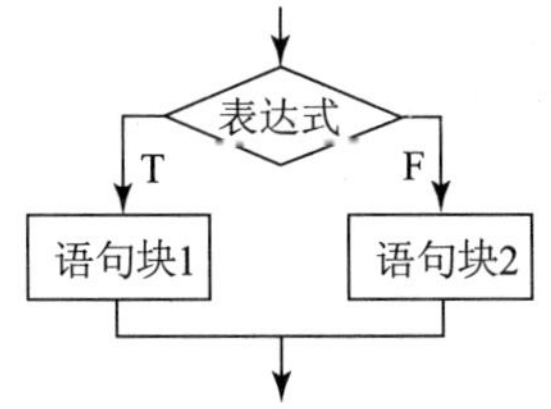

图4-7　双分支语句结构流程图

例如，下面就是一个单行形式的语句：

```
If  Text1.Text="hcx"  Then  MsgBox  "登录成功"  Else  MsgBox  "登录失败"
       表达式                    语句块1                    语句块2
```

块形式的If...Then...Else...End If语句与单行形式的If...Then...Else语句功能相同，只是块形式更便于阅读和理解。另外，块形式中的最后一个End If不能省略，它是块形式的结束标志，如果省略会出现编译错误，如图4-8所示。

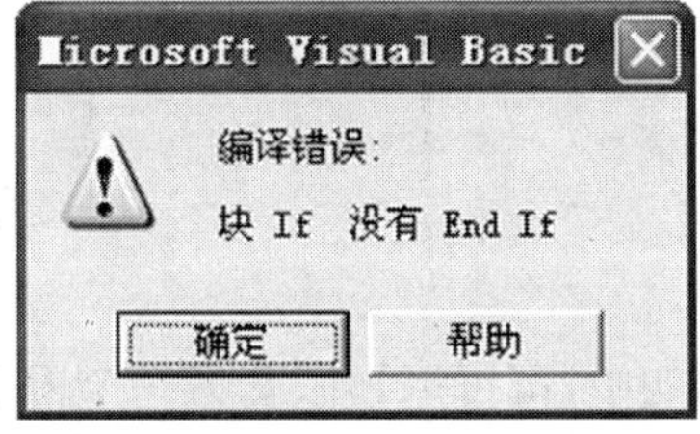

图4-8　省略最后一个End If出现错误

采用双分支结构，为例4-3计算表面积的功能加上一个简单的判断：如果3个文本框中任意一个输入了非数字字符，弹出警告信息；否则，计算表面积并输出。代码如下：

```
Private Sub Command1_Click()      '改进,计算表面积
    If Not (IsNumeric(Text1.Text)) Or Not (IsNumeric(Text2.Text)) _
        Or Not (IsNumeric(Text3.Text)) Then
        MsgBox "输入不合法"
    Else
        a=Val(Text1.Text)
        b=Val(Text2.Text)
        c=Val(Text3.Text)
        s=2*(a*b+b*c+c*a)
        Label4.Caption="表面积为:" & s
    End If
End Sub
```

在代码中,利用了 If...Then...Else 语句控制了程序的流程。在判断 Text1、Text2 和 Text3 是否输入了非数字字符时,利用了第 3 章讲过的判断函数 IsNumeric,上述条件表达式的含义是,如果 Text1、Text2 和 Text3 中至少有一个输入了非数字字符,则利用 MsgBox 弹出警告信息。

4.3.3 If 语句的嵌套

一个 If 语句的语句块中可以包括另一个 If 语句,这种就是嵌套。在 VB 中允许 If 语句嵌套。嵌套的形式有多种,下面就是 If 语句的嵌套形式。

```
If <表达式 1> Then                                    '最外层 If 语句
    语句块 1
    If <表达式 2> Then                                '内层 If 语句
        语句块 2
    Else
        If <表达式 3> Then 语句块 3 Else 语句块 4     '最内层 If 语句
    End If                                            '内层 If 结束语句
    语句块 5
Else                                                  '最外层 If 语句
    语句块 6
    If <表达式 4> Then                                '内层 If 语句
        语句块 7
    End If                                            '内层 If 结束语句
    语句块 8
End If                                                '最外层 If 结束语句
```

说明:

(1)Then 和 Else 后面的语句中,都可以再嵌套另一个 If 语句,也可以两部分中同时出现嵌套。

(2)另外,Else 或 End If 必须与相关的 If 语句相匹配,构成一个完整的 If 结构语句。

(3)对于嵌套结构,应该采用缩进的书写形式,以使程序代码看上去结构清晰,增强代码

可读性，便于日后修改调试。

在4.3.1中为了实现例4-1，共使用了5条单分支的选择语句，现在改用嵌套结构来处理，可以节省判断次数：

```
Private Sub Command1_Click()
    bmi=Left(Text1.Text / (Text2.Text * Text2.Text), 4)
    Dim str As String
    If bmi < 18.5 Then
        str="过轻"
    Else
        If bmi <=24.9 Then
            str="适中"
        Else
            If bmi <=29.9 Then
             str="过重"
            Else
                If bmi <=35 Then
                    str="肥胖"
                Else
                    str="非常肥胖"
                End If
            End If
        End If
    End If
    Label3.Caption="bmi="+bmi+","+str
End Sub
```

思考：上述代码"If bmi <=24.9 Then"中的表达式 bmi <=24.9，其实隐含的意思是 bmi >=18.5 And bmi <=24.9，为什么？

例4-5　已知x、y、z三个变量中存放了三个不同的数，比较它们的大小并进行调整，使得x>y>z（请注意和例4-4的本质区别）。

程序段如下：

```
If x < y Then
    t=x: x=y: y=t          'x与y交换
End If                     '使得x>y
If y < z Then
    t=y: y=z: z=t          'y与z交换使得y>z
    If x < y Then          '此时的x,y已不是原x,y的值
        t=x: x=y: y=t
    End If
End If
```

思考：如果不采用嵌套结构，能否完成三数比较大小的问题？请试一试。

4.3.4 多分支 If...Then...ElseIf 语句

多分支只有块形式的写法，其语句格式为：

```
If  <表达式 1>  Then
        <语句块 1>
ElseIf 表达式 2  Then
        <语句快 2 >
[ElseIf 表达式 3  Then
        语句块 3]>
    ......
[Else
        语句块 n]
End If
```

该语句的作用是根据不同的条件确定执行哪个语句块，其执行顺序为表达式 1、表达式2、……一旦某条件表达式的值为 True，则执行该条件下的语句块。执行流程如图 4-9 所示。

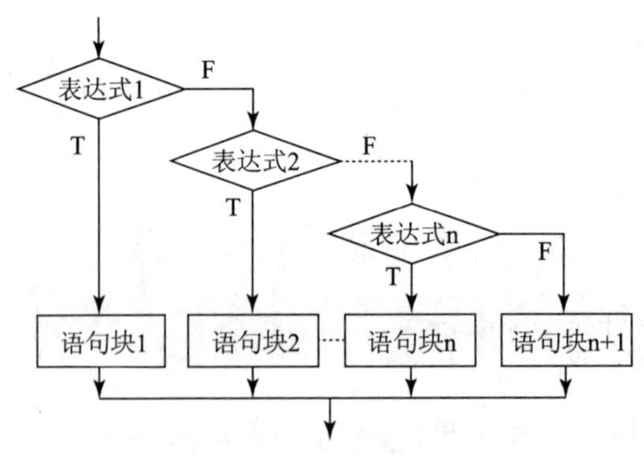

图 4-9 多分支结构流程图

在 VB 中该语句中的条件表达式和语句块的个数没有具体限制。另外，书写时应注意，关键字 ElseIf 中间没有空格。

前面用单分支结构、If 语句的嵌套分别实现了例 4-1，下面再用多分支结构实现。代码如下：

```
Private Sub Command1_Click()
    bmi=Left(Text1. Text / (Text2. Text * Text2. Text), 4)
    Dim str As String
    If bmi < 18. 5 Then
        str="过轻"
    ElseIf bmi <=24. 9 Then
        str="适中"
    ElseIf bmi <=29. 9 Then
      str="过重"
```

```
        ElseIf bmi <=35 Then
            str="肥胖"
        Else
            str="非常肥胖"
        End If
        Label3. Caption="bmi="+bmi+","+str
    End Sub
```

和前两种方法相比，多分支结构实现例4-1不仅大大简化了If嵌套结构，还可以提高程序的运行速度。

4.3.5 Select Case 语句

当选择的情况较多时，使用If语句实现就会很麻烦而且不直观，而VB中提供的Select Case语句，可以方便、直观地处理多分支的控制结构，其语法格式如下：

```
Select Case 变量或表达式
    Case 值列表 1
        <语句块 1>
    [Case 值列表 2
        <语句块 2>]
        … …
    [Case 值列表 n
        <语句块 n>]
    [Case Else
        [<语句块 n+1>]
End Select
```

功能：根据“变量或表达式”的结果值，从多个语句块中选择符合条件的一个语句块执行。若出现与列表中的所有值均不相等的情况，再看Select Case结构中是否有Case Else语句，如果有此语句，则执行其后相应的语句体部分，然后退出Select Case结构，执行其后的语句，否则不执行任何结构内的语句，整个Select Case结构结束。Select Case结构的流程图如图4-10所示。

说明：

(1)“变量或表达式”可以是数值表达式或字符串表达式。

(2)只要使用时结构合理，其中的“Case 值列表”可以使用任意多个。

(3)值列表可以有如下四种格式，即允许出现四种Case形式。

①表达式结果值，例如：Case 1 或 Case "char"等。

②一组用逗号隔开的表达式结果值。例如，Case 1,3,5,7 或者 Case "a", "b", "c", "d"等。如果表达式的值与这些数值或字符串中的一个相等，就可以执行此值列表后相应的语句体部分；否则，若表达式的值与这些取值均不相等，可以再与其他Case后的值列表进行比较。

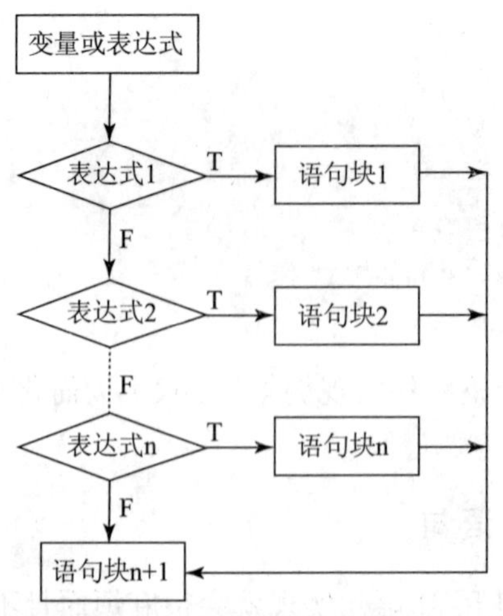

图 4-10 Select Case 语句流程图

③表达式结果 1 To 表达式结果 2(包含表达式结果 1 和表达式结果 2)。如果表达式的值与此范围内的某个值相等,则可执行此值列表后的相应语句体部分;否则,若表达式的值与这个取值范围内的值均不相等,则可以再与其后的值列表进行比较。例如,Case 50 To 60 或者 Case "a" To "z"等。

④Is 关系运算符 数值或字符串。此种格式使用了关键字"Is",其后只能使用各种关系运算符,例如,"="、"<"、">"、"<="、">="和"<>"等。可以将表达式的值与关系运算符后的数值或字符串进行关系比较,检验是否满足该关系运算符。若满足,则执行此值列表后的相应语句体部分;否则,与其后的值列表进行比较。例如,Case Is < 4 或者 Case Is> "Apple" 等。

在实际使用时,以上这几种格式允许混合使用。例如:

```
Case Is < 5,7,8,9,Is > 12
```

或

```
Case Is < "z", "A" To "Z"
```

(4)在多个 Case 子句中有同一种取值重复出现时,则只执行第一个出现此取值的 Case 语句后的相应语句体。

(5)slect Case 结构中的 Case Else 子句部分必须放在其他 Case 子句后面,用于表达式的值与前面所有 Case 子句均不匹配时,执行其后的语句体部分。这个子句部分可以省略,此时若出现与所有 Case 子句均不匹配的情况,则不执行任何语句体部分,直接退出 Select Case 结构,执行其后的部分。

下面用 Select Case 语句来改写例 4-1,代码如下:

```
Private Sub Command1_Click()
    bmi=Left(Text1. Text / (Text2. Text * Text2. Text), 4)
    Dim str As String
    Select Case bmi
```

```
        Case Is < 18.5
          str="过轻"
        Case Is <=24.9
          str="适中"
        Case Is <=29.9
          str="过重"
        Case Is <=35
            str="肥胖"
        Case Else
            str="非常肥胖"
    End Select
    Label3.Caption="bmi="+bmi+","+str
End Sub
```

对于例 4-1，我们写出了 4 种形式：单分支结构、嵌套结构、多分支结构和 Select Case 语句，比较这些形式后不难发现，在分支数较多的情况下，使用 Select Case 语句的结构更清晰。当然，若只有两个分支或分支数很少的情况下，直接使用 If 语句更好一些。

4.3.6 IIf 函数

IIf 函数的作用是根据表达式的值，返回两部分中其中一个的值或表达式，其语法格式如下：

```
IIf(<表达式>,<值或表达式 1>,<值或表达式 2>)
```

其中，<表达式>是必选参数，用来判断值；<值或表达式 1>是必选参数，如果表达式为 True，则返回该值或表达式；<值或表达式 2>是必选参数，如果表达式为 False，则返回该值或表达式。

注意：如果表达式 1 与值或表达式 2 种任何一个在计算时发生错误，那么程序就会发生错误。

比如，将：

```
If  Text1.Text="hcx"  Then  MsgBox  "登录成功"  Else  MsgBox  "登录失败"
```

改用 IIf 函数，如下：

```
Str=IIf(Text1.Text="hcx","登录成功","登录失败")
Msgbox str
```

从两段代码来看，虽然使用 IIf 函数比使用 If... Then... Else 语句简化了代码，但代码不直观。

4.3.7 程序举例

例 4-6　编程计算通话费用，电话收费标准如下：通话时间在 3 分钟以内，收费 0.5 元；3 分钟以上，每超过 1 分钟加收 0.15 元；在 7:00～19:00 之间通话，按上述收费标准全价收费;在其他时间通话,则按收费标准的半价收费。

分析:本例利用前面介绍过的选择结构解决一个实际问题,并且程序中出现了时间函数、字符串函数、格式函数等的综合应用。下述分析方法采用“输入—处理—输出”的方式。

(1)输入:根据题意,需要输入通话的开始时间和结束时间,两个时间的输入可以采用TextBox的方式。

(2)处理:使用两个分支结构进行判断选择。

(3)输出:应该输出产生的通话费用及通话时长。

根据分析,设计界面如图4-11所示。

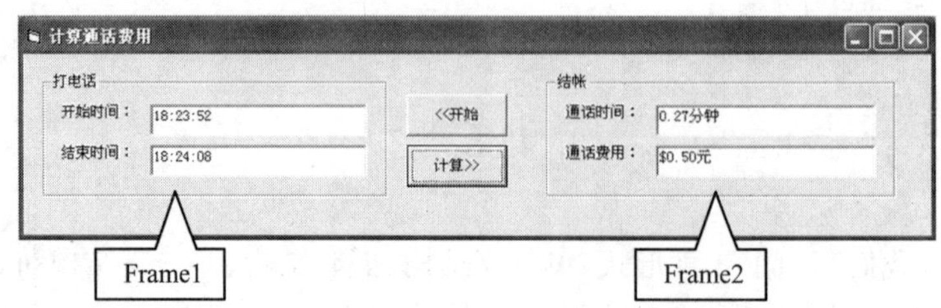

图4-11 计算通话费用

在图4-11中,Text1表示开始时间;Text2表示结束时间;Text3表示通话时间;Text4表示通话费用;Command1代表【开始】按钮;Command2代表【计算】按钮;为了使界面看上去更加直观、清楚,使用了两个Frame(框架)控件对界面功能进行了分组,将和“打电话”相关的控件放在Frame1上,和“结账”相关的控件放在Frame2上。

框架(Frame)控件是一种容器控件,在框架控件内部的控件可以随着框架一起移动,并受到框架控件某些属性(Visible、Enabled)的控制。在VB工具箱面板上,框架控件的图标是□。

常用Frame控件将其他控件分组,操作的方法是:首先在窗体上绘制Frame控件,然后激活Frame控件,再在框架中绘制其他的控件。这样能将框架及其中的控件作为一个整体一起移动。

如果要使用框架将现有的控件分组,则可先选定所有的控件,将它们剪切到剪贴板,然后选定Frame控件,再将剪贴板上的控件粘贴到Frame控件上。Frame控件常用的属性如表4-2所示。

框架的常用属性 表4-2

属　性	功　能
Caption	设置框架上的文本标题。如果标题为空字符串,则框架为封闭的矩形
Enabled	当该属性值为False,表示该框架内的所有控件被禁止使用,运行时呈现灰色
Visible	当该属性值为False,在程序运行期间,框架及其所有的控件全部被隐藏起来

本例的主要代码如下:

```
Private Sub Command1_Click()      '开始
    Text1.Text=Time
```

```
    '清空其余文本框内容
    Text2. Text=""
    Text3. Text=""
    Text4. Text=""
End Sub
Private Sub Command2_Click()       '计算
    Text2. Text=Time
    Dim s!, h!, m!
    's 表示间隔的分钟
    s=DateDiff("s", CDate(Text1), CDate(Text2)) / 60
    Text3=Format(s, "0. 00")+"分钟"
    If s <=3 Then
        m=0. 5                          'm 表示钱数;此句表示前 3 分钟内收费 0. 5
    Else
        m=0. 5+(s-3) * 0. 15
    End If
    h=Val(Mid(Text1, 1, 2))         '表示当前时间
    If h < 7 Or h > 19 Then            '在 7:00~19:00 之间通话
        m=m * 0. 5                     '钱数减半
    End If
    Text4=Format(Str(m), "$ 0. 00")+"元"
End Sub
```

通话时间通过 DateDiff 函数,以秒为间隔日期形式直接将两个日期时间相减,即使用语句:DateDiff("s", CDate(Text1), CDate(Text2)) / 60。当然也可以通过 Mid 函数分别取出小时、分、秒,而后统一换成秒为单位,再将两个时间段相减也可以得到相差的秒数。

本例对通话时间的计算精确到秒数,如果要求不足整分钟数时按整分钟计算,比如通话时间为 3 分 12 秒,需按 4 分钟计算,则程序要稍做修改,请自行尝试实现。

例 4-7　用户在文本框中输入一个字符,程序判断此字符是字母字符还是数字字符或者是其他字符,用 If 和 Select Case 两种不同的分支结构实现相同的功能。程序运行界面如图 4-12 所示。

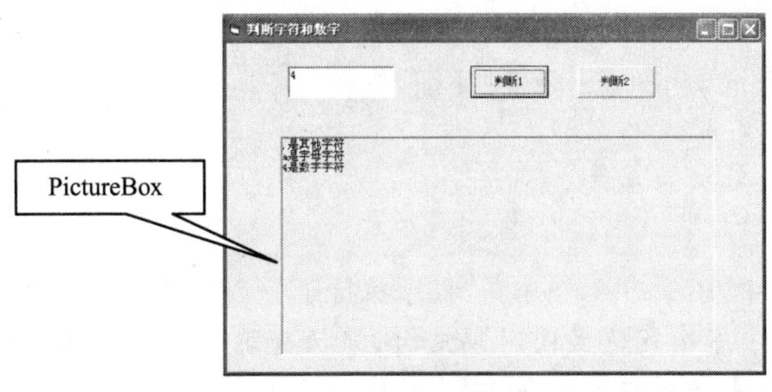

图 4-12　判断字符和数字

图 4-12 中，按钮【判断 1】需采用 If 的多分支实现，按钮【判断 2】采用 Select 语句实现。界面中的判断结果输出在一个图形框（PictureBox）中，它的名称属性为 Picture1。

图形框控件（PictureBox）可以用来显示位图、JPGE、GIF、图标等格式的图片，除此之外，还支持绘图方法，可以在图形框中绘制自定义的图片；还可以用作其他控件的容器。在工具箱面板中，图形框控件的图标是▣。

向图形框中载入图形有以下 3 种方法：

(1)在界面设计阶段，设置控件的 Picture 属性值为图片文件名。

(2)在程序设计阶段，使用 LoadPicture 函数载入图片。

(3)利用 Windows 的剪贴板功能，将图片剪贴到图形框中。

图形框可以接收 Click（单击）事件与 DblClick（双击）事件，还可以使用 Cls（清屏）和 Print 方法。本例中用到了它的 Print 方法，将判断结果显示在了 PictureBox 中。

程序的主要代码如下：

```
Private Sub Command1_Click()
    Dim s As String
    s=Text1                                          '等同于 s=Text1.Text
    If UCase(s) >="A" And UCase(s) <="z" Then        '大小写字母均考虑
        Picture1.Print s+"是字母字符"
    ElseIf s >="0" And s <="9" Then                  '表示是数字字符
        Picture1.Print s+"是数字字符"
    Else
        Picture1.Print s+"是其他字符"
    End If
End Sub
Private Sub Command2_Click()
    Dim s As String
    s=Text1
    Select Case s
        Case "a" To "z", "A" To "Z"
            Picture1.Print s+"是字母字符"
        Case "0" To "9"
            Picture1.Print s+"是数字字符"
        Case Else
            Picture1.Print s+"是其他字符"
    End Select
End Sub
```

注意：

(1)在分支结构中，不管有几个分支，程序执行了一个分支后，其余分支不再执行。

(2)当多分支中有多个表达式同时满足时，只执行第一个与之匹配的语句块。因此，要注意对多分支中表达式的书写次序，防止某些值的过滤。

(3)本例应掌握判断一个字符是否是数字或大小写字母的方法。

例 4-8　小游戏“石头剪子布”。这是一个人和计算机玩的程序，游戏者可以任选石头、剪子、布中的一种，计算机也将随机产生其中的一种，根据“石头赢剪子、剪子赢布、布赢石头”的规则判定胜负。

分析：分析方法采用“输入—处理—输出”的方式。

(1)输入：为用户的选择，石头、剪子还是布？本例将使用一个新的控件——单选按钮来实现。

(2)处理：因为有随机产生的过程，因此可用 Rnd 函数；随机产生的是 3 种情况之一，可以利用 Int、Rnd 结合产生某区间 3 个随机数值之一来代表 3 种情况之一。

(3)输出：可以采用 MsgBox 的方法输出输赢结果。

根据分析，设计界面如图 4-13 所示。

在图 4-13 上，有一个 Frame 容器控件，在该容器上放置了 3 个单选按钮(OptionButton)，此控件可以为用户提供选项，并显示该选项是否被选中。在工具箱面板上，单选按钮控件的图标是 。

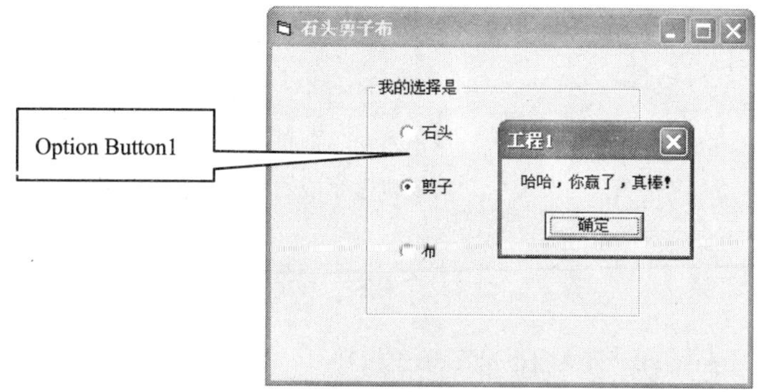

图 4-13　小游戏“石头剪子布”界面

单选按钮使用时，常以单选按钮组的形式出现，用于“多选一”的情况。当单选按钮组内的某个按钮被选中时，其他按钮将自动失效。如果需要在同一个窗体中创建多个单选按钮组，则需要将其绘制在不同的容器中(如框架、图片框等)。

单选按钮默认名称为 OptionX(X 为阿拉伯数字 1、2、3，等等)，起名规则为 OptX(X 为用户自定义名字，如 OptRed、OptArial，等等)。单选按钮常用的属性如表 4-3 所示。

单选按钮的常用属性　　表 4-3

属　性	功　能
Caption	设置单选按钮边上的文本标题
Value	当该属性值为 True，表示被选中，False 表示没有选中
Enabled	当该属性值为 False，表示该按钮对应的选项被禁止，运行时是灰色的
Style	设置选项按钮的外观。默认值为零，为标准方式；值为 1，为图形方式

如果将图 4-13 中的 3 个单选按钮的 Style 属性都由 0 改为 1，则界面变成图 4-14 所示形式。和第 3 章的按钮形状类似，但单选按钮单击后没有像按钮那样弹起来。

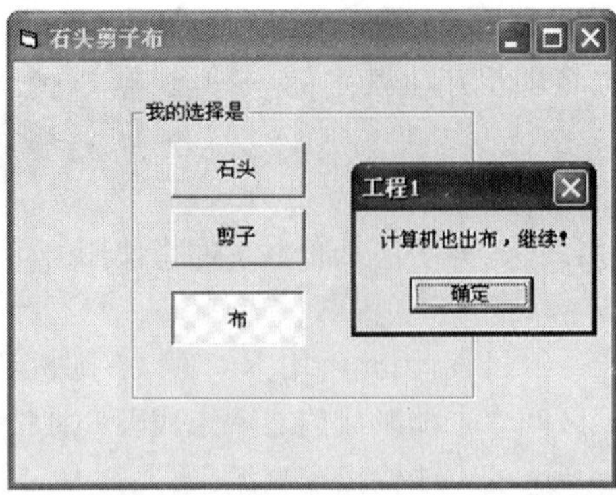

图 4-14 单选按钮的 Style 属性改为 1-Graphical 后

程序的主要代码如下：

```
Private Sub Form_Activate()              '设置单选按钮不可用
    Option1. Value=False
    Option2. Value=False
    Option3. Value=False
End Sub
Private Sub Option1_Click()               '单击石头
    Randomize                             '对随机数生成器做初始化的动作
    Dim i As Integer
    i=Int(Rnd * 3)
    Select Case i
        Case 0: MsgBox "计算机也出石头,继续!"
        Case 1: MsgBox "哈哈,你赢了,真棒!"
        Case 2: MsgBox "啊噢,计算机出的是布,你输了!"
    End Select
    Option1. Value=False
End Sub
Private Sub Option2_Click()               '单击剪刀
    Randomize
    Dim i As Integer
    i=Int(Rnd * 3)
    Select Case i
        Case 0: MsgBox "啊噢,计算机出的是石头,你输了!"
        Case 1: MsgBox "计算机也出剪刀,继续!"
        Case 2: MsgBox "哈哈,你赢了,真棒!"
    End Select
    Option2. Value=False
End Sub
Private Sub Option3_Click()               '单击布
    Randomize
```

```
        Dim i As Integer
        i=Int(Rnd * 3)
        Select Case i
            Case 0: MsgBox "哈哈,你赢了,真棒!"
            Case 1: MsgBox "啊噢,计算机出的是剪刀,你输了!"
            Case 2: MsgBox "计算机也出布,继续!"
        End Select
    Option3.Value=False
End Sub
```

代码中 i=Int(Rnd * 3)的作用是产生 0～2 之间的随机数值，当然也可产生其他区间的随机数值，比如[3,5]、[30,32]、[5,7]等，只要区间内是 3 个数就可以。上述代码中，若产生的是数字 0，代表计算机出的是石头；若产生的整数是 1，代表计算机出的是剪刀；若产生的是数字 2，代表计算机出的是布，这由编程者自己约定。在 i=Int(Rnd * 3)语句之前有 Randomize 语句，它的作用是为 Rnd 函数生成新的随机数种子，如果没有这条语句，每次运行程序会生成相同的随机数。

本例在判断输赢时用了 Select Case 语句，请另外改成 If 语句的单分支、多分支形式实现。

拓展应用：

(1)3 个单选按钮的单击事件非常类似，等我们学会控件数组后，也可以创建 OptionButton 控件数组，将 3 个单击事件变成 1 个单击事件实现该游戏。

(2)此题中产生随机数的思路应用非常广泛，比如 4.6 思考和练习中的编程题“小学生四则运算”，由于运算符也是在 4 种运算符之间随机出现，同样可以利用 Rnd 函数生成一个 0～3 之间的随机数，再通过 Select 语句判断执行何种操作。

4.4 循环结构

如果使用顺序结构，在窗体上输出图 4-15 的效果，需要书写 5 次基本相同的代码段。

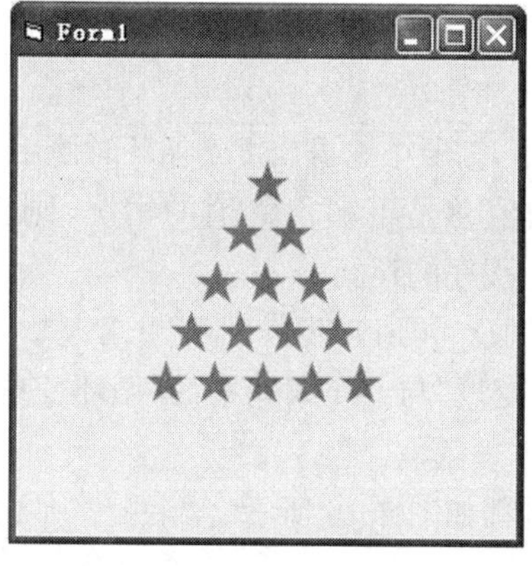

图 4-15　五角星的打印效果图

主要代码如下：

```
Print Tab(10); String(1, "★")
Print Tab(9); String(2, "★")
Print Tab(8); String(3, "★")
Print Tab(7); String(4, "★")
Print Tab(6); String(5, "★")
```

上述代码，如果使用循环语句则可简化代码量：

```
For i=1 To 5
    Print Tab(10-i+1); String(i, "★")
Next i
```

其中 i 是一个循环变量，用来控制循环次数，也就是重复执行的次数。如果按照图 4-15 的规律打印 10 行五角星，只需将 For i=1 To 5 改为 For i=1 To 10，其他语句不动。

所谓循环结构，表示在执行语句时，需要对其中的某个或某部分语句重复执行多次。VB 提供了 3 种不同风格的循环结构，包括计数型循环（For…Next）结构，条件型循环（While…Wend、Do…Loop）结构，下面分别进行介绍。

4.4.1 For 循环

当循环次数确定时，可以使用 For…Next 语句，其语法格式如下：

```
For 循环变量=初值 To 终值 [Step 步长]
    <循环体>
    [Exit For]
    <循环体>
Next 循环变量
```

说明：

(1)循环变量：数值型变量，一般定义为整型或长整型，这样可使 VB 在进行算术运算时节省时间，从而加快循环的执行速度。

(2)步长：步长为正时，初值应小于等于终值；若为负，初值应大于等于终值；省略步长值时默认为 1。

(3)Exit For：在某些情况下，需要中途退出 For 循环时使用。

(4)如果出现循环变量的值总是不超出终值的情况，则会产生死循环。此时，可以按 Ctrl+Break 组合键，强制终止程序的运行。

(5)循环次数：n=Int((终值-初值)/步长)+1。

(6)在 Next 后面的"循环变量"与 For 语句中的"循环变量"必须相同，Next 后的循环变量可以省略不写。

For…Next 语句的执行过程如图 4-16 所示。

执行过程描述如下：

(1)循环变量被赋初值。

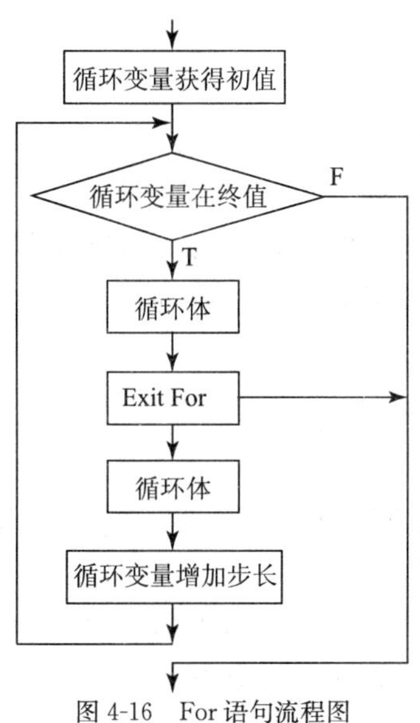

图 4-16　For 语句流程图

(2)判断循环变量是否在终值内,如果是,执行循环体,然后转向(3);如果否,结束循环,执行 next 后的下一条语句。

(3)循环变量加步长,转(2),继续循环。

用 For…Next 语句实现例 4-2 的代码如下:

```
For year=1949 to 2014
    If (year mod 4=0 and year mod 100<>0) or (year mod 400=0) Then
      Print  year &"年是闰年"
    End If
Next year
```

其中 year 是循环变量;year 的初值是 1949,终值是 2014;没出现 step 关键词,因此步长取默认值 1,即每执行一遍循环语句,year 的值加 1。

通过该例的实现,相信您已经学会了 For…Next 循环语句,但要注意一点,For…Next 循环中有个最常见的错误,即差 1 错误。当这种错误发生时,如果设计的目的是进行 100 次循环,则可能执行的循环次数是 99 或 101 次。

例如,最初在银行存 1000 元钱,以后每年存 1000 元钱,计算 10 年后存款的总金额.编写如下代码:

```
For i=1 to 10
    sum=sum+1000      '累计求和
Next i
```

上述代码即产生了差 1 错误,因为 sum 初始值是 0,正确的代码如下:

```
sum=1000
For i=1 to 10
    sum=sum+1000      '累计求和
Next i
```

或者改为：

```
For i=0 to 10
    sum=sum+1000      '累计求和
Next i
```

For…Next 循环并不总是按 1 进行计数，有时需要按 2、小数或负数进行计数，这可以通过加入 Step 关键字来实现。如上述代码也可改为：

```
For i=10 to 0 step -1
    sum=sum+1000      '累计求和
Next i
```

循环变量 i 的初值是 10，只要符合 i>=0，就执行 sum 累加求和，然后 i 就减 1。

例 4-9 计算 1～100 的偶数和。

分析：因为 1～100 中最小的偶数是 2，最大的偶数是 100，因此 For 循环的初值和终值就确定了；另外，相邻偶数相差 2，因此步长应为 2。

程序段如下：

```
Dim i As Integer, s As Integer
s=0
Fori=2 To 100 Step 2
    s=s+i
NextI
Print s
```

其中 s=0 可以省略不写，对于整型变量，若没有赋初值，默认为 0。

拓展应用：

将该题进行变换，如下面 3 种形式，请自行尝试。

(1)计算 1～100 的偶数和。

(2)计算 1～100 的和。

(3)计算 1～10 的乘积(即：10!)。

需要注意的是第(3)种情形，s 的初值必须赋值为 1。如果没有赋值语句，则 s 默认的初始值是 0，不论循环多少次，s 的值始终都是 0。

4.4.2 While 循环

在循环次数难以确定，但控制循环的条件或循环结束的条件已知的情况下，可以使用 While 语句，其语法格式如下：

```
While<表达式>
  <循环体>
Wend
```

功能：当给定的表达式为 True 时，执行循环体。

根据此语法格式，我们将例 4-2 由 For 循环改为 While 循环，请对比下面代码和 For 循环实现时的异同。

```
year=1949
While year<=2014
    If (year mod 4=0 and year mod 100<>0) or (year mod 400=0) Then
        Print  year &"年是闰年"
    End If
    year=year+1
Wend
```

其中,year=year+1语句必不可少,如果没有这条语句,因为year的值没有改变,始终等于1949,则year<=2014的表达式始终为True,因此上述代码就陷入了死循环。请注意,year=year+1在For循环中的Next处已经隐含了这个功能。

例4-10　编写程序,判断一个正整数是否为素数。

分析:分析方法采用“输入—处理—输出”的方式。

(1)输入:用户需要输入一个正整数,可以在TextBox中输入。

(2)处理:只能被1和本身整除的正整数称为素数。例如,19就是一个素数,它只能被1和19整除。为了判断一个数n是否素数,可以将n被2到$\sqrt{n}$间的所有整数除,如果都除不尽,则n就是素数,否则n是非素数。

(3)输出:本题使用Label控件输出结果。

运行效果如图4-17所示。

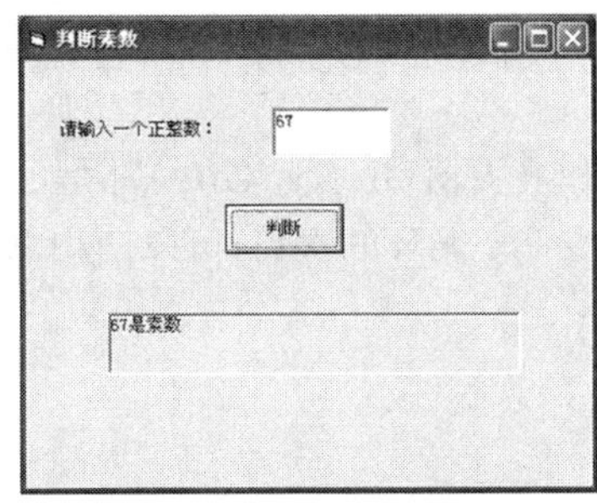

图4-17　判断是否为素数

图中显示输出结果的控件是Label,为了达到图中凹陷的效果,将它的BorderStyle属性由默认值0改为1即可。

主要代码如下:

```
Private Sub Command1_Click()
    Dim n As Integer
    n=Val(Text1.Text)
    Dim k%
    k=Int(Sqr(n))
    Dim i As Integer
    i=2
    Dim flag%
```

```
        flag=0
        While i <=k And flag=0
            If n Mod i=0 Then
                flag=1
            Else
                i=i+1
            End If
        Wend
        If flag=0 Then
            Label2.Caption=n & "是素数"
        Else
            Label2.Caption=n & "不是素数"
        End If
    End Sub
```

在上面的程序中，flag 是一个标志变量。如果“flag=0”，则表示 n 未被任何一个整数整除过；如果 flag=1，则表示 n 已被一个整数 i 整除（即使只有一次）。While 循环执行的条件有两个，一个是“i<=k”，另一个是“flag=0”，必须两个条件同时成立才执行循环。当“i>k”时，显然不必再检查 n 是否能被 i 整除；而如果“flag=1”，则表示 n 已被某个数整除过，肯定不是素数，也不必再检查了。只有当“i<=k”和“flag=0”两者同时满足时才需要检查“n 是否为素数”。循环体内只有一个判断操作，即判断 n 能否被 i 整除，如不能，则“i=i+1”，即 i 的值加 1，以便为下一次判断“n 能否被 i 整除”作准备。如果在本次循环中 n 能被 i 整除，则“flag=1”，表示 n 不是一个素数。

因为循环变量的最小值(2)和最大值(Int(Sqr(n)))都是已知的，所以此题也可以改为 For 循环。根据素数的定义，为了减少 For 循环的次数，可以使用 Exit For 语句。代码如下：

```
    Private Sub Command1_Click()
        Dim n As Integer
        n=Val(Text1.Text)
        Dim k%
        k=Int(Sqr(n))
        Dim i As Integer
        For i=2 To k
            If n Mod i=0 Then Exit For      '此时就不用再做无用功了，强制退出循环
        Next i
        If i <=k Then
            Label2.Caption=n & "不是素数"
        Else
            Label2.Caption=n & "是素数"
        End If
    End Sub
```

代码中“If i <=k Then”的含义表示，如果在循环的中途退出了循环，此数肯定不是素

数，同时退出时循环变量的值肯定小于等于 k。

用数字 9 来验证程序的对错：

n=9 时，k 的值就是 3。

For 循环的循环变量 i 初值是 2，终值是 3。

第 1 遍循环：9 Mod 2 的值不等于 0，所以不执行 Exit For；紧接着 i=i+1，i 变成了 3。

第 2 遍循环：9 Mod 3 的值等于 0，所以执行 Exit For。注意此时 i 的值仍为 3。

For 循环执行完毕后，就该接着执行下面的 If 语句，表达式 i<=k 即 3<=3 成立，所以在 Label2 上显示“9 不是素数”。

结果正确，程序验证完毕。

4.4.3　Do 循环

Do 循环也是根据某个条件是否成立来决定能否执行相应的循环体部分，与 While 循环不同的是：While 循环只能在初始位置检查条件是否成立，若成立，进入循环体；不成立，不进入循环体，执行循环体后的语句。而 Do 循环有两种语法形式，既可以在初始位置检验条件是否成立，也可以在执行一遍循环体后的结束位置判断条件是否成立，能否进入下一次循环。

Do 循环的两种语法形式：

(1)形式一

```
Do [{While |Until}<条件>]
   <语句块>
   [Exit Do]
   <语句块>
Loop
```

(2)形式二

```
Do
     <语句块>
     [Exit Do]
     <语句块>
Loop [{While|Until}<条件>]
```

说明：

(1)形式 1 为先判断后执行，有可能一次也不执行。形式 2 为先执行后判断，至少执行一次。两种形式的流程图如图 4-18～图 4-21 所示。

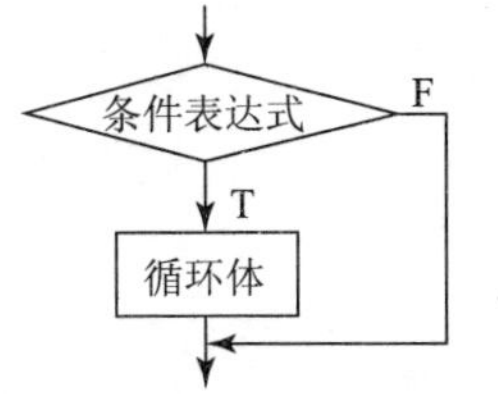

图 4-18　Do While…Loop 循环流程图

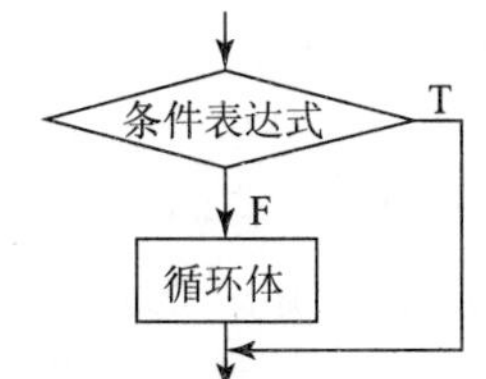

图 4-19　Do Until…Loop 循环流程图

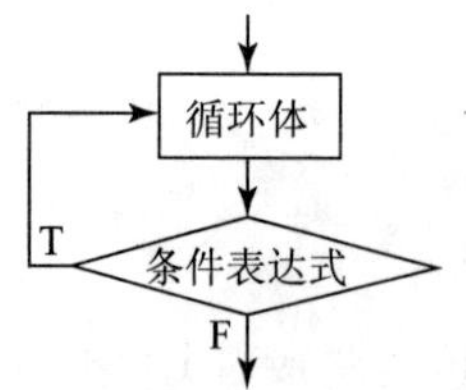

图 4-20 Do…Loop While 循环流程图

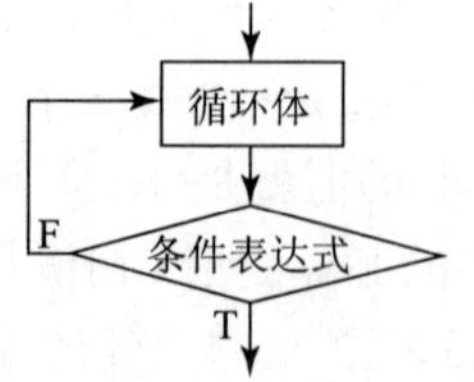

图 4-21 Do…Loop Until 循环流程图

(2)关键字 While 用于指明条件为 True 时执行循环体中的语句,Until 正好相反。

(3)当省略{While|Until}<条件>子句时,即循环结构仅由 Do……Loop 关键字构成,表示无条件循环,这时在循环体内应该有 Exit Do 语句,否则为死循环。

(4)Exit Do 语句表示当遇到该语句时,退出循环,执行 Loop 后的下一条语句。

我们将例 4-2 改为 Do 循环的各种形式,请读者对比它们的区别:

(1)Do While…Loop 形式

```
year=1949
DoWhile year<=2014
    If (year mod 4=0 and year mod 100<>0) or (year mod 400=0) Then
        Print  year &"年是闰年"
    End If
    year=year+1
Loop
```

(2)Do Until…Loop 形式

```
year=1949
Do Until year> 2014
    If (year mod 4=0 and year mod 100<>0) or (year mod 400=0) Then
        Print  year &"年是闰年"
    End If
    year=year+1
Loop
```

(3)Do…Loop While 形式

```
year=1949
Do
    If (year mod 4=0 and year mod 100<>0) or (year mod 400=0) Then
        Print  year &"年是闰年"
    End If
    year=year+1
LoopWhile year<=2014
```

(4)Do…Loop Until 形式

```
year=1949
Do
```

```
        If (year mod 4=0 and year mod 100<>0) or (year mod 400=0) Then
            Print   year &"年是闰年"
        End If
        year=year+1
    Loop Until year> 2014
```

上面 4 种形式执行结果完全一样。但如果将上述代码中的 year 初值改为 2020，即将year=1949 改为 year=2020，其他语句不变，则执行流程和结果就要发生变化。对比(1)和(3)。

第(1)种形式：由于表达式 year<=2014 即 2020 <=2014 不成立，所以(1)的循环体一次也不执行。

第(3)种形式：由于是 Do…Loop While 形式，循环体至少被执行 1 遍，输出“2020 年是闰年”，然后 year 由 2020 改为 2021。表达式 year<=2014 不满足，所以不再执行循环。

通过对比，发现采用不同的形式，因为初值不同，结果还是有差异的。

例 4-11　设有一张厚为 x 毫米，面积足够大的纸，将它不断对折。试问对折多少次后，其厚度可达珠穆朗玛峰的高度(8848 米)？

分析：分析方法采用“输入—处理—输出”的方式。

(1)输入：需要输入纸的厚度，可以用 TextBox 接受用户的输入。

(2)处理：对折一次后，发生了 2 个变化，对折次数增加了 1 次；纸的厚度变成对折前的 2 倍。

(3)输出：需将对折的次数输出。

注意厚度、高度等的单位要统一，比如统一用“毫米”。

运行效果如图 4-22 所示。

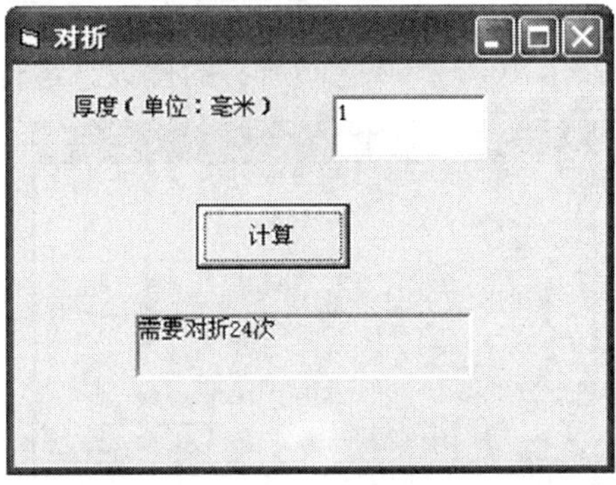

图 4-22　运行效果图

主要代码如下：

```
n=0
h=Val(Text1.Text)
Do While h < 8848000
    n=n+1
    h=2 * h
Loop
Label1.Caption="需要对折"+n+"次"
```

代码中，变量 n 表示对折的次数，h 表示纸的厚度。

如果 h 小于珠穆朗玛峰的高度，即表达式 h ＜ 8848000，就对折，此时发生了 2 个变化用语句描述就是 n=n+1 和 h=2 * h。

4.4.4 循环嵌套

在一个循环体内又包含了循环结构称为循环嵌套或多重循环。循环嵌套对 For…Next 语句、Do 语句、While 语句均适用。在 VB 中，对嵌套的层数没有限制，可以嵌套任意多层。嵌套一层称为二重循环，嵌套两层称为三重循环。

注意：

(1)外循环必须完全包含内循环，不可以出现交叉现象。

(2)内循环与外循环的循环变量名称不能相同。

下面介绍几种合法且常用的二重循环形式，如表 4-4 所示。

合法的循环嵌套形式 表 4-4

(1)For i=初值 to 终值 For j=初值 to 终值 循环体 Next j Next i	(2)For i=初值 to 终值 Do While/Until 循环体 Loop Next i	(3)Do While/Until For i=初值 to 终值 循环体 Next i Loop
(4)Do While/Until Do While/Until 循环体 Loop Loop	(5)Do For i=初值 to 终值 循环体 Next i Loop While/Until	(6)Do Do While/Until 循环体 Loop Loop While/Until

例 4-12 改进例 4-10，输出 100～500 之间所有的素数。运行效果如图 4-23 所示。

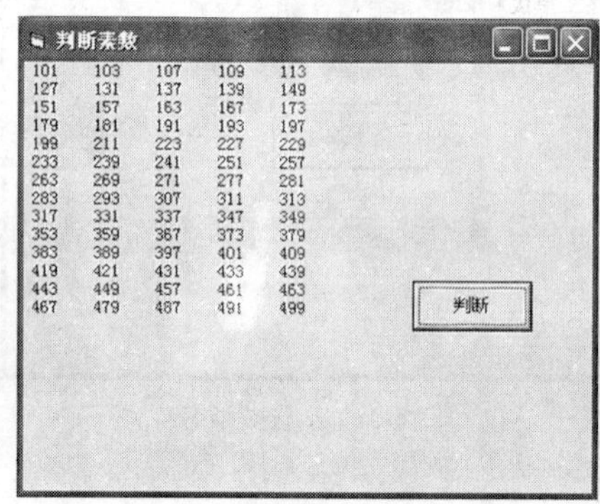

图 4-23 运行效果图

分析：例 4-10 是判断某一个数是否为素数，本题是让判断 100、101、102、…、500 是否为素数。不论数字 n 是多少，判断素数的算法都是一样的。

例 4-10 的核心代码是：

```
k=Int(Sqr(n))
i=2
flag=0
```

```
    While i <=k And flag=0
        If n Mod i=0 Then
            flag=1
        Else
            i=i+1
        End If
    Wend
```

只需把核心代码放在 For n=100 to 500 和 Next n 之间即可。最终代码如下：

```
Private Sub Command1_Click()
    Dim n As Integer
    Dim k%, flag%, i%, count%
    For n=101 To 500 Step 2
        k=Int(Sqr(n))
        i=2
        flag=0
        While i <=k And flag=0
            If n Mod i=0 Then
                flag=1
            Else
                i=i+1
            End If
        Wend
        '输出时每5个一行
        If flag=0 Then
            count=count+1
            If count Mod 5=0 Then
                    Print n; "    ";
                    Print
            Else
                  Print n; "    ";
            End If
        End If
    Next n
End Sub
```

因为本例中的输出结果有 n 个数，所以需要限制每行显示的个数，否则会因为窗体大小的限制而显示不完整。上述代码 If flag=0 Then 中的功能是一行上显示 5 个，然后换行。具体做法是：定义一个变量 count，用作计数；每得出一个素数，该变量就加 1；然后判断 count Mod 5 是否为 0，如果成立，就要换行；如果不成立，利用“;”和上一个素数输出在同一行上。这种方法在大数据量输出时经常用到。

思考：“For n=101 To 500 Step 2”为什么加上了 step 2？不加可以吗？

4.4.5 程序举例

例 4-13 在 VB 集成开发环境中输入语句后，开发环境会自动对输入的语句进行规范。本例仿照 VB 集成开发环境，实现一个简单的规范功能。要求如下：

对输入的任意一篇文章中的大小写字母进行整理，规则为所有句子开头（句子结束符为.或？或!）为大写字母，其他都是小写字母。

分析：分析方法采用“输入—处理—输出”的方式。

（1）输入：需要输入一段文章，可以在 TextBox 中输入。

（2）处理：要实现句首字母为大写，其他字母都是小写字母的规则，需要设置一个变量，用来存放当前处理的前一个字母，来判断前一个字母是否为句子结束符。可以利用 For 循环遍历文章中每一个字符，配合分支结构完成规范操作。

（3）输出：将规范后的文章显示出来，以便和规范前的文章对比。可放在另外一个文本框中。

设计界面如图 4-24 所示。

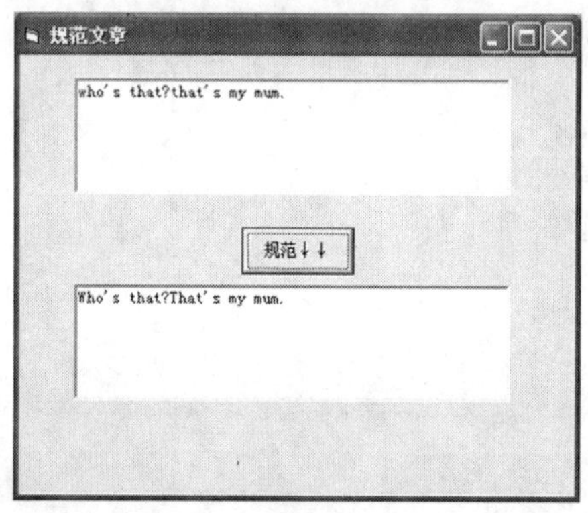

图 4-24 规范文章

主要程序代码如下：

```
Private Sub Command1_Click()
    Dim s As String
    Dim i As Integer
    s=""
    For i=1 To Len(Text1.Text)          '遍历每一个字符
        If s="." Or s="!" Or s="?" Or i=1 Then
            Text2.Text=Text2.Text & UCase(Mid(Text1.Text, i, 1))
        Else
            Text2.Text=Text2.Text & LCase(Mid(Text1.Text, i, 1))
        End If
        s=Mid(Text1.Text, i, 1)          '取下一个字符
    Next i
End Sub
```

本例主要应用 For 循环将文本框 1 中的字符依次进行判断转换，实现规范功能。在循环体内，对于循环体内的每一个字符，先用 If 分支结构，判断其是否为结束标志，如句号、问

号、惊叹号等。如果遇到这些符号，则认为下一个字符将是某词的开头字母，用 Mid 函数从字符串取出后用 Ucase 函数转换成大写字母，再重新连接后于文本框 2 中显示。如果没有遇到这些特殊符号，则认为其余都是句子中的单词，用 Lcase 函数转换成小写字母后重新连接并显示在文本框 2 中。在 If 分支结构结束后，退出 for 循环前，用 s=Mid(Text1.Text, i, 1)语句取下一个字符继续判断。

思考：

(1)本例还可以继续完善，如结束符号后若遇空格等其他问题的处理，还可以稍加代码实现其完整功能，请读者思考如何添加代码。

(2)本例为了对比，把规范后的结果显示在文本框 2 中，如果直接在自身文本框中进行规范又该如何修改？

例 4-14　参赛评委打分。在某次大奖赛中，有 10 个评委打分，如对一名参赛者，输入 10 个评委对他进行打分的分数，然后去掉一个最高分、一个最低分后，要求编程者求出其平均分。

分析：分析方法采用“输入—处理—输出”的方式。

(1)输入：由于要输入 10 个值，可以采用 InputBox 的方法来实现。

(2)处理：有 3 个关键数据，10 个数之和、10 个数中的最高分、10 个数中的最低分。求和的算法参照例 4-9，求 n 个数中最高分和最低分的算法参考例 4-4；有了这几个值后，(和一最高分一最低分)/8 即可得到选手的最终成绩。

(3)输出：显示参赛者的最后得分。

程序运行界面如图 4-25 所示。

图 4-25　运行效果图

主要程序代码如下：

```
Private Sub Command1_Click()
    Dim mark As Single, aver As Single, max As Single, min As Single, i%
    aver=0
    Label1.Caption="评委打分依次为："
    For i=1 To 10
        mark=Val(InputBox("请输入第" & i & "个评委的打分"))
        Label1.Caption=Label1.Caption & "    " & mark
        If i=1 Then
            max=mark
            min=mark
```

```
            Else
                If mark < min Then
                    min=mark
                ElseIf mark > max Then
                    max=mark
                End If
            End If
            aver=aver+mark
        Next i
        aver=(aver-max-min) / 8
        Label2.Caption="最终得分是" & aver
    End Sub
```

本例主要在外层应用 For 循环来实现相应功能，在循环体内对所有分数累加求和，并通过 If 分支结构求出 10 个分数的最大值和最小值，退出循环后去掉最高分和最低分求平均值，最后在相应位置输出即可。

本例的扩展比较容易，如果增加了评委人数或减少了评委人数，则程序稍作修改即可，但最好在打分前先输入评委人数再开始计分。

例 4-15 百元买百鸡问题。假定小鸡每只 5 角，公鸡每只 2 元，母鸡每只 3 元，现在有 100 元钱要买 100 只鸡，编程列出所有可能的购鸡方案。

分析：分析方法采用“输入—处理—输出”的方式。

(1)输入：无须输入。

(2)处理：本例需要用“穷举法”实现，即将各种可能出现的情况一一进行测试，判断是否满足条件。

设母鸡、公鸡、小鸡各为 x、y、z 只。根据题意，可列出方程：

①$x+y+z=100$

②$3x+2y+0.5z=100$

共有 3 个未知数，2 个方程，所以此题有若干解。

(3)输出：各种可能的购鸡方案要显示出来。

运行效果如图 4-26 所示。

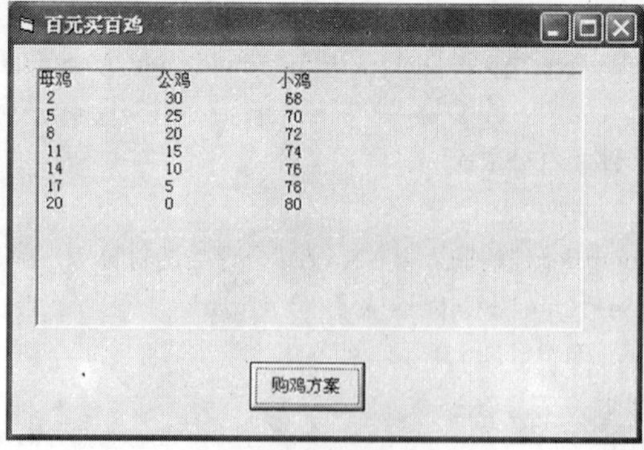

图 4-26 百元买百鸡

主要程序代码如下：

```
Private Sub Command1_Click()
    Dim x%, y%, z%
    Picture1. Print "母鸡", "公鸡", "小鸡"
    For x=0 To 33          '循环变量的最大值=100/3
        For y=0 To 50  '循环变量的最大值=100/2
            If 3 * x+2 * y+0.5 * (100-x-y)=100 Then
                Picture1. Print x, y, 100-x-y
            End If
        Next y
    Next x
End Sub
```

本例用了 2 个 For 语句嵌套，对于可能买到最多的母鸡数用作外循环的条件次数，用可能买到最多的公鸡数作为内层循环的条件次数，在循环体内用 If 分支结构设置百元百鸡的条件判断，对于符合条件的直接在 Picture1 上输出。

例 4-16　婚礼上的谎言。有 3 对情侣参加婚礼，3 个新郎为 a、b、c，3 个新娘为 x、y、z，有人想知道究竟是谁和谁结婚，于是就问新人中的 3 位，得到如下的提示：a 说他将和 x 结婚；x 说她的未婚夫是 c；c 说他将和 z 结婚。事后知道他们在开玩笑，说的全是假话，那么究竟谁与谁结婚呢？

程序的代码如下：

```
Private Sub Form_Load()
    Me. Cls                                            '清空窗体内图形以及文字
    Dim a As Integer, b As Integer, c As Integer       '声明 3 个循环变量
    For a=1 To 3
        For b=1 To 3
            For c=1 To 3
                If a <> 1 And c <> 1 And c <> 3
                  And a <> b And a <> c And b <> c Then       '没说谎的条件
                    Print Chr(Asc("x")+a-1) & " will marry to a"
                    Print Chr(Asc("x")+b-1) & " will marry to b"
                    Print Chr(Asc("x")+c-1) & " will marry to c"
                End If
            Next c
        Next b
    Next a
End Sub
```

运行程序，得知 a 和 z 是一对新人，b 和 x 是一对新人，c 和 y 是一对新人。

在多层循环中，为了提高运行的速度，编写程序时要尽量考虑优化写法：

(1)合理的选择内外层的循环控制变量，即将循环次数多的放在内层循环。

(2)尽量利用已给出的条件,最大程度减少循环次数,提高运行效率。

(3)尽量少用变体型变量,其占用内存空间过大。

4.5 程序调试

在程序的编写中,查找和修改错误的过程称为程序调试。VB 为调试程序提供了一组交互的、有效的调试工具。

4.5.1 错误类型

VB 中常见的程序错误可分为编译错误、运行错误和逻辑错误 3 类。

1. 编译错误

编译错误也称为语法错误,在编写程序时,如果语句不符合 Visual Basic 的语法规则,就会产生这类错误。例如,输入了不正确的关键字、遗漏了某个必需的标点符号、缺少表达式、类型不匹配或者应该配对的语句没有配对等,都会产生编译错误。

在编写代码或运行程序时,很容易检查出这类错误。在编写代码时,VB 会自动对程序进行语法检查,某些类型的语法错误能够被即时检查出来,并且会弹出一个出错消息框,出错的那一行以高亮度显示。例如,当输入"Text1. Text="后没有接着输入表达式,而是切换到其他行,则会弹出如图 4-27 所示的消息框。

图 4-27 编写代码时弹出的消息框

还有一些类型的语法错误,在编写代码时 VB 检查不出来,例如,图 4-8 中提到了一个编译错误:If 语句后没有对应的 End If 语句。

2. 运行错误

运行错误是程序运行时出现的错误。运行时,如果一个语句无法正常完成自己的功能时,就会出现这类错误。例如,执行除法操作时除数为 0,或加载一个图片时文件不存在,都将产生错误。出现运行错误时也会弹出一个消息框,如图 4-28 所示的是除数为 0 时弹出的消息框。

运行错误消息框的第一行显示的是运行错误代号,每个运行错误都对应一个代号。第二行显示的是错误的说明。

单击【结束】按钮,则结束程序的运行,返回到设计模式;单击【调试】按钮,则切换到中断模式,显示出代码窗口,并且出错的语句以高亮度显示,此时可以编辑代码。单击【帮助】按钮,则打开 VB 的帮助窗口,其中提供了错误说明、错误代号、引发错误的原因以及解决错误的办法等信息。

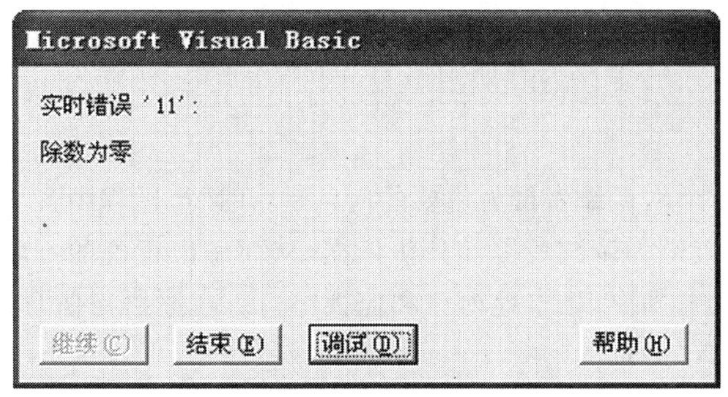

图 4-28　运行错误消息框

3. 逻辑错误

有的时候,应用程序的代码完全符合语法要求,运行时也不出现任何错误,但却未出现期望的结果,这表明程序中存在逻辑错误。这类错误是因为代码中存在逻辑上的缺陷而引起的,例如,设置的选择条件不合适、循环次数不当等。逻辑错误最隐蔽,较难发现和排除,程序员的语言功底和编程经验在排除这类错误时很重要。

4.5.2　调试和排错

为了更正程序中发生不同的错误,VB 提供了各种调试工具。主要通过设置断点、插入观察变量、逐行执行和过程跟踪等手段,在调试窗口中显示所关注的信息,以便发现和排除错误。

1. 设置断点

在代码中设置断点是常用的一种调试方法。

断点是 VB 挂起程序执行的一个标记,当程序执行到断点处即暂停程序的执行,进入中断模式。

在 VB 中,断点的设置有 2 种方法。

(1)将光标放置在需要设置断点的地方,执行“调试”菜单中的“切换断点”命令或单击调试工具栏中的【切换断点】按钮,即可在该行语句上设置一个断点。

(2)设置断点更简便的办法是,直接在要设置断点的行的左边单击鼠标。设置了断点的行将以粗体显示,并且在该行左边显示一个黑色的圆点,作为断点的标记。在代码中可以设置多个断点。

设置完断点后,当程序运行到断点处就暂停下来,进入中断模式。这时断点处语句以黄色背景显示,左边还显示一个黄色小箭头,表示这条语句等待执行。此时,把鼠标光标移到各变量处,会显示变量的当前值。

只要再对设置有断点的行执行一次设置断点的操作,即可清除该行的断点。

在需要设置断点的代码行前面添加一个 Stop 语句,也能起到断点的作用,在程序运行遇到 Stop 语句时,就会暂停下来。使用 Stop 语句比设置断点更灵活,例如,可以让某个循环在循环指定次数后停止执行,进入到中断模式。如下面的语句:

```
For i=1 to 10
    s=s+i
    If i=5 then stop        '当 i=5 时,程序暂停,进入中断模式
Next i
```

2. 调试窗口

在程序调试过程中,对调试者最为重要的信息是:在运行过程中各变量和表达式的值的变化情况。这些信息能够为调试者提供分析依据,从而做出正确的判断。为此 VB 提供了三个调试窗口,分别是立即窗口、本地窗口和监视窗口。在逐语句执行代码时,可以通过它们来监视变量或表达式的值。

(1)立即窗口

在 3.4.5 节曾经提到了使用立即窗口验证表达式的值,格式:

```
Debug.Print 变量或属性
```

该方法能将变量或属性的值显示在立即窗口中,从而达到监视变量与属性值的目的。

例如,在计算数组各元素的总和时,在代码中添加一条"Debug.Print S"语句,立即窗口中会显示出数组元素每次累加的结果。

可以更灵活的监视变量或属性值的方法是,在程序进入中断模式后,在立即窗口中直接使用 Print 语句来输出变量或属性的值。

(2)本地窗口

利用本地窗口不但可以查到当前过程中的所有变量取值,而且还可以查看该窗体机器所有控件的属性取值。

在中断模式下,执行"视图"菜单中的"本地窗口"命令,或单击调试工具栏中的【本地窗口】按钮可以打开本地窗口,图 4-29 中显示了例 4-12 中所有变量的机器取值。

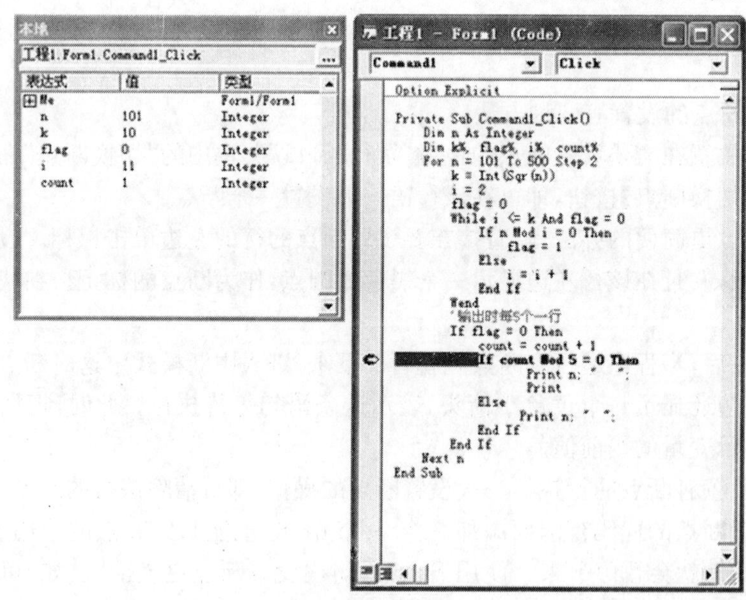

图 4-29　本地窗口

在本地窗口的表达式列表中显示的“Me”是指本窗体，单击左边的“＋”节点可以展开它，会列出本窗体及其上所有控件的属性取值。

在本地窗口中还可以更改变量与属性的取值，选中某些属性或变量，然后单击它们的取值，即可以更改其值了。

注意：在本地窗口中更改属性的值只是在本次运行时有效，并不是真正改变了对象的属性设置。

(3)监视窗口

“监视”窗口用来显示当前监视表达式的值。利用“调试”→“添加监视”命令添加要监视的变量或表达式，在程序运行过程中，通过“监视”窗口可以查看各变量或表达式的数据类型、值的变换等等。

下面以一个简单的例子，来说明一般调试和排错的方法。

有程序代码如下：

```
Private Sub Command1_Click()
    a=Text1.Text
    b=Text2.Text
    Text3.Text=b
    If a > b Then
        Text3.Text=a
    End If
End Sub
```

按F5键运行程序，在界面的2个文本框中分别输入1、9，单击【比较】按钮后运行结果完全正确。而在2个文本框中分别输入11、9，运行结果错误，效果如图4-30所示。

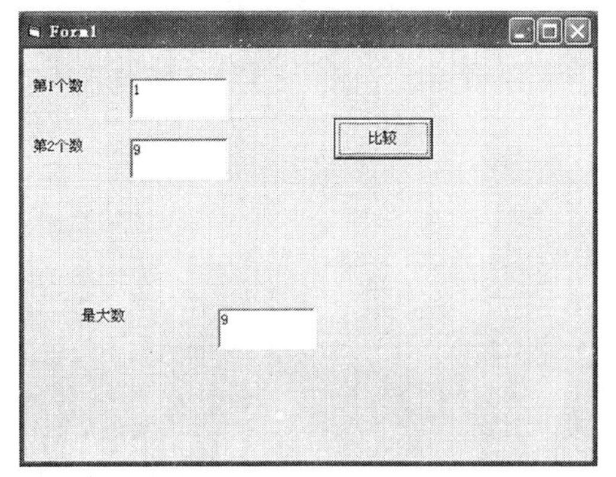

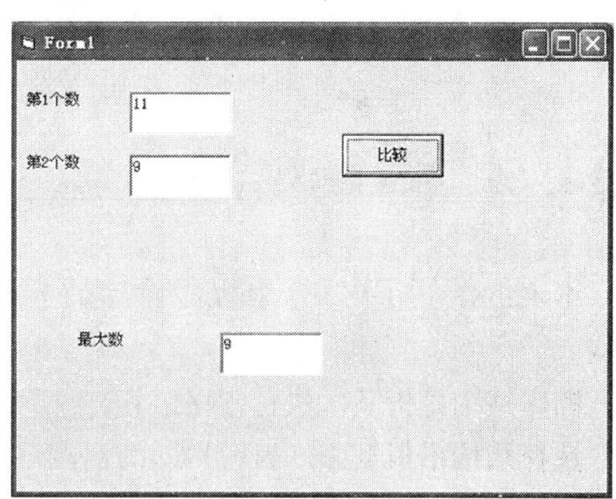

图4-30　运行效果图

首先设置断点，根据经验判断，程序的前3条赋值语句没什么问题，有可能在选择结构处有问题，因此在If语句前面设置断点，如图4-31所示。

运行程序，在2个文本框中分别输入11、9，单击界面上的【比较】按钮，进入中断模式，程序转到了代码窗口，断点处黄色显示，此时可把鼠标放在变量或表达式的位置观察它们的值是否正常，如果需要查看的变量或表达式过多，可以添加监视，如图4-32所示。

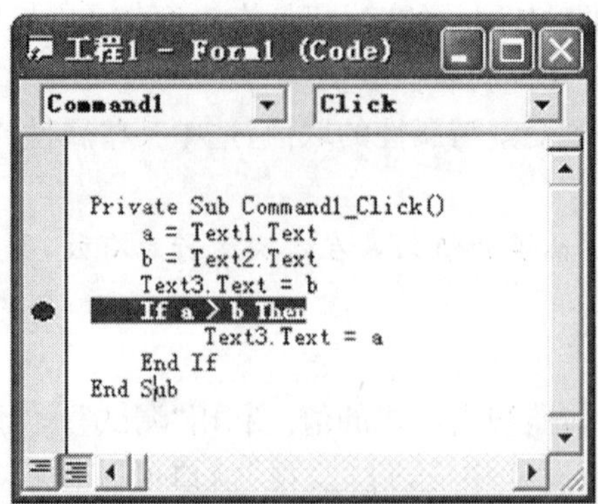

图 4-31 设置断点

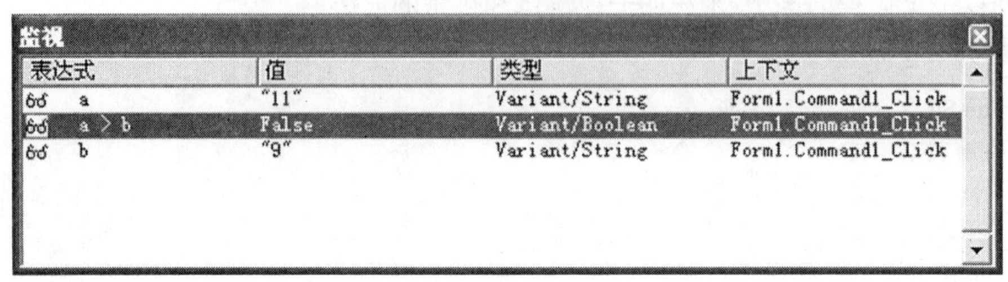

图 4-32 监视窗口

按 F8 逐行运行，看程序的流向。逐行运行后，发现 If 内的语句本该执行但并没有执行，出错点找到了。此时观察监视窗口，发现 a>b 的值是 False，再观察 a 和 b 的值，分别是 11 和 9，但看类型，a 和 b 都是 String 类型，11>9 是成立的，而"11">"9"肯定是不成立的。出现错误的原因找到了，就是 a 和 b 数据类型的问题，只需将 a=Text1. Text 改成 a=val(Text1. Text)，将 b=Text2. Text 改成 b=val(Text2. Text)即可。

4.6 本章小结

本章主要介绍了 VB 中程序设计的 3 种基本控制结构：顺序结构、选择结构和循环结构。

顺序结构是指顺次执行程序语句。

选择结构指根据条件执行不同的语句，可以通过 If 语句或 Select Case 语句实现，VB 中的 IIf 条件函数也可实现选择结构。

循环结构是指在某一条件下，重复执行某段语句。循环语句包括 For 循环语句、While 循环语句、Do 循环语句。

选择结构和循环结构是本章的重点和难点，通过多看例题、多编程序来掌握它们的语法及执行流程。

在程序举例的过程中，还介绍了 3 个新的控件：框架(Frame)控件、图形框控件(PictureBox)和单选按钮(OptionButton)控件。

4.7 思考和练习

1. 选择题

(1)执行下面的程序段后,结果是(　　)。

```
Private Sub Form_Click()
    Dim m
    If m Then Print m Else Print m+1
End Sub
```

A. 0　　B. 1　　C. ”　　D. False

(2)设 a=6,则执行 x=IIf(a>5,-1,0),x 的值为(　　)。

A. 5　　B. 6　　C. 0　　D. -1

(3)下面程序段的执行结果是(　　)。

```
cj=87
If cj>90 Then dj="A"
If cj>80 Then dj="B"
If cj>70 Then dj="C"
If cj>60 Then dj="D"
If cj<60 Then dj="E"
Print "dj=";dj
```

A. dj=B　　B. dj=C　　C. dj=D　　D. dj=E

(4)有程序如下:

```
Private Sub Command1_Click()
    n=val(Text1. Text)
    Select Case n
      Case 1 To 20
        x=10
      Case 2, 4, 6
        x=20
      Case Is < 10
        x=30
      case 10
        x=40
    End Select
    Text2. Text=x
End Sub
```

程序运行后,如果在文本框 Text1 中输入 10,然后单击命令按钮,则在 Text2 中显示的内容是(　　)。

A. 10　　B. 20　　C. 30　　D. 40

(5)语句 If x=1 Then y=1,下列说法正确的是(　　)。

A. x=1 和 y=1 均为赋值语句

B. x=1 和 y=1 均为关系表达式

C. x=1 为关系表达式,y=1 为赋值语句

D. x=1 为赋值语句,y=1 为关系表达式

(6)下列程序段的结果为(　　)。其中,Sgn 函数用于返回参数的正负号,参数为正数则返回 1,参数为 0 则返回 0,参数为负数则返回−1。

```
x=-5
If Sgn(x) Then
    y=Sgn(x^2)
Else y=Sgn(x)
End If
Print y
```

A. −5　　B. 25　　C. 1　　D. −1

(7)以下 Case 语句中错误的是(　　)。

A. Case 0 To 10　　B. Case Is>10

C. Case Is>10 And Is<50　　D. Case 3,5,Is>10

(8)若要退出 For 循环,可使用的语句为(　　)。

A. Exit　　B. Exit Do　　C. Time　　D. Exit For

(9)假定有以下程序段:

```
Fori=1 to 3
    For j=5 to 1 step - 1
        Print i*j
NextI,j
```

则语句 Print i*j 的执行次数是(　　)。

A. 15　　B. 16　　C. 17　　D. 18

(10)在窗体上画一个命令按钮,然后编写如下事件过程:

```
Private Sub Command1_Click()
    b=1: a=2
    Do While b < 10
        b=2*a+b
    Loop
    Print b
End Sub
```

程序运行后,输出的结果是(　　)。

A. 13　　B. 17　　C. 21　　D. 33

(11)在窗体上画一个名称为 Command1 的命令按钮,然后编写如下事件过程:

```
Private Sub Command1_Click()
    For n=1 To 20
        If n Mod 3<>0 then m=m+n\3
    Next n
    print n
End sub
```

程序运行后,如果单击命令按钮,则窗体上显示的内容是(　　)。

A. 15　　B. 18　　C. 21　　D. 24

(12)设有如下程序:

```
Private Sub Command1_Click()
    Dim sum As Double, X As Double
    sum=0
    n=0
    For i=1 To 5
        x=n/i
        n=n+1
        sum=sum+x
    Next
End Sub
```

该程序通过 For 循环计算一个表达式的值,这个表达式是(　　)。

A. 1+1/2+2/3+3/4+4/5　　B. 1+1/2+2/3+3/4

C. 1/2+2/3+3/4+4/5　　D. 1+1/2+1/3+1/4+1/5

(13)设有如下程序:

```
Private Sub Command1_Click()
    Dim c As Integer, d As Integer
    c=4
    d=InputBox("请输入一个整数")
    Do While d>0
        If d>c Then
        c=c+1
        End If
        d=InputBox("请输入一个整数")
    Loop
    Print c+d
End Sub
```

程序运行后,单击命令按钮,如果在输入对话框中依次输入 1、2、3、4、5、6、7、8、9、0,则输出结果是(　　)。

A. 12　　B. 11　　C. 10　　D. 9

(14)下列程序段中 s 的执行结果为(　　)。

```
s=""
For a=1 To 4
  For b=0 To a
    s=s+Chr(65+a)
  Next b
Next a
```

A. BBCCCDDDDEEEEE　　　　B. bbcccddddeeeee

C. ABABCABCDABCDE　　　　D. ababcabcdabcde

(15)在窗体上画一个命令按钮,其名称为 Command1,然后编写如下事件过程:

```
Private Sub Command1_Click()
    Dim tempStr, xStr As String, strLen As Integer
    tempStr=""
    xStr="abcdef"
    strLen=Len(xStr)
    i=1
    Do While i <=Len(xStr)-3
        tempStr=tempStr+Mid(xStr, i, 1)+Mid(xStr, strLen-i+1, 1)
        i=i+1
    Loop
    Print tempStr
End Sub
```

程序运行后,单击命令按钮,在窗体上显示的内容为(　　)。

A. abcdef　　　　B. afbecd

C. fedcba　　　　D. defabc

2. 填空题

(1)Visual Basic 结构化程序设计的 3 种基本结构是顺序结构、________和________。

(2)通常________循环用于循环次数确定的循环结构。

(3)利用 Do Until……Loop 循环时,是当条件________时,进入循环。

(4)在 For……Next 循环中,若其步长为负数,则当循环变量初值________终值时,循环体语句一次也不执行。

(5)以下程序段的输出结果是________。

```
num=0
While num<=2
    num=num+1
    Print num
Wend
```

(6)执行下面的程序段后,s 的值为________。

```
a=5
For i=2.6 to 4.9 Step 0.6
    s=s+1
Next i
```

(7)以下循环的执行次数是________。

```
k=0
Do While k <=10
    k=k+1
    Print k
Loop
```

(8)下列程序运行时，当单击窗体后，从键盘输入一个字符，判断该字符是字母字符、数字字符还是其他字符，并做相应的显示。窗体上无任何控件，并禁用 Asc 和 Chr 函数，请在________处填入适当的内容，将程序补充完整。

```
Private Sub Form_Load()
    Dim x As String * 1
    x=________("请输入单个字符","字符")
    Select Case UCase(________)
      Case ________
        Print x+"是字母字符"
      Case ________
        Print x+"是数字字符"
      Case Else
        Print x+"是其他字符"
      End Select
End Sub
```

3. 编程题

(1)小学生四则运算。要求计算机出题，给出 1～10 的操作数和运算符，用户输入答案后，根据答案判断正确与否。当程序结束时给出成绩，程序运行界面可参考图 4-33 所示。

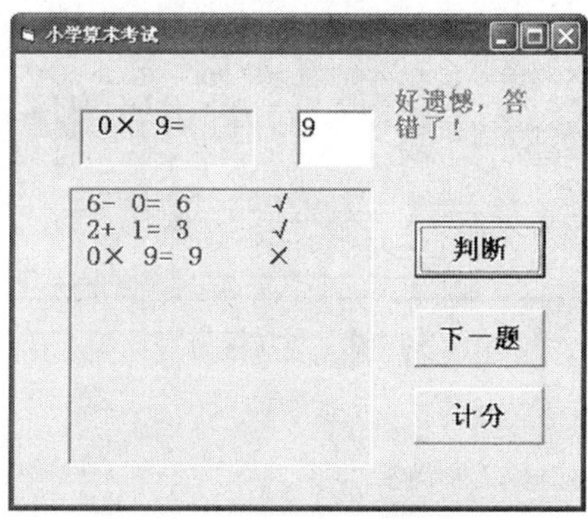

图 4-33　界面运行效果图

提示:4 种运算符的随机产生可参考例 4-8。输出是在一个 PictureBox 中实现的,可以使用它的 Print 方法。

(2)运费计算。铁路行李运费的计算方法是:当重量不超过 50kg 时,2.5 元/kg;超过 50kg 而不超过 100kg 时,3.5 元/kg;超过 100kg 时,4.5 元/kg。请按此计算标准设计一个运费计算程序。

提示:设行李重量为 W,相应的运费为 F,则有:

$W\in(0,50]$时,$F=2.5*W$;

$W\in(50,100]$时,$F=2.5*50+3.5*(W-50)$;

$W>100$ 时,$F=2.5*50+3.5*50+4.5*(W-100)$。

(3)编写程序,在 100～999 三位整数范围内,找出水仙花数并输出。

提示:水仙花数是这样的数,该数等于其各位数字的立方和,例如 $371=3*3*3+7*7*7+1*1*1$。

(4)打印九九乘法表的上三角形式。运行效果如图 4-34 所示。

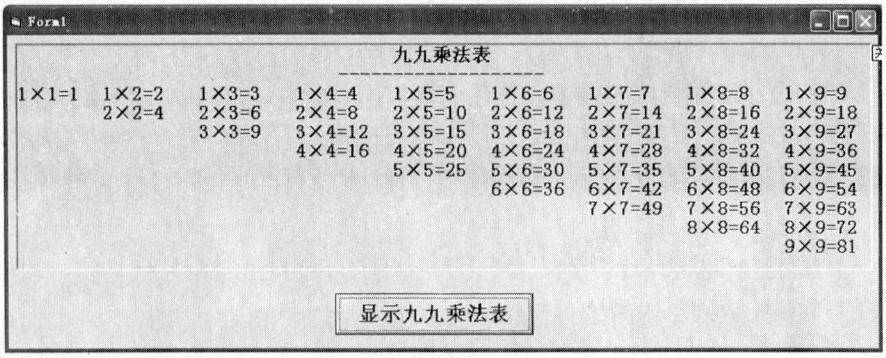

Form1

九九乘法表

1×1=1	1×2=2	1×3=3	1×4=4	1×5=5	1×6=6	1×7=7	1×8=8	1×9=9
	2×2=4	2×3=6	2×4=8	2×5=10	2×6=12	2×7=14	2×8=16	2×9=18
		3×3=9	3×4=12	3×5=15	3×6=18	3×7=21	3×8=24	3×9=27
			4×4=16	4×5=20	4×6=24	4×7=28	4×8=32	4×9=36
				5×5=25	5×6=30	5×7=35	5×8=40	5×9=45
					6×6=36	6×7=42	6×8=48	6×9=54
						7×7=49	7×8=56	7×9=63
							8×8=64	8×9=72
								9×9=81

显示九九乘法表

图 4-34 运行效果图

提示:需要用到循环嵌套。

本题实现完后,修改代码,使得九九乘法表显示下三角的形式,如图 4-35 所示。

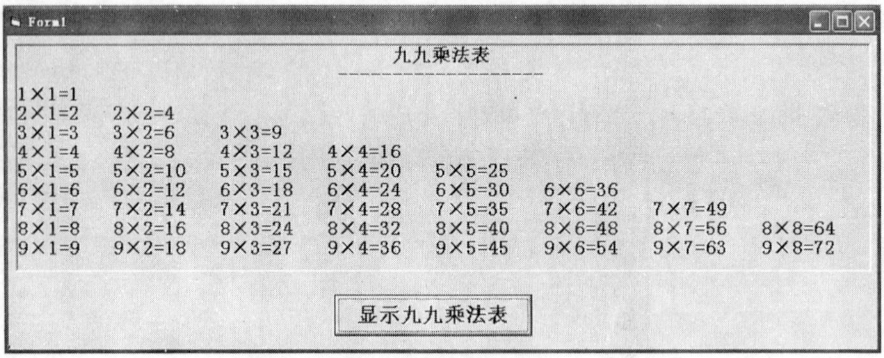

Form1

九九乘法表

1×1=1							
2×1=2	2×2=4						
3×1=3	3×2=6	3×3=9					
4×1=4	4×2=8	4×3=12	4×4=16				
5×1=5	5×2=10	5×3=15	5×4=20	5×5=25			
6×1=6	6×2=12	6×3=18	6×4=24	6×5=30	6×6=36		
7×1=7	7×2=14	7×3=21	7×4=28	7×5=35	7×6=42	7×7=49	
8×1=8	8×2=16	8×3=24	8×4=32	8×5=40	8×6=48	8×7=56	8×8=64
9×1=9	9×2=18	9×3=27	9×4=36	9×5=45	9×6=54	9×7=63	9×8=72

显示九九乘法表

图 4-35 运行效果图

第五章
数 组

编程时把前面章节用过的各种变量都称为简单变量，它代表在程序执行过程中其值可以改变的存储单元。由于变量在一个时刻只能存放一个值，所以当数据不太多时，使用简单变量就可以解决问题。但在有些复杂的问题上，需要处理的数据太多，而简单变量个数有限，难以表达，这就需要构造新的数据结构——数组。

人们习惯性地将一维数组看作一条直线，将二维数组看作一个平面，将三维数组看作一个立方体，而四维数组或其他多维数组则很难在人们头脑中被抽象为具体的形态。近年有人提出了四维空间的概念，就是在三维空间中又加入了一条时间轴。有人根据四维空间的概念提出了一个假想：假如一个人站在一堵墙边，首先逆着时间轴到墙没有建造的时间，走过去，然后再顺着时间轴走到墙的另一边，形成穿墙而过的效果，从而可实现时空的穿越。如果编程爱好者想对以上关于四维空间的假设进行验证，就需要学好数组知识，并配合计算机语言来实现。本章结合实例主要学习数组的一些基本操作和应用。

学习目标

学完本章后，您应：

(1)理解数组的概念，区分数组和数组元素。

(2)掌握数组的常用定义方法，理解二维数组的表示方式。

(3)理解静态数组和动态数组的使用。

(4)理解数组元素的下标和循环变量之间关系的使用。

(5)了解自定义数据类型的定义及其使用。

本章重难点

1. 本章重点

(1)静态数组的声明。

(2)控件数组。

(3)几种常用算法：数组元素的排序、数组元素的插入等。

2. 本章难点

(1)控件数组的使用。

(2)数组在实际问题中的应用。

5.1 案例引入及分析

例 5-1 对一个有 30 个学生的班级进行成绩统计。首先通过键盘输入 30 个学生的成绩，然后计算平均分并统计高于平均分的人数。

分析：使用前面学过的简单变量和循环结构相结合的方法，程序如下。

```
aver=0
For i=1 To 30
    score=Val(InputBox("请输入" & i & "个学生的成绩:"))
    aver=aver+score
Next i
aver=aver/30
```

程序段的最后一条语句得到了这 30 个学生的平均成绩，但若要统计高于平均分的人数，则无法实现。因为 score 是一个简单变量，存放的是最后一个学生的成绩。利用已有知识，该如何解决呢？

下面提供两种解决方案。

(1)再次重复输入成绩。

此方法虽可完成题目要求，但带来了 2 个问题：

①输入数据的工作量成倍增加。

②若本次输入的成绩与上次求平均值时的输入不同，则统计的结果不正确。

(2)定义 30 个变量分别表示 30 个学生的成绩。

此方法也有问题，上面代码中的输入不能再用循环结构了，而需改为 30 条输入语句：

```
score1=Val(InputBox("请输入 1 个学生的成绩:"))
score2=Val(InputBox("请输入 2 个学生的成绩:"))
……
```

因此，两种方法都存在着问题，而解决此问题的根本方法是引入数组，这样就可以始终保持输入的数据，一次输入，多次使用。

例 5-2 简易计算器的开发。界面如图 5-1 所示，Command1～Command9 的 Caption 属性分别是 1～9，Command10 的 Caption 属性是 0，Command11 的 Caption 属性是“.”，Command12 的 Caption 属性是“=”，Command13～Command16 的 Caption 属性依次为“+”、“-”、“*”、“/”。

分析：图中的按钮按功能可分成三大类。

(1)数字按钮

当单击 0～9、“.”的任意一个按钮，执行的操作是一样的，即使得 Text1 中原来显示的内容连接上所单击的按钮上的数字。

比如 Command1 的单击事件如下：

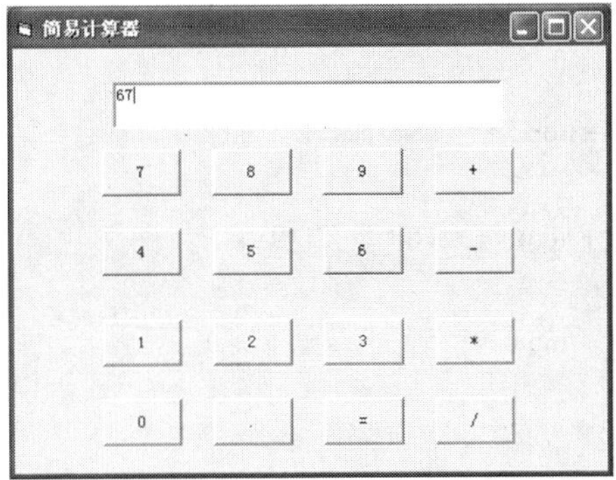

图 5-1　计算器

```
Private Sub Command1_Click()
    Text1. Text=Text1. Text & "1"
End Sub
```

比如 Command2 的单击事件如下：

```
Private Sub Command2_Click()
    Text1. Text=Text1. Text & "2"
End Sub
```

由于事件代码中的"1"、"2"其实是相应按钮的 Caption 值，为了让语句通用、自适应，把“1”改成 Command1. Caption，把“2”改成 Command2. Caption，比如 Command1 的单击事件可改为：

```
Private Sub Command1_Click()
    Text1. Text=Text1. Text & Command1. Caption
End Sub
```

(2)“＋”、“－”、“＊”、“/”运算符按钮

单击任意运算符后，都需要做两件事：暂存文本框中的数据和清空文本框中的数据。在通用声明处声明两个变量：number 表示第一个操作数，oper 表示操作符。以“＋”为例，单击事件如下：

```
Private Sub Command13_Click()
    number=Text1. Text              '将文本框中的数据保存在变量 number 中
    oper=Command13. Caption         '将运算符保存在变量 oper 中
    Text1. Text=""                  '清空文本框中的数据
End Sub
```

剩余 3 个运算符的单击事件代码基本相同，只需将 oper＝Command13. Caption 中的 Command13 改成相应按钮的名称即可。

(3)等号按钮

```
Private Sub Command12_Click()
    Select Case oper                '变量 oper 的值已经在(2)中获得
        Case "+"
```

```
            Text1. Text=number+Val(Text1. Text)
        Case "-"
            Text1. Text=number-Val(Text1. Text)
        Case "*"
            Text1. Text=number * Val(Text1. Text)
        Case "/"
            Text1. Text=number / Val(Text1. Text)
    End Select
End Sub
```

从上面的分析可以看出，所有数字按钮的代码都是非常类似的，所有运算符的代码也是基本相同的。既然代码这么相近，那可不可以只用一个事件过程来处理所有的类似代码呢？答案是肯定的，这需要运用控件数组的知识来解决。

5.2 数组的概述

5.2.1 数组的概念

在程序设计中，为了处理方便，把具有相同类型的若干变量按有序的形式组织起来，这种具有相同数据类型的有序集合称为数组。

由于有了数组，可以用相同的名字引用一系列的变量，并用数字(索引)来识别它们。比如我们再熟悉不过的“高三(1)班”、“高三(2)班”就是很好的例子，班级名都叫高三班，但是有编号的区别，所以不会混淆。使用数组可以缩短和简化程序，因为可以利用索引值设计一个循环，高效处理多种情况。

数组是一组相同数据类型变量的集合，而不是一种数据类型。通常把数组中的变量称为数组元素，每一个数组元素都有一个唯一的下标来标识自己，并且在同一个数组中各个元素在内存中是连续存放的。在程序中，使用数组名代表逻辑上相关的一些数据、用下标表示该数组中的各个元素，这使得程序书写简洁、操作方便，编写出来的程序出错率低、可读性强。

例 5-1 中语句 Dim score(1 to 30) as integer 声明了一个一维定长数组，该数组的名字为 score，共有 30 个数组元素，类型为整型，下标范围为 1 To 30。score 数组的各元素是score(1)，score(2)，score(3)，……score (30)。

5.2.2 数组与简单变量的区别

数组与简单变量的声明方法类似，但它们之间仍有区别。

(1)数组是以基本数据类型为基础，数组中每一个元素都属于同一数据类型。

(2)数组的定义类似于简单变量的定义，所不同的是数组需要指定数组中的元素个数。

在 VB 中有两类数组，一类是静态(定长)数组，另一类称为动态(变长)数组。即：静态数组是指在声明时确定了大小的数组，而动态数组在声明时没有给出数组的大小。

5.3 静态数组

5.3.1 一维数组

只包含一个下标的数组称为一维数组。

格式：Dim 数组名(下标) [As 数组类型]

功能：声明了一个一维数组的名称、大小、类型，并分配相应的存储空间。

说明：

(1)数组名：数组名与简单变量的命名规则相同。

(2)下标：下标是数组的维数，格式为[下界 To 上界]。当[下界 To]缺省时，默认下界值为0。一维数组下标的范围可以为－32768～32767，下界必须小于上界。一维数组的大小是：上界－下界＋1。

(3)[As 数组类型]：用来说明数组的类型，如果缺省，则与变量的声明一样，默认为是变体数组。例如：

```
Dim score(30) as integer, st(-2 To 5) As String * 5
```

首先声明了数组 score 是一维整型数组，有31个元素，下标的范围为0～30。若在程序中使用 score(41)，则系统会显示“下标越界”。

接着声明了数组 st 是一维字符串类型数组，有8个元素，下标的范围为－2～5，每个元素最多存放5个字符。

(4)数组声明中的下标不能是变量，只能是常量。

以下数组声明是错误的：

```
n=30
Dimscore(n) As Integer
```

但以下数组声明是正确的：

```
Const N=30
Dimscore(N) As Integer
```

两段程序的区别是第一段中的 n 是变量，而第二段中的 N 是符号常量。

(5)数组必须先定义后使用。

(6)Dim 语句声明的数组，为系统编译程序提供了数组名、数组类型、数组的维数和各维的大小。该语句把数值数组中的全部数组元素都初始化为0，而把字符串数组中的全部数组元素都初始化为空字符串。

(7)Dim 语句中数组下标全为常数时称为静态数组，静态数组的大小在编译时是确定的；下标为空时则为动态数组，数组的大小是可变的。

由于 VB 对数组中的每一个元素都分配存储空间，所以如果没有必要，不要声明一个太大的数组。

下面用一维数组实现例 5-1,计算平均分并统计高于平均分的人数。

```
Private Sub Form_Click()
    Dim aver As Single
    Dim score(1 To 30) As Integer, count As Integer
    aver=0
    For i=1 To 30
        score(i)=Val(InputBox("请输入" & i & "个学生的成绩:"))
        aver=aver+score
    Next i
    aver=aver / 30
    '统计高于平均分 aver 的人数
    For i=1 To 30
        If score(i) > aver Then count=count+1
    Next i
    Print "平均分=" & aver
    Print "高于平均分的人数" & count
End Sub
```

上述代码中,对数组元素的赋值是通过 InputBox 函数结合循环语句实现的,也可用循环和赋值语句,如:

```
Dima(1 To 10) As Integer
For  i  =1 To 10
    a(i)=i
Next i
```

注意,有些初学者会认为下面的代码和上面的代码功能是一样的。

```
For  i  =1 To 10
    ai=i
Next i
```

其实,这里的 ai 是一个简单变量,循环语句执行时,是在给这一个简单变量 ai 分别赋值 1、2、……10。

5.3.2 多维数组

具有两个或两个以上下标的数组是二维数组或多维数组。

格式:

```
Dim 数组名(下标 1[, 下标 2……])[as 数组类型]
```

功能:声明一个二维数组或多维数组的名称、大小、类型,并分配相应的存储单元。

说明:下标的个数决定了数组的维数,多维数组最大维数为 60。每一维的大小为:上界—下界+1;数组的大小为每一维的乘积。

例如:Dim x(2, 3) As Single

定义了一个二维的单精度数组 x，它的第一维下标从 0～2，第二维下标从 0～3，共占据 3×4 个单精度变量的空间，如表 5-1 所示。

二维数组各元素排列　　表 5-1

x(0,0)	x(0,1)	x(0,2)	x(0,3)
x(1,0)	x(1,1)	x(1,2)	x(1,3)
x(2,0)	x(2,1)	x(2,2)	x(2,3)

再例如：Dim sum(1, 1 To 3, 3 To 6) As Integer

声明了一个三维整型数组 sum，第一维下标范围为 0～1，第二维下标范围为 1～3，第三维下标范围为 3～6，数组 sum 共有 2×3×4 个元素。

例 5-3　使用二维数组实现：单击按钮，可将二维数组 A 中所有元素赋值，并将 A 中每个数组元素的值输出在"立即"窗口中。

程序代码如下：

```
Private Sub Command1_Click()
    Dim a(1 To 9, 1 To 9) As Integer
    Dim i As Integer, j As Integer
    For i=1 To 9
        For j=1 To 9
            a(i, j)=i * j
            Debug. Print "a(" & i & "," & j & ")=" & a(i, j)
        Next j
    Next i
End Sub
```

上述代码中 Debug. Print 的功能是将结果显示在"立即"窗口中。

5.4　动态数组

5.4.1　动态数组的声明

动态数组使用 ReDim 语句声明，其语法格式为：

```
Redim[Preserve]数组名(下标 1[,下标 2……])[as 数据类型]
```

说明：

(1)Preserve：可选参数。关键字，当改变原有数组最末维的大小时，使用此关键字可以保持数组中原来的数据。

(2)ReDim 语句声明只能用在过程中，它是可执行语句，它可以改变数组中元素的个数。

(3)ReDim 语句中的下标可以是常量，也可以是已有确定值的变量。

(4)在过程中可以多次使用 ReDim 来改变数组的大小，也可改变数组的维数。

例如在程序中声明动态数组 a(10)，程序代码如下：

```
ReDim a(10) As Long
```

注意：动态数组只能改变其数组元素的多少，从而改变所占内存大小，不能改变其已经定义的数据类型。动态数组还可以使用 Dim 语句声明。在使用 Dim 语句声明动态数组时，将数组下标定义为空(给数组附以一个空维数表)，并在需要改变数组大小时，使用 ReDim 语句重新声明。

在给动态数组赋初值时，可以采用 5.3.1 节介绍的 InputBox 函数或赋值语句实现，也可以通过数组地完整复制实现。例如：

```
Dim a(5) As Integer, b()As Integer       'a 为静态数组，b 为动态数组
For i=0 to 5
    a(i)=i
Next i
b=a                                      '将 a 数组各元素的值对应地赋值给 b 数组
```

代码中的 b=a 相当于以下语句：

```
Redim b(5)
For i=0 to 5
    b(i)=a(i)
Next i
```

说明：

(1)赋值号两边的数组的数据类型必须一致。

(2)赋值号左边的数组必须定义成动态数组，否则赋值时出错。

5.4.2 动态数组的使用

下面修改 5.3.1 节例 5-1 的程序代码：为 Score 数组增加两个元素，分别存放平均分和高于平均分的人数，使得程序更通用。

```
Private Sub Form_Click()
    Dim aver As Single
    Dim score() As Integer, count As Integer,i As Integer,n As Integer
    n=InputBox("输入学生的人数")
    '声明动态数组 score,存放 n 个学生成绩
    ReDim score(1 To n)
    aver=0
    For i=1 To  n
        score(i)=Val(InputBox("请输入" & i & "个学生的成绩:"))
        aver=aver+score
    Next i
    '注意使用 ReDim 时，原来的学生成绩仍要保留
    ReDim Preserve score(1 To n+2)
```

```
    score(n+1)=aver/n
    score(n+2)=0
    For i=1 To n
        If  score(i) > score(n+1) Then score (n+2)=score (n+2)+1
    Next i
    Print "平均分=" & score(n+1)
    Print "高于平均分的人数" & score(n+2)
End Sub
```

例 5-4　单击【输入】按钮，使用 InputBox 函数弹出“输入”对话框，输入一些数据储存在动态数组 A 中，并将数组 A 中数据在 TextBox 控件中显示出来。

程序运行效果如图 5-2 所示。

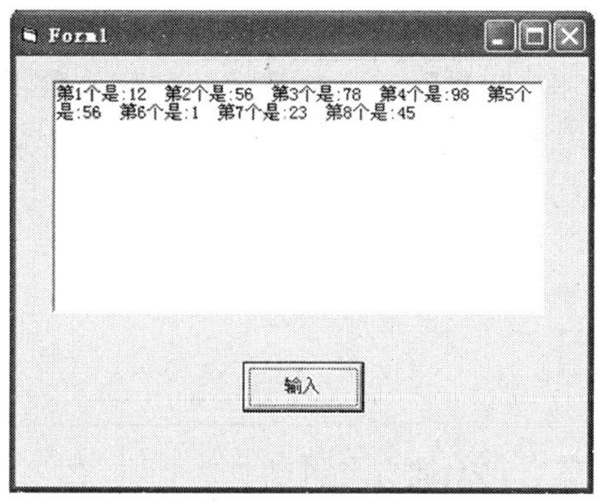

图 5-2　输入 8 个数字之后的效果

程序代码如下：

```
Private Sub Command1_Click()
    Text1.Text=""
    Dim s As Long, i As Long
    Dim a()                      '声明变体型动态数组
    Do
        ReDim Preserve a(s)  '重新定义数组上下标，并保留原元素
        a(s)=InputBox("请输入字符串，输入空串时结束")
        s=s+1
    Loop Until a(s-1)=""
    For i=0 To s-2
        Text1.Text=Text1.Text & "第" & i+1 & "个是:" & a(i) & "  "
    Next i
    Erase a                      '释放数组
End Sub
```

程序中首先用 Dim 语句声明动态数组 a，然后在 Do 循环中，重复使用 ReDim 语句改变 a 数据的长度。

5.4.3 数组的清除

在例 5-4 的代码中,使用了 Erase 语句,该语句用于重新初始化大小固定的数组的元素,以及释放动态数组的存储空间,其语法格式如下:

```
Erase 数组名[, 数组名 ]……
```

说明:

(1)在 Erase 语句中,只给出要清除的数组名,不带括号和下标。例如例 5-4:

```
Erasea
```

其中 a 是数组名,a 后没有其他元素。

(2)Erase 用于静态数组时,若数组是数值型,则所有元素置 0;若数组是字符串类型,则所有元素置空字符串。

(3)Erase 用于动态数组时,将删除整个数组结构并释放数组所占内存。在下次引用该动态数组之前,程序必须使用 ReDim 语句来重新定义该数组变量的维数。

(4)Erase 用于变体数组时,每个元素被重置为空 Empty。

5.5 控件数组

既然数组是一组变量,那么它也拥有各种数据类型,如数值型、字符串型、日期型、布尔型和对象型。控件是一种对象,所以也可以被定义成数组。

5.5.1 控件数组的概念

与数组定义相似,一组同名的控件就是控件数组,数组中的每一个控件都称为数组的成员。例如 Command(1)、Command(2)、……就是控件数组 Command 的成员。

使用控件数组的好处是,数组中的所有控件可以共用同一个事件过程。可以根据它们的下标来确定当前触发或引用的是哪个控件。

5.5.2 控件数组的创建

控件数组的建立有两种方法。

1. 复制粘贴法

通过复制粘贴控件,创建控件数组,具体步骤如下。

(1)在窗体上画出某控件。

(2)选中该控件,进行复制和粘贴操作,弹出图 5-3 所示的信息提示框,单击【是】按钮后,则在窗体上添加了一个新的控件数组元素。

(3)重复执行步骤(2),直到添加完所需的控件数组元素为止。

注意:要在容器类型控件内创建控件数组,需要选中容器控件(如 Frame 控件等)执行“粘贴”命令。

图 5-3　创建控件数组时弹出的对话框

2. 设置控件 Name 属性法

控件的 Name 属性在代码中用来标识控件的名字。通过将同类型控件的 Name 属性设置为相同名称，也可以创建控件数组。具体步骤如下。

(1)向窗体或容器控件中添加两个或多个同类型控件。

(2)逐一选中添加的每个控件，在“属性”窗口中设置这些控件的 Name 属性名称一致，即可完成创建控件数组的过程。在第一次出现同名的控件时，也会出现图 5-3 所示的对话框，单击【是】按钮即可创建控件数组。

5.5.3　控件数组的使用

现在利用控件数组的优势，重新设计例 5-2。

1. 界面的设计

(1)数字按钮的添加

首先添加第 1 个数字按钮，将它的名称改为 cmdNumber，并将它的 Caption 改为“0”。

然后利用 5.5.2 节介绍的复制粘贴的方法来添加另外 9 个数字按钮。粘贴好一个按钮后，会发现它的名称自动变成了 cmdNumber(1)，此时再看原来被复制的按钮名称，已经变成了 cmdNumber(0)，这表示 VB 为同名的按钮控件自动创建了一个按钮控件数组。

在 VB 中，数组的默认下标(索引)是从 0 开始的(否则浪费 10%的号码资源)，因此控件数组第 1 个成员的下标为 0，第 2 个成员的下标为 1，依此类推。

再来分别看看这两个按钮控件的 Index 属性值，发现跟控件名称后面括弧中的下标是一样的，其实 Index 属性就是控件数组成员的下标。

回到界面设计，再重复粘贴动作 8 次，添加完剩余的数字按钮并移动到适当的位置。

(2)运算符按钮的添加

添加第 1 个运算符按钮，将按钮的名称改成 cmdOperator，然后进行复制并粘贴 3 次，产生了另外一个按钮数组 cmdOperator，其成员为 cmdOperator(0)～cmdOperator(3)，最后将它们的 Caption 按次序分别改成“+”、“-”、“*”、“/”。

(3)添加其他控件

最后添加一个文本框，名称改为 txtShow；一个小数点按钮，名称改为 cmdDot；一个等号按钮，名称改为 cmdEquals，并调整好位置。

2. 数字按钮代码的编写

双击任意一个数字按钮，进入到代码窗口，可以看到新的单击事件过程框架如下：

```
Private Sub cmdNumber_Click(Index As Integer)

End Sub
```

而前面使用的按钮的单击事件框架为：

```
Private SubCommand1_Click()

End Sub
```

经过对比，发现多了一些内容：Index As Integer，其中 Index 是 VB 自动获取的按钮控件数组的下标，当单击 cmdNumber(n)的时候，VB 获取的 Index 值就是 n；数据类型是 Integer。

既然我们能够得到 Index 的值，也就知道了用户单击的是哪个按钮，代码添加后如下：

```
Private Sub cmdNumber_Click(Index As Integer)
    txtShow.Text=txtShow.Text & Index
End Sub
```

这段代码将 5.1 节实现时的 10 个按钮的 10 个单击事件合成为了 1 个单击事件。

3. 运算符按钮代码的编写

仍然同 5.1 节一样，在通用声明处定义 2 个变量：number 表示第一个操作数，oper 表示操作符。

运算符按钮数组“+”、“-”、“*”、“/”的 Index 分别是 0、1、2 和 3，所以根据下标可以知道单击的是哪一个按钮。代码如下：

```
Private Sub cmdOperator_Click(Index As Integer)
    oper=Index
    number=Val(txtShow.Text)
    txtShow.Text=""
End Sub
```

将按钮的下标 Index 保存在 oper 变量中，和 5.1 节不一样的是此处 oper 的数据类型是整型。

4. 小数点按钮代码的编写

小数点按钮代码的编写非常简单：

```
Private Sub cmdDot_Click()
    txtShow.Text=txtShow.Text & "."
End Sub
```

5. 等号按钮代码的编写

```
Private Sub cmdEquals_Click()
  Select Case oper
        Case 0
            txtShow.Text=number+Val(txtShow.Text)
        Case 1
            txtShow.Text=number-Val(txtShow.Text)
        Case 2
            txtShow.Text=number * Val(txtShow.Text)
```

```
        Case 3
            txtShow.Text=number / Val(txtShow.Text)
    End Select
End Sub
```

这只是一个简易计算器的初步实现，有许多细节都没有考虑，比如：

(1)前导 0 问题的处理

如果单击的按钮顺序是 0、1、4，目前的程序在文本框中会显示 014，应该把这个前导 0 去掉。

处理思路：当单击按钮 0 的时候，先判断一下它是否为文本框中的第一个数字，如果是，就不将这个 0 写入文本框。

(2)小数点细节的处理

①如果小数点作为最先输入的符号时，左边应该自动附加一个 0。

处理思路：单击小数点后，可以先判断文本框是否为空，如果是，就在小数点前面添加一个 0，否则就直接加入一个小数点。

②小数点按钮如果被单击了多次，目前的程序会显示多个小数点，这是实际运算中不允许的。

处理思路：输入小数点前，先判断文本框中是否已经存在一个小数点，如果存在，则不再将小数点符号插入文本框。可以用 3.5.2 节的 Instr 函数来判断文本框中是否已经存在小数点：

```
If Instr(txtShow.Text,".")=0 Then      '表达式成立，表示小数点不存在
```

上述细节请根据提供的思路自行完善。

5.5.4 加载和删除控件数组中的控件

设计时添加到窗体上的控件，在运行时一般是不能卸载的。但是如果设计为数组的形式，就可以将在运行时添加的控件数组元素删除。这里需要注意的是，需要在设计时将控件设置为控件数组的形式，否则将不能被加载或者卸载。

1. 加载控件

在设计阶段创建了一个控件数组后，在程序的运行阶段可以利用 Load 语句来添加控件。Load 语句的使用非常简单，对于 Command1 控件来说，其使用形式如下：

```
Load Command1(i)
```

其中，i 是控件数组元素的索引。

例 5-5　在窗体加载时，在窗体上添加 4 个控件，并将其设为控件数组的形式。

步骤：

(1)在窗体上添加一个 CommandButton 控件，使用默认名 Command1，并将其 Index 属性设置为 0，即将其设置为控件数组的形式；将其 Caption 属性设置为“按钮 1”。

(2)在窗体的 Load 事件中添加代码：

```
Private Sub Form_Load()
    Dim i As Integer
    For i=2 To 5
        Load Command1(i)
        Command1(i).Caption="按钮" & i
        Command1(i).Visible=True
        Command1(i).Top=i * 500
    Next i
End Sub
```

运行程序,如图 5-4 所示。

图 5-4 中,按钮 1 是在设计时添加的控件数组;按钮 2～按钮 4 是在运行时添加的控件数组。

在 Form_Load()过程中,利用 Load 语句加载一个新控件以后,需要设置其 Visible 属性为 True,否则,该控件将不被显示。然后需要设置其 Top 和 Left 属性,否则,该控件将显示在控件数组中最小索引所在处,这样几个控件将叠放在一起,影响显示效果。在上述代码中,没有设置 Left 值,控件的 Left 属性将采用控件数组中索引值最小的控件的 Left 属性值,因此在图 5-4 中,新添加的控件都显示在一列,因为它们都具有相同的 Left 属性。

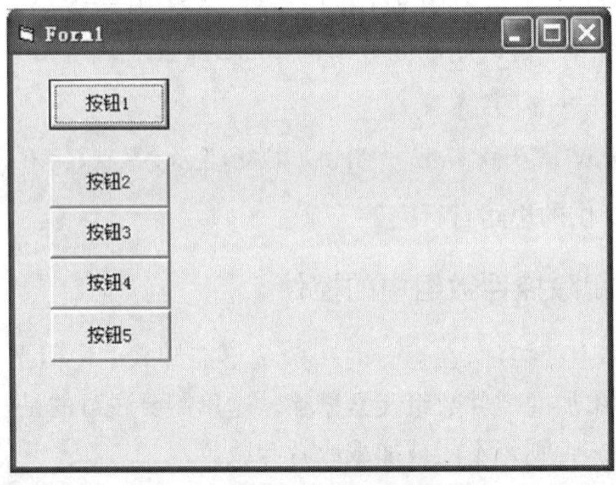

图 5-4　利用 Load 语句加载控件

例 5-6　在窗体上建立一个标签控件数组,程序运行时自动添加标签且每个标签显示不同颜色,程序运行界面如图 5-5 所示。

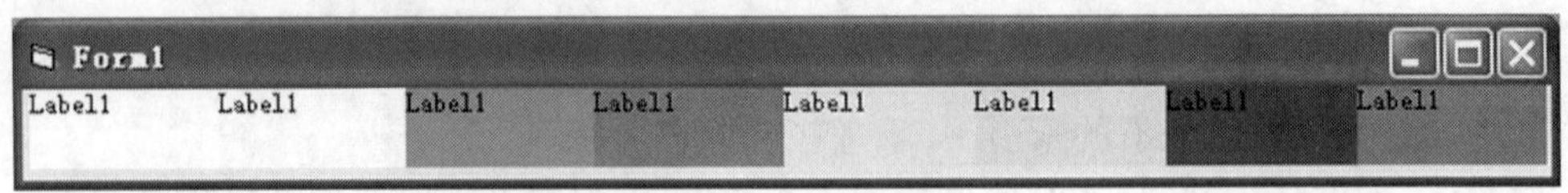

图 5-5　七彩标签

分析:设计界面时,只需在窗体上添加 1 个标签控件,设置其 Index 属性为 0,并将此标签的 Visible 属性设置为 False。

程序代码如下:

```
Private Sub Form_Load()
    Dim i As Integer
    Dim x As Integer, y As Integer
    x=0: y=50              '定义起始位置
    For i=1 To 8
        Load Label1(i)
        With Label1(i)
            .BackColor=QBColor(16-i)
            .Visible=True
            .Top=x
            .Left=y
        End With
        y=y+Label1(0).Width
    Next i
End Sub
```

代码中出现了 With 语句，With 语句是在一个定制的对象或一个用户定义的类型上执行一系列的语句，其语法格式如下：

```
With <对象>
[<语句组>]
End With
```

其中，语句组是可选参数，是要在对象上执行的一条或多条语句。上述代码中用 With Label1(i)语句进入语句块，设置标签控件数组的多个属性。本例的难点主要是对控件数组的灵活应用，应用控件数组要注意以下几点。

(1)控件数组有在设计时静态设置好的，也有在运行中创建的。

(2)在程序运行时添加新控件，新控件必须是控件数组中的成员。使用控件数组时，每个新成员继承数组的公共事件过程。

(3)由于第 0 个元素是不可见的，所以以它作为模板设计出来的数组元素也都是不可见的，需要手动设置为可见。

2. 删除控件

利用 UnLoad 语句可以删除运行时利用 Load 语句添加的任何控件数组中的元素，但是不能使用 UnLoad 语句来删除在设计阶段创建的控件数组元素。

例 5-7　在例 5-5 的程序中添加一个窗体的单击事件过程。当用户单击窗体时，将按钮 4 和按钮 5 控件删除。

代码如下：

```
Private Sub Form_Click()
    On Error GoTo 11         '当发生错误时，转到 11 处，即 end sub 语句
    Dim i As Integer
    For i=2 To 5
```

```
        If i=4 Or i=5 Then
            Unload Command1(i)
        End If
    Next i
11：End Sub
```

在使用 Load 语句加载控件和使用 UnLoad 语句卸载控件的时候，对于同一个数组元素，只能加载或者卸载一次，如果加载或者卸载两次，将产生运行错误，可以使用错误处理语句 On Error GoTo 将其屏蔽。

5.6 数组相关函数及语句

5.6.1 使用 Array 函数创建数组

Array 函数可以创建一个数组，并返回一个 Variant 数据类型的变量，其语法格式为：

```
Array(arglist)
```

其中 arglist 表示一个数值表，各数值之间用"，"分开。这些数值是用来给数组元素赋值的，当 arglist 中没有任何参数时，则创建一个长度为 0 的数组。

例如，使用 Array 函数给数组 a 赋值 1～5：

```
Dim a() As Variant          '或写成 Dim a As Variant
a=Array(1,2,3,4,5)
```

说明：数组名要声明为 Variant 型变量或 Variant 型动态数组。

5.6.2 使用 UBound 和 LBound 函数获取数组上、下标

Lbound 和 Ubound 函数的使用方法：

```
Lbound(数组名[,维数])
Ubound(数组名[,维数])
```

其中，维数是指要测试的是第几维的下标值，默认是一维数组。

例如：

```
Dim a(2,3) As Integer
Print Lbound(a,1)           '结果是 a 数组的第一维的下界 0
Print Ubound(a,2)           '结果是 a 数组的第二维的上界 3
```

若有代码如下：

```
Dim a(5) As Integer
For i=0 to 5
    a(i)=i
Next i
```

为了程序的通用灵活和自适应，可修改循环变量的初值和终值，代码如下：

```
Dim a(5) As Integer
For i=Lbound(a) to Ubound(a)
    a(i)=i
Next i
```

5.6.3 使用 Split 函数生成一维字符串数组

Split 函数返回一个下标从 0 开始的一维数组，其中包含了指定数目的子字符串。语法格式为：

```
Split(<表达式>[,<字符>[,count[,compare]]])
```

说明：

(1)表达式：必选参数，包含子字符串和分隔符的字符串表达式。如果表达式是一个长度为零的字符串，Split 则返回一个空数组，即没有元素和数据的数组。

(2)字符：可选参数，用于标识子字符串边界的字符串字符。如果忽略，则使用空格字符作为分隔符。

(3)count：可选参数，要返回的子字符串数，−1 表示返回所有的子字符串。

(4)compare：可选参数，数字值，表示判断子字符串时使用的比较方式。其值见表 5-2。

compare 参数的设置 表 5-2

常　数	值	描　述
vbUseCompareOption	−1	用 Option Compare 语句中的设置值执行比较
vbBinaryCompare	0	执行二进制比较
vbTextCompare	1	执行文字比较
vbDatabaseCompare	2	仅用于 MicroSoft Access

例如：

```
a=Split("abc.def.ghi", ".", -1, 1)
```

则 a(0)、a(1)、a(2)分别是"abc"、"def"、"ghi"。

5.6.4 Option Base 语句

应用中有时希望数组的下标从 1 开始，在 VB 的窗体层或标准模块层可用 Option Base 语句重新设定数组的下界。

格式：Option Base n

功能：改变数组下标的缺省下界。

说明：n 为数组下标的下界，只能是 0 或 1。该语句在程序中只能使用一次，且必须放在数组声明语句之前。

例如：

```
Option base 1                          '将缺省的数组下标设为 1
Dim Lower
Dim Array1(20), Array2(3, 4)           '声明数组变量
'使用 LBound 函数来测试数组的下界。
Lower=LBound(Array1)                   '返回值为 1
Lower=LBound(Array2, 2)                '返回值为 1
```

如果没有 Option base 1 的语句，数组的下界是从 0 开始的，则 Dim Array1(20)，Array1 共有 21 个数组元素，而有了这条语句，Array1 有 20 个数组元素。

5.7 自定义数据类型

数组能够存放一组类型相同的数据，要想存放一组不同类型的数据，例如，存放一个学生的学号、年龄、家庭住址、手机号码、个人爱好、社会背景等，就必须要用自定义数据类型。因此可以说自定义数据类型是一组类型不同的变量的集合。

5.7.1 自定义数据类型的定义

格式：

```
[Public|Private] Type 自定义类型名
        元素名[(下标)] As 类型名
        …
        [元素名[(下标)] As 类型名]
End Type
```

例如，以下定义了一个有关学生信息的自定义类型：

```
Type ST
      No As Integer                    '学号
      Name As String * 10              '姓名
      Sex As String * 1                '性别
      Mark(1 To 4) As Single           '4 门课程成绩
      Average As Single                '总分
End Type
```

说明：自定义数据类型一般在标准模块(.bas)中定义，默认是 Public。若在窗体模块中定义，必须是 Private。

5.7.2 自定义数据类型的声明和使用

(1)声明形式：

```
Dim 变量名  As  自定义类型名
```

例如:Dim Student　As　ST

(2)引用形式:

```
变量名.元素名
```

例如:Student.Name 表示 Student 变量中的姓名,Student.mark(4) Student 变量中第 4 门课程的成绩。

例 5-8　设计一个包括学号、姓名、性别、出生年月、特长几个部分的自定义数据类型,使用该数据类型定义变量存放数据。程序运行时界面如图 5-6 所示。

图 5-6　运行界面

(1)首先在标准模块(.bas)中定义自定义数据类型 mt:

```
Type mt
    no As Integer                   '学号
    name As String                  '姓名
    sex As String * 1               '性别
    birthday As Date                '出生年月
    speciality As String            '特长
End Type
```

(2)接着为窗体 Form1 编写单击事件:

```
Private Sub Form_Click()
    Dim man As mt
    Print "学号      姓名     性别     出生年月      特长"
    With man
        .no=2011
        .name="张晓丽"
        .sex="女"
        .speciality="唱歌"
        .birthday=#8/13/2001#
        Print .no; "      "; .name; "    "; .sex; "      "; .birthday; "      "; .speciality
    End With
End Sub
```

5.8 程序举例

定义好数组后,可以对数组元素作各种操作。使用数组元素比起使用普通变量来,最大的好处就是数组元素在顺序上面是有序的，每个元素都有一个下标，数组元素和下标之间是一一对应的关系。这样可以通过下标来访问数组元素，更适用于批量处理数据。

例 5-9 身份证号的转换。1999 年 7 月 1 日，中华人民共和国内地实施了强制性国家标准《公民身份号码》。该标准实施后，将公民身份证号从 15 位升到 18 位，18 位的号码根据 15 位号码计算生成。

分析：分析方法采用“输入—处理—输出”的方式。

(1)输入：需要用 TextBox 控件实现 15 位身份证号的输入。

(2)处理：实现本题必须要了解转换规则。

转换规则：首先将 15 位身份证号的出生年份前加上 19，此时由 15 位变成了 17 位，假设这 17 位是 ABCDEFGHIJKLMNOPQ，则：

S=A＊7+B＊9+C＊10+D＊5+E＊8+F＊4+G＊2+H＊1+I＊6+J＊3+K＊7+L＊9+M＊10+N＊5+O＊8+P＊4+Q＊2

再用 S 除以 11 得到余数，余数与身份证最后一位(第 18 位)的对应关系如下。

余数：　　0　1　2　3　4　5　6　7　8　9　10

最后一位：　1　0　X　9　8　7　6　5　4　3　2

(3)输出：可在另一个文本框中输出对应 18 位的身份证号。

程序运行效果如图 5-7 所示。

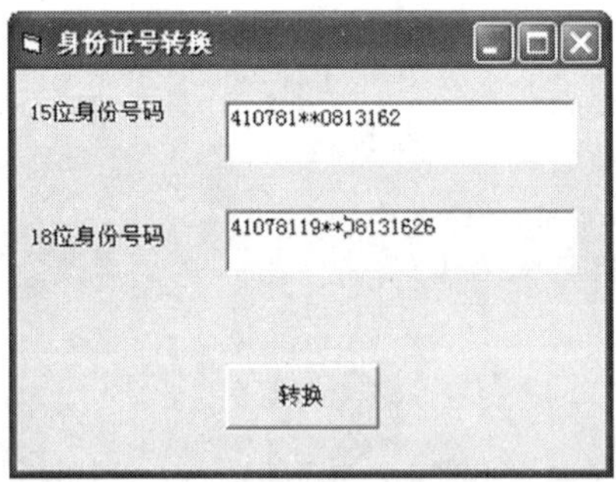

图 5-7　身份证号转换

程序的代码如下：

```
Private Sub Command1_Click()
    Dim oldnum As String, newnum As String
    oldnum=Text1.Text
    Dim a, b
    a=Array("1", "0", "x", "9", "8", "7", "6", "5", "4", "3", "2")
    b=Array(7, 9, 10, 5, 8, 4, 2, 1, 6, 3, 7, 9, 10, 5, 8, 4, 2, 1)
    '第 1 步:oldnum 加上“19”,由 15 位变成 17 位
    oldnum=Left(oldnum, 6) & "19" & Right(oldnum, Len(oldnum)-6)
    Dim i As Integer, cj As Integer, s As Integer
    '第 2 步:求乘积的和 s
    For i=0 To 16
        cj=Mid(oldnum, i+1, 1) * b(i)
```

```
        s=s+cj
    Next i
    Dim h As Integer
    '第 3 步：求余数，并按照规则得到第 18 位
    h=s Mod 11
    newnum=oldnum & a(h)
    Text2.Text=newnum
End Sub
```

本题的重点是 a、b 两个数组的定义及赋值。

思考：a、b 数组中的各数组元素之间能打乱顺序书写么？

例 5-10 求一维数组中最大元素及所在下标。

分析：在第四章的例 4-4 求出了 3 个简单变量中的最值，而本例是在多个数（属于一个数组）中求最值。算法是一样的，假设数组中的第一个元素最大并记录下标值，然后将该值与数组中的其他元素逐一比较，若有比其大的则记录最大的下标。

程序代码如下：

```
Dim Max As Integer, iMax As Integer
Dim ia(1 To 10) As Integer
Max=ia(1): iMax=1
Fori=2 To 10
  If ia(i) > Max Then
      Max=ia(i)
      iMax =i
  End If
Nexti
Print  Max, iMax
```

请思考如何在二维数组中寻找最大值及所在下标。

提示：二维数组中最大值所在的下标需要两个值来确定，即行号、列号。

例 5-11 将一维数组的第一个元素与最后一个交换，第二个元素与倒数第二个交换，以此类推。

分析：假设有一维数组 ia(1 to 10)，各元素的值随机生成。

交换过程如下：

第 1 个元素要和第 10 个元素交换，即 ia(1)→ia(10)；

第 2 个元素要和第 9 个元素交换，即 ia(2)→ia(9)；

第 3 个元素要和第 8 个元素交换，即 ia(3)→ia(8)；

第 4 个元素要和第 7 个元素交换，即 ia(4)→ia(7)；

第 5 个元素要和第 6 个元素交换，即 ia(5)→ia(6)；

经过了 5 次交换，即可完成题目要求。

在写循环语句时，可以寻找规律，发现 i 的值是从 1 到 5，而第 ia(i)个元素要和第 ia(10－i＋1)个元素交换，即 ia(i)→ia(10－i＋1)。

主要代码如下：

```
Dimia(1 to 10)
For i=1 To10
  ia(i)=int(Rnd * 10+2)
Next i
For i=1 To 5
  t=ia(i)
    ia(i)=ia(10-i+1)
    ia(10-i+1)=t
Next i
```

此题要注意循环次数，不是 10，而是 10 的一半。

思考：如果将 For i=1 to 5 写成 For i=1 to 10，能实现交换么？

例 5-12　利用数组随机抽取幸运观众。在电视节目中，经常需要随机抽取幸运观众。如果观众抽取范围较少，可以使用数组实现。其方法为首先将所有观众的姓名生成数组，获得总的数组元素，然后在数组元素中随机抽取元素的下标，根据抽取的下标获得幸运观众。效果如图 5-8 所示。

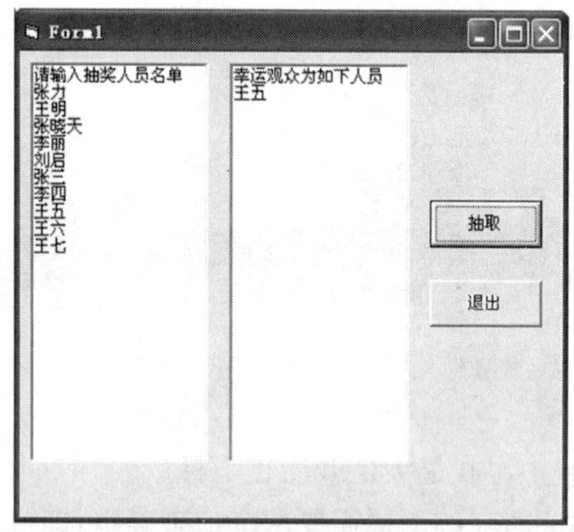

图 5-8　利用数组实现随机抽取幸运观众

分析：新建一个工程，在窗体上添加两个 CommandButton 控件，分别命名为 Command1、Command2；添加两个 TextBox 控件，分别命名为 Text1、Text2，MultiLine 属性都为 True。

代码如下：

```
Private Const general=9                    '声明私有的常数
Private Sub Command1_Click()
    Dim myrows, i
    With Text1
        Dim myarray() As String            '声明数组
        myarray=Split(.Text, vbCrLf)       '返回数组
        myrows=UBound(myarray)             '返回数组元素个数
        Text2.Text=Text2.Text & vbCrLf & myarray(Int(Rnd * myrows+1))
```

```
    End With
End Sub

Private Sub Command2_Click()
    End
End Sub

Private Sub Form_Load()
    Text1. Text="请输入抽奖人员名单"
    Text2. Text="幸运观众为如下人员"
End Sub
```

请完善程序，防止出现重复姓名。

例 5-13　利用控件数组制作闪烁的霓虹灯。

分析：本例要实现闪烁的效果，需要放置一个新的控件：计时器（Timer）。Timer 控件在工具箱面板上的图标是⏱。

在窗体上绘制 Timer 控件跟其他控件不同的是，无论绘制的矩形有多大，Timer 控件的大小不变。另外，Timer 控件只有在程序设计过程中看得见，在运行时是看不见的。关于 Timer 控件详见第七章的 7.5 节。

为了达到闪烁霓虹灯的效果，在设计时先把所有的星星放在标签控件数组里，并设置好与窗体同样的背景色，把所有控件数组分成 3 组分别设置不同颜色，再利用计时器控件，让星星控件数组分组显现，同时其他控件数组元素就暂时隐藏，这样不断交替、隐藏，就出现了动态闪烁的霓虹灯效果。

把窗体的 BackColor 设置为黑色；在窗体上添加标签控件数组，添加足够多的标签，将它们的 Caption 属性设置为"★"，位置随意摆放；添加 1 个计时器控件，把 Interval 属性设为 300。程序运行效果如图 5-9 所示。

图 5-9　霓虹灯

主要代码如下：

```
Dim i As Integer, j As Integer
Private Sub Form_Load()
    For i=0 To 39
        Label1(i).BackColor=QBColor(0)   '控件数组背景色与窗体背景色保持一致
    Next i
    For j=0 To 12
        Label1(j * 3).ForeColor=QBColor(6)   '设置标签前景色即星星的颜色变换
        Label1(j * 3+1).ForeColor=QBColor(3)
        Label1(j * 3+2).ForeColor=QBColor(5)
    Next j
End Sub
'计时器事件
Private Sub Timer1_Timer()
    Dim k As Integer
    i=i+1                                '累加计数
    For j=0 To 39
        Label1(j).Visible=False          '设置星星隐藏
    Next j
    If i Mod 3=0 Then                    '把控件数组分成3组分别设置不同颜色
        k=1                              '分别作上标记
    ElseIf i Mod 3=1 Then
        k=2
    Else
        k=0
    End If
    For j=0 To 12                        '星星分批分颜色显示,出现动态效果
        Label1(j * 3+k).Visible=True     '星星再出现,整体出现闪烁的效果
    Next j
End Sub
```

在窗体的 Load 事件中,用 For i=0 To 39 循环设置控件数组的背景色与窗体背景色保持一致,即 Label1(i).BackColor=QBColor(0);再用 For j=0 To 12 循环分组设置标签前景色即星星的颜色变换。在计时器 Timer 事件中,利用 For 循环及 If 分支结构设置星星分批、分颜色显示,出现闪烁的动态效果。

由此可见,数组与循环、其他控件等的综合应用,能达到意想不到的效果。在程序中恰当地使用数组,可以使程序简洁、清晰,使成批数据处理有很高的效率。数组对于编制高质量的程序来说,是一种重要的工具。

例 5-14 数组元素的排序。

排序是将一组数据按照递增或递减的次序排列,排序有几种经典算法:选择法排序、冒泡法排序、比较法排序。

假设有数组 a(1 to n),n 为任意的常量,可以是 6、10 等,下面分别采用 3 种方法对其进

行升序排序。

1. 选择法排序

算法：

(1)对有 n 个数的序列(存放在数组 a(n)中)，从中选出最小的数，与第 1 个数交换位置。

(2)除第 1 个数外，其余 n－1 个数中选最小的数，与第 2 个数交换位置。

(3)依次类推，选择了 n－1 次后，这个数列已按升序排列。

主要的程序代码如下：

```
For i=1 to n-1
    iMin=i
    For j=i+1 to n
        If A(j)<A(iMin) then iMin=j
    Next j
    t=a(j)
    a(i)=a(iMin)
    a(iMin)=t
Next i
```

2. 冒泡法排序

算法：

(1)从最后一个数开始，与相邻的数比较，若小于该数，则交换位置。一轮排序后，最小数换到了最前面(即小数往上冒，大数往下沉)。

(2)除第一个数外，其他 n－1 个数按步骤 1 的方法使次小的数冒出。

(3)重复步骤(1)n－1 遍，最后构成递增序列。

程序代码如下：

```
For i=1 to n-1
  For j=n to i+1 step -1
    If a(j)<a(j-1) then
      t=a(j)
      a(j)=a(j-1)
      a(j-1)=t
    Next j
Next i
```

冒泡法排序和选择法排序的代码相比，有相似之处，也有不同之处：

(1)内循环变量的变化范围不同。

(2)数组元素的交换时机不同。

3. 比较法排序

算法：

将数组中的第一个元素与其后面的每一个元素进行比较，如果比第一个元素小的就立即和第一个元素交换，否则不交换，比较一遍后，则第一个元素成为数组中最小的元素；然后，将数组中的第二个元素和其后面的每个元素比较，并进行必要的交换，如此进行，比较交换完毕后，则第二个元素成为数组中的第二小元素，以此类推，进行 n－1 遍比较互换后，可将 n 个元素按升序排列。

主要代码如下：

```
For i=1 to n-1
    For j=i+1 to n
        If a(j)<a(i) then
            t=a(j)
            a(j)=a(i)
            a(i)=t
        End If
    Next j
Next i
```

比较法和选择法相比，内外循环变量的初值、终值完全一样，但数组元素的交换时机不同。

例 5-15 将一个数插入到一个有序的数组中，并使其仍然有序。

分析：首先查找插入的位置 k(1≤k≤n－1)，然后从 n－1 到 k 逐一向后移动一个位置，将第 k 个元素的位置空出，最后将数据插入。

程序代码如下：

```
Private Sub Command1_Click()
    Dim a%(1 To 10), i%, k%
    For i=1 To 9                          '通过程序自动形成有规律的数组
        a(i)=(i-1) * 3+1
    Next i
    For k=1 To 9                          '查找欲插入数 14 在数组中的位置
        If 14 < a(k) Then Exit For        '找到插入的位置下标为 k
    Next k
    For i=9 To k Step -1                  '从最后元素开始往后移，空出位置
        a(i+1)=a(i)
    Next i
    a(k)=14                               '将数插入
    For i=1 To 10
        Print a(i);
    Next i
End Sub
```

思考：若要将数从数组中删除，应该如何修改程序？

例 5-16 窗体中有一个框架和两个命令按钮，而框架中有一个图片框，程序运行时，单击【矩阵】按钮后随机产生 12 个整数，并以 3 行 4 列的矩阵形式输出在图片框中；单击【平均值】按钮计算并在框架的标题中输出所有数据的平均值。设计界面和运行效果如图 5-10 和图5-11所示。

图 5-10　设计界面

图 5-11　运行效果

程序代码如下：

```
Dim a(1 To 3, 1 To 4) As Integer          '定义二维数组 a
'单击"矩阵"按钮
Private Sub Command1_Click()
    Picture1.Cls
    Frame1.Caption="矩阵"
    Cmdave.Enabled=True                   '使【平均值】按钮可用
    For i=1 To 3
      For j=1 To 4
        a(i, j)=Int(Rnd * 90)+10
        Picture1.Print a(i, j); Spc(2);
      Next j
      Picture1.Print
    Next i
End Sub
'单击求平均值按钮
Private Sub Cmdave_Click()
    Cmdave.Enabled=False                  '使【平均值】按钮不可用
    Sum=0
    For i=1 To 3
      For j=1 To 4
        Sum=Sum+a(i, j)
      Next j
    Next i
    ave=Sum / 12
    Frame1.Caption="平均值是" & Str$(Format(ave, "##.##"))
End Sub
Private Sub Form_Load()
    Cmdave.Enabled=False
    Frame1.Caption="等待产生矩阵"            '为框架设置标题
End Sub
```

5.9 本章小结

在程序设计过程中，经常要处理同一性质的成批数据，有效的办法是通过数组来解决。本章主要介绍了数组的概念、数组的定义、数组的基本操作、控件数组。

具有相同数据类型的有序集合称为数组。在 VB 中有两类数组，一类是静态数组，另一类称为动态数组。

静态数组的定义格式：Dim 数组名（下标 1[，下标 2……]）[as 数组类型]，可以是多维数组。

动态数组声明时没有给出数组的大小，当需要使用数组时，再决定数组的大小，这样的数组具有灵活多变的特点。其语法格式为：Redim[Preserve] 数组名（下标 1 [，下标 2……]）[as 数据类型]。

一组同名的控件就是控件数组，数组中的每一个控件都称为数组的成员。使用控件数组的好处是，数组中的所有控件可以共用同一个事件过程。可以根据它们的下标来确定当前触发或引用的是哪个控件。

本章所举实例中还涉及到了几种常用算法，需要掌握：排序算法、求最值算法、插入删除算法等。

5.10 思考和练习

1. 选择题

（1）下面数组声明语句中，（　　）正确。

A. Dim a[2,4] As Integer

B. Dim a(2,4) As Integer

C. Dim a(n,n) As Integer

D. Dim a(2 4) As Integer

（2）数组声明语句 Dim a(－2 to 2,5)中，数组包含元素个数为（　　）。

A. 120　　B. 30　　C. 60　　D. 20

（3）以下属于 Visual Basic 中合法的数组元素的是（　　）。

A. K8　　B. k(8)

C. k(0)　　D. k[8]

（4）假定建立了一个名为 Command1 的命令按钮数组，则以下说法中错误的是（　　）。

A. 数组中每个命令按钮的名称（Name 属性）均为 Command1

B. 数组中每个命令按钮的标题（Caption 属性）都一样

C. 数组中所有命令按钮可以使用同一个事件过程

D. 用名称 Command1（下标）可以访问数组中的每个命令按钮

(5)下面叙述中不正确的是(　　)。

A. 自定义类型只能在窗体模块的通用声明段进行声明

B. 自定义类型中的元素类型可以是系统提供的基本数据类型或已声明的自定义类型

C. 在窗体模块中定义自定义类型时必须使用 Private 关键字

D. 自定义类型必须在窗体模块或标准模块的通用声明段进行声明

(6)设有如下的记录类型：

```
Type Student
    number As String
    name As String
    age As Integer
End Type
```

则正确引用该记录类型变量的代码是(　　)。

A. Student. name ="张红"

B. Dim s As Student
   s. name ="张红"

C. Dim s As Type Student
   s. name ="张红"

D. Dim s As Type
   s. name ="张红"

(7)下列程序段的执行结果是(　　)。

```
Dim M(10)
For k=1 To 10
    M(k)=11-k
Next k
x=6
Print M(2+M(x))
```

A. 2　　B. 3

C. 4　　D. 5

(8)在窗体上画一个名称为 Command1 的命令按钮,然后编写如下事件过程：

```
Option Base 1
Private Sub Command1_Click()
    Dim a
    a=Array(1, 2, 3, 4, 5)
    For i=1 To UBound(A)
        a(i)=a(i)+i - 1
    Next
    Print a(3)
End Sub
```

程序运行后,单击命令按钮,则在窗体上显示的内容是(　　)。

A. 4　　B. 5　　C. 6　　D. 7

(9)下列程序的运行结果是(　　)。

```
Option Base 1
Private Sub Command1_Click()
    Dim a(10), p(3) As Integer
    k=5
    For i=1 To 10
        a(i)=i
    Next i
    For i=1 To 3
        p(i)=a(i * i)
    Next i
    For i=1 To 3
        k=k+p(i) * 2
    Next i
    Print k
End Sub
```

A. 28　　　B. 37　　　C. 33　　　D. 35

(10)在窗体上画一个名称为 Command1 的命令按钮,然后编写如下程序:

```
Option Base 1
Private Sub Command1_Click()
    Dim a As Variant
    a=Array(1,2,3,4,5)
    Sum=0
    For i=1 To 5
        Sum=sum+a(i)
    Next i
    x=Sum/5
    For i =1 To 5
        If a(i)>x Then Print a(i);
    Next i
End Sub
```

程序运行后,单击命令按钮,在窗体上显示的内容是(　　)。

A. 1 2　　　B. 1 2 3

C. 3 4 5　　　D. 4 5

(11)下列程序的运行结果是(　　)。

```
Option Base 1
Private Sub Command1_Click()
    Dim a()
    a=Array(1, 2, 3, 4)
```

```
    j=1
    For i=1 To 4
        s=s+a(i) * j
        j=j * 10
    Next i
    Print s
End Sub
```

A. 1234　　　　B. 1111

C. 4444　　　　D. 4321

2. 填空题

(1)下面程序段完成 3×4 阶矩阵 A 和 B 的相加运算，请在程序空白处填上正确语句。

```
Fori=1 to 3
        For j=1 to 4
          C(i,j)=________
        Next j
Nexti
```

(2)有语句：

```
OPTION BASE 1
Dim a(12,8)
```

则定义的数组元素有________个。

(3)由 Array 函数建立的数组，其变量必须是________类型。

(4)设有如下程序，其功能是用 Array 函数建立一个含有 8 个元素的数组，然后查找并输出该数组中的最小值。

```
Option Base 1
Private Sub Command1_Click()
    Dim arr1
    Dim Min As Integer, i As Integer
    arr1=Array(12, 435, 76, -24, 78, 54, 866, 43)
    Min =________
    For i=2 To 8
        If arr1(i) < Min Then Min=________
    Next i
    Print "最小值是:"; Min
End Sub
```

(5)下列程序运行后的结果为________。

```
Private Sub Command1_Click()
    Const a=6
    Dim x(a) As Integer
```

```
    For i=1 To a
      x(i)=i*i
    Next i
    Print x(i)
End Sub
```

3. 编程题

(1)利用随机数生成两个 4×4 的矩阵 A 和 B,前者范围为 30~70,后者范围为 101~135。要求以下几点内容。

①将两个矩阵相加结果放入 C 矩阵。

②将矩阵 A 转置。

③求 C 矩阵中元素的最大值和下标。

④以下三角形式显示 A,上三角形式显示 B。

⑤将矩阵 B 第一行与第三行对应元素交换位置。

(2)请编写程序实现如下功能:对输入的字符串,分别统计其中各个英文字母出现的次数(不区分大小写),并要求显示统计结果。

(3)编写程序,随机产生 20 个两位数放在数组 A 中,并按由大到小的顺序排序。从键盘上输入一数 X,判断此数是否在该数组 A 中,若在则输出其所在的位置及数值,否则输出“未找到”。

第六章
过　程

在应用程序的编写中，有时遇到的问题比较复杂，按照结构化程序设计的原则，可以把问题逐步细化，分成若干个功能模块，这些功能模块通过执行一系列的语句来完成一个特定的操作过程。而VB提供的自定义过程可以将功能模块定义成不同过程，供事件过程多次调用。使用过程可以降低程序的设计难度，提高编程效率，而且易于调试和维护。熟练地使用过程是编写高质量应用程序的基础。本章主要通过实例介绍自定义的子过程和函数过程。

学习目标

学完本章后，您应：

(1)了解过程的概念及功能。

(2)理解事件过程的建立和调用方法。

(3)熟练掌握子过程和函数过程的建立和调用方法。

(4)掌握过程调用时参数的传递过程。

(5)了解递归调用。

(6)掌握过程与变量的作用域。

本章重难点

1. 本章重点

(1)Sub过程的定义和调用方法。

(2)Function过程的定义和调用方法。

(3)参数传递。

(4)过程与变量的作用域。

(5)几种常用算法：顺序查找、折半查找、插入排序等。

2. 本章难点

(1)参数传递。

(2)过程在实际问题中的应用。

6.1 案例引入及分析

例 6-1 已知多边形各边长度，计算该多边形的面积。

分析：计算多边形的面积可分解为计算若干个三角形的面积，如图 6-1 所示，假设由 a、b、c 组成三角形的面积为 S1，由 c、d、e 组成三角形的面积为 S2，由 e、f、g 组成三角形的面积为 S3，则总面积 S=S1+S2+S3。

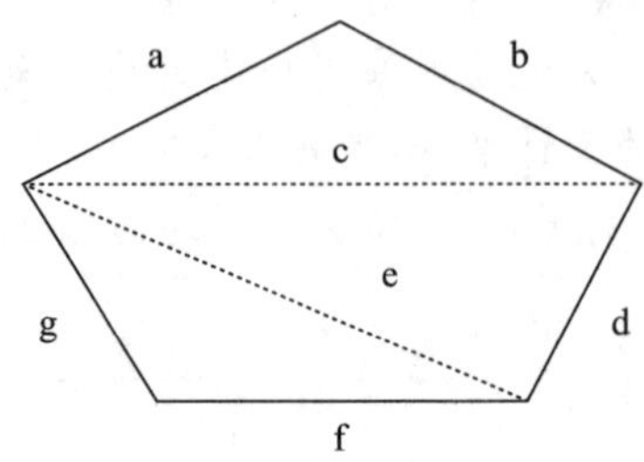

图 6-1 五边形的分解

而对于三角形，若已知三条边 x、y 和 z，可用海伦公式来计算面积 Area：

$Area=\sqrt{c(c-x)(c-y)(c-z)}$，其中 $c=\frac{1}{2}(x+y+z)$

根据上述分析，可采用顺序结构解决该题，步骤如下：

(1)输入各边的长度；

(2)根据海伦公式，分别求每一个三角形 S1、S2、S3 的面积；

(3)计算多边形的面积 S=S1+S2+S3，并输出。

程序的主要代码如下：

```
Private Sub Command1_Click()
    '省略了变量定义的步骤
    a=InputBox("输入 a"):b=InputBox("输入 b")
    c=InputBox("输入 c"):d=InputBox("输入 d")
    e=InputBox("输入 e"):f=InputBox("输入 f")
    g=InputBox("输入 g")
    L1=(a+b+c) / 2
    S1=Sqr(L1 * (L1-a) * (L1-b) * (L1-c))          '第 1 组
    L2=(c+d+e) / 2
    S2=Sqr(L2 * (L2-c) * (L2-d) * (L2-e))          '第 2 组
    L3=(e+f+g) / 2
    S3=Sqr(L3 * (L3-e) * (L3-f) * (L3-g))          '第 3 组
    S=S1+S2+S3
    Print S
End Sub
```

Command1 的单击事件中，有 3 组功能相同（计算三角形面积）、代码相似（唯一不同的是三角形的边长不同）的语句块。如果此题不是5边形，而是6边形、7边形、……则多边形分解成的三角形会更多，求面积时相似的语句也会出现多组。

回顾第三章的3.5节，VB提供了大量的系统内置函数和语句，这些函数极大程度地提高了编程人员的开发效率。VB中并没有提供求解三角形面积的内置函数，能不能对这个功能进行自定义，然后在程序中多次调用这个功能呢？答案是肯定的，这就是本章的学习重点——过程。

6.2 认识过程

过程，就是一个功能相对独立的程序逻辑单元，即一段独立的程序代码，Visual Basic应用程序一般都是由过程组成的，如图6-2所示。

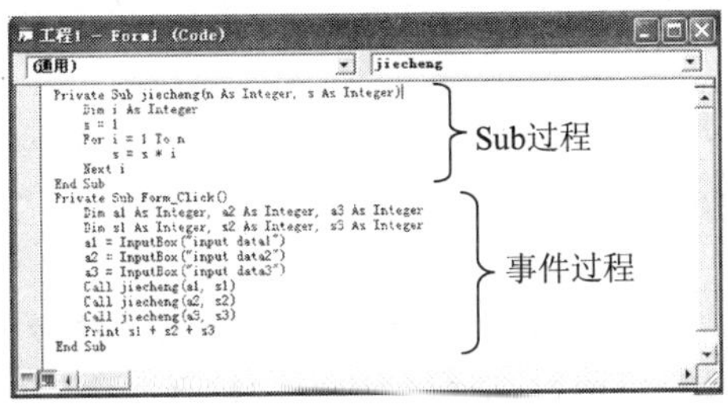

图6-2　认识过程

VB中的过程根据作用可以分为事件过程和通用过程。

（1）事件过程：当发生某个事件时，对该事件作出响应的程序段。事件过程是面向对象程序中非常重要的过程，这些过程构成了应用程序的主体。

（2）通用过程：在程序设计过程中，可能有多个存在某个功能相同的公共程序段，这时可以把该公共程序段提取出来，作为一个单独的过程，这样的过程就叫作通用过程。在VB中，通用过程分为两类，一类是Sub过程（子过程），一类是Function过程（函数过程）。

①Sub过程（子过程）：子过程是没有返回值的过程。在事件过程或其他过程中可按名称调用子过程。子过程能够接收到参数，并可用于完成过程中的任务并返回一些数值。但是，与函数过程不同，子过程不返回与其特定子过程名相关联的值。子过程一般用于接收或处理输入数据、显示输出或者设置属性。

②Function过程（函数过程）：函数过程用来完成特定的功能并返回相应的结果。在事件或其他过程中可按名称调用函数。函数过程能够接收参数，并且总是以该函数名返回一个值。这类过程一般用于完成计算任务。

6.3 事件过程

事件过程是附加在窗体或控件上的过程。当Visual Basic中的对象对一个事件的发生做出认定时，便自动用该事件的名字调用该事件的过程。例如单击一个按钮，便引发按钮的单击事件过程，如图 6-3 所示。

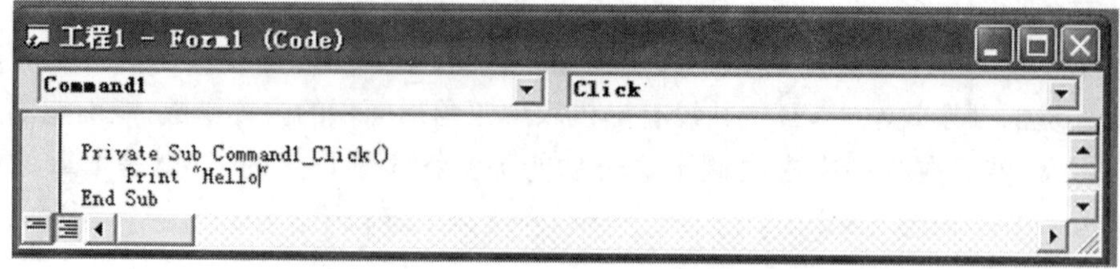

图 6-3 按钮单击事件过程

了解了事件过程，接下来介绍建立和调用事件过程的方法。

6.3.1 建立事件过程

一个控件的事件过程将控件的实际名字(Name 属性)、下划线(_)和事件名组合起来。例如，如果希望单击一个 cmdStop 的命令按钮之后，调用事件过程，则要用 cmdStop_Click 过程。

一个窗体的事件过程将 Form、下划线(_)和事件名组合起来。例如，如果希望单击窗体 Form1 之后，调用事件过程，则要用 Form_Click 过程。和控件一样，窗体也有唯一的名字，但不能在事件过程的名字中使用这些名字。

虽然可以自己编写事件过程，但使用 VB 提供的代码过程会更方便，该过程自动将正确的过程名包括进来。在代码窗口中，从对象列表框中选择一个对象，从事件列表框中选择一个事件，便可创建一个事件过程模板，如图 6-4 所示。

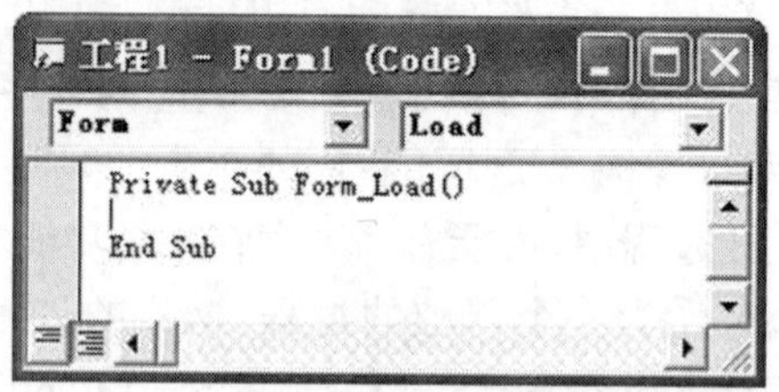

图 6-4 建立事件过程

注意：建议在开始为控件编写事件过程之前，设置好各控件的名称属性。如果为控件附加一个过程之后再更改控件的名称属性，那么也必须更改过程的名字，以符合控件的新名字。否则，VB 无法使控件和过程相符。此时，过程就成为了通用过程。

6.3.2 调用事件过程

事件过程可以使用 Call 语句调用，也可以直接使用过程名称调用。

1. 使用 Call 语句

语法格式如下：

```
Call <事件过程名>([<参数列表>])
```

例如窗体载入时，使用 Call 语句调用命令按钮 Command1 的 Click 事件过程，代码如下：

```
Private Sub Form_Load()
    Call Command1_Click
End Sub
```

注意：使用 Call 语句时，参数列表必须放在括号内。

2. 直接使用过程名称

直接使用过程名称调用事件过程，语法格式如下：

```
＜事件过程名＞[＜参数列表＞]
```

注意：这里的参数列表与使用 Call 语句中的参数列表正好相反，即参数列表不能用括号括起来。另外，调用事件过程语句中的实际参数列表必须在数目、类型、排列顺序上与事件过程语句的形式参数列表一致。

6.4 子过程

子过程也叫作 Sub 过程，用来完成特定的任务。

6.4.1 建立子过程

建立通用 Sub 过程有两种方法：一是使用“添加过程”对话框；二是直接在代码编辑器窗口中输入过程代码。

(1)使用“添加过程”对话框方法有如下几种。

①打开要添加过程的代码编辑器窗口，如图 6-5 所示。

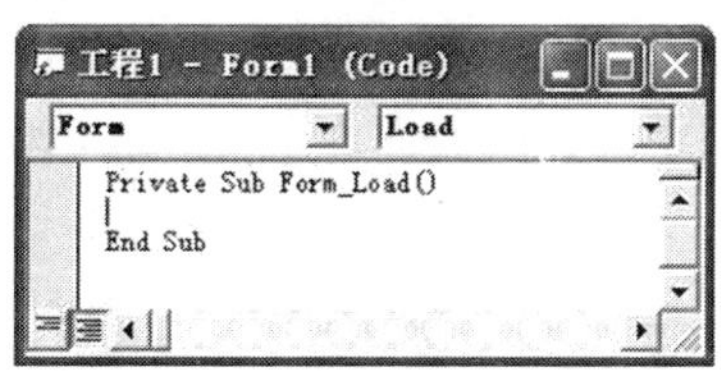

图 6-5　代码窗口

②选择“工具”菜单中的“添加过程”菜单项，打开“添加过程”对话框。如图 6-6、图 6-7 所示。

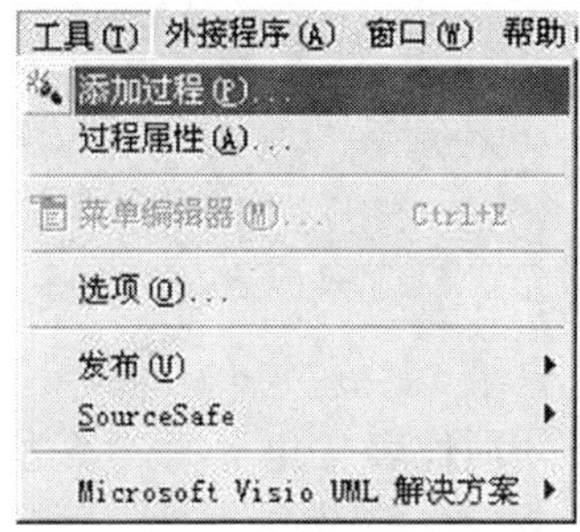

图 6-6　工具菜单

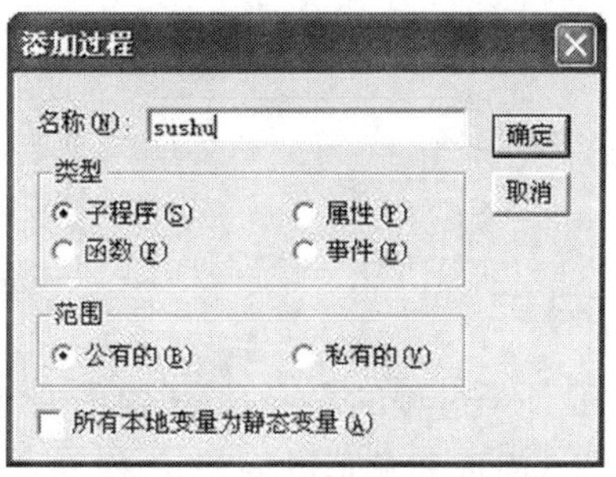

图 6-7　添加过程对话框

③在“名称”文本框中输入过程名，例如：“sushu”。从“类型”组中选择过程类型，例如：“子程序”。从“范围”组中选择范围，例如：“公有的”。

④单击“确定”按钮，则在代码窗口中添加了 Public Sub sushu()过程。如图 6-8 所示。

图 6-8 代码对话框

(2)直接在代码编辑器窗口中输入

打开窗体或标准模块的“代码”窗口，将插入点定位在所有现有过程的外面，然后输入子过程即可，语法格式如下：

```
[Private|Public][Static]Sub 过程名[(参数列表)]
    [语句块]
    [Exit Sub]
    [语句块]
End Sub
```

参数说明：

(1)Sub 是子过程的开始标记；End Sub 是子过程的结束标记；<语句块>是具有特定功能的程序段；Exit Sub 语句用于退出子程序。

(2)如果在子过程的前面加上 Private，则表示只有在包含其声明的模块中的其他过程可以访问该 Sub 过程。它决定了此过程的作用域。与变量的声明相同，如没有指定，则默认为 Public(公用的)。反之，如果子过程的前面加上 Public，表示所有模块的所有其他过程都可访问这个 Sub 过程。

(3)如果在子过程的前面加上 Static，则表示该过程中的所有局部变量都是静态变量，详见 6.8 节的介绍。

(4)<参数列表>是可选的，类似于变量声明，指明从调用过程传送给过程的变量个数和类型，各变量之间用逗号间隔。

我们将例 6-1 求解三角形面积的功能采用子过程的方式实现，直接在代码编辑器窗口中输入以下代码：

```
Sub Area(x%, y%, z%,s!)
    L=(x+y+z) / 2
    S=Sqr(L * (L-x) * (L-y) * (L-z))
End Sub
```

Area 是子过程的名字，形式参数有 4 个，其中 x、y、z 分别代表三角形的三条边长，s 代表由 x、y、z 组成三角形的面积。

在 Sub 和 End Sub 之间是过程体，首先求出 L(即周长的一半)，然后根据 L 得出 S。

6.4.2　调用子过程

定义了子过程后，就要考虑如何在程序中使用它。Sub 过程的调用基本上同 6.3.2 事件过程的调用，也有 2 种方法。

1. 使用 Call 语句

语法格式如下：

```
Call <子过程名>([<参数列表>])
```

下面在 Command1 的 Click 事件中，使用 Call 语句调用定义好的 Area 过程，代码如下：

```
Private Sub Command1_Click()
    '省略了变量定义的步骤
    a=InputBox("输入 a"):b=InputBox("输入 b")
    c=InputBox("输入 c"):d=InputBox("输入 d")
    e=InputBox("输入 e"):f=InputBox("输入 f")
    g=InputBox("输入 g")
    Call Area(a, b, c,s1)
    Call Area(c, d, e,s2)
    Call Area(e, f, g,s3)
    S=S1+S2+S3
    Print S
End Sub
```

注意：使用 Call 语句时，参数列表必须放在括号内。

2. 直接使用过程名称

直接使用过程名称调用事件过程，语法格式如下：

```
<子过程名> [<参数列表>]
```

下面在 Command1 的 Click 事件中，直接使用过程名来调用 Area 过程，代码如下：

```
Private Sub Command1_Click()
    '省略了变量定义的步骤
    a=InputBox("输入 a"):b=InputBox("输入 b")
    c=InputBox("输入 c"):d=InputBox("输入 d")
    e=InputBox("输入 e"):f=InputBox("输入 f")
    g=InputBox("输入 g")
    Area a, b, c,s1
    Area c, d, e,s2
    Area e, f, g,s3
    S=S1+S2+S3
    Print S
End Sub
```

调用时，省略了 Call 关键字，直接使用了过程名，但此时参数表不能放在括号里。

6.4.3 调用其他模块中的子过程

VB 应用程序的基本结构，一般由 3 部分组成，包括窗体模块、类模块、标准模块。

1. 调用窗体中的子过程

所有窗体模块的外部调用必须指向包含此过程的窗体模块。如果在窗体模块 Fom1 中包含 MySub 子过程，则可使用下面的语句调用 Form1 窗体中的子过程：

```
Call Form1. MySub(参数列表)
```

2. 调用类模块中的子过程

与窗体模块中调用过程类似，在类模块中调用过程要调用与过程一致并且指向类实例的变量。例如，DemoClass 是类 Class1 的实例：

```
Dim DemoClassAs New Class1
DemoClass. SomeSub
```

但是不同于窗体的是，在引用一个类的实例时，不能用类名作限定符。必须首先声明类的实例为对象变量(在这个例子中是 DemoClass)并用变量名引用它。

3. 调用标准模块中的子过程

如果子过程名是唯一的，则不必在调用时加模块名。无论是在模块内，还是在模块外调用，结果总会引用这个唯一过程。如果过程仅出现在一个地方，这个过程就是唯一的。

如果两个以上的模块都包含同名的过程，那必须用模块名来限定。

在同一模块内调用一个公共过程就会调用该模块内的过程。

例如，对于 Module1 和 Module2 中名为 CommonName 的过程，从 Module2 中调用 CommonName则运行 Module2 中的 CommonName 过程，而不是 Module1 中的 CommonName 过程。

从其他模块调用公共过程名时必须指定那个模块。例如，若在 Module1 中调用 Module2 中的 CommonName 过程，要用下面的语句：

```
Module2. CommonName (Arguments)
```

6.5 函数过程

Function 过程又称函数过程，与子过程基本一样，也是用来完成特定功能的、独立的程序代码。与子过程不同的是，函数过程可以返回一个值给程序调用。

6.5.1 建立函数过程

同样，使用 Function 函数过程也要先建立，方法与 Sub 过程的建立方法相同。第一种是通过“添加过程”对话框，初步建立函数过程的框架，这与前面介绍的建立子过程的方法基本一样，只是在“类型”选项组中选中“函数”单选按钮，其他用法都一样。

另一种方法是使用 Function 语句来建立，语法格式如下：

```
[Private|Public][Static]  Function 函数名（参数列表）[As 数据类型]
    语句块
    [函数名=表达式]
    [Exit Function]
    [语句块]
    [函数名=表达式]
End Function
```

从上述语句可以看出，函数过程的形式与子过程类似。其中，Function 是函数过程的开始标记；End Function 是函数过程的结束标记；<语句块>是具有特定功能的程序段；Exit Function 语句用于退出函数过程。As 决定函数过程返回值的数据类型，如果忽略，则返回变体型。建议在实际编程中使用 As 子句，以养成良好的编程习惯。

6.5.2 调用函数过程

Function 函数过程调用比较简单，可以象使用 VB 内部函数一样使用 Function 过程。

函数也可以像 Sub 过程一样调用，例如：

```
Call Year (Now)
Year Now
```

当用这种方法调用函数时，VB 放弃返回值。

下面将 6-1 用函数过程的方法实现，具体代码如下：

```
Function Area(x%, y%, z%)
    L=(x+y+z) / 2
    Area=Sqr(L * (L-x) * (L-y) * (L-z))
End Function
Private Sub Command1_Click()
    a=InputBox("输入 a"):b=InputBox("输入 b")
    c=InputBox("输入 c"):d=InputBox("输入 d")
    e=InputBox("输入 e"):f=InputBox("输入 f")
    g=InputBox("输入 g")
    S1 =Area(a, b, c)
    S2 =Area(c, d, e)
    S3 =Area(e, f, g)
    S=S1+S2+S3
    Print S
End Sub
```

通过和 6.4 节 Sub 过程实现时代码的对比，发现 Area 函数过程的定义中有 3 个参数，少了子过程定义时的 s 参数（表示面积）；在函数过程体中，有一条赋值语句Area=Sqr(L * (L-x) * (L-y) * (L-z))，其中“=”号左边 Area 和函数过程名 Area 一致。

在 Command1 的 Click 事件中，调用 Area 和第三章调用函数的方法相同。

6.5.3 函数过程与子过程的区别

通过 6-1 用子过程、函数过程的实现代码，可以看出两种过程的区别有下面几点。

(1)把某功能定义为函数过程还是子过程，没有严格的规定，但只要能用函数过程定义的，一定能用子过程定义；反之不一定。

(2)函数过程可以通过过程名返回值，但只能返回一个值；子过程不能通过过程名返回值，但可以通过参数返回值，并可以返回多个值。当过程只有一个返回值时，用函数过程直观；反之，习惯使用子过程。

(3)子过程名没有值，过程名也就没有类型，不能在子过程体内对子过程名赋值。

思考：在例 6-1 中，如果 Area 过程返回 2 个值：面积和周长。用 Sub 过程实现还是用 Function 过程实现？该如何改实现？

例 6-2 求 s=a! +b! +c!，其中 a、b、c 是任意输入的 3 个正整数。分别编写函数过程和子过程，并分别调用，来完成该功能。

分析：实现 s=a! +b! +c! 时，需要分别求出 a!、b! 和 c!，所以"求某个数的阶乘"是个被反复调用的功能，因此把这个功能提取出来并用过程实现。

本例中分别用函数过程和子过程两种方法实现"求某个数的阶乘"。运行界面如图 6-9 所示。

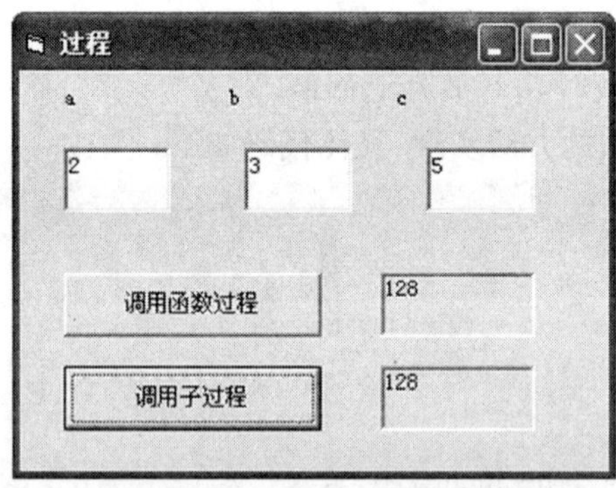

图 6-9 运行界面图

图 6-9 中，调用函数过程的结果显示在 Label4 中，调用子过程的结果显示在 Label5 中。主要代码如下：

```
Private Function jiecheng1(n As Integer) As Long      '定义函数过程
    Dim i As Integer
    jiecheng1=1
    For i=1 To n
        jiecheng1=jiecheng1 * i
    Next i
End Function
Private Sub jiecheng2(n As Integer, j As Long)  '定义子过程
    Dim i As Integer
```

```
    j=1
    For i=1 To n
        j=j * i                                          'j就是返回的阶乘
    Next i
End Sub
Private Sub Command1_Click()
    Dim a%, b%, c%, s&
    a=Text1. Text
    b=Text2. Text
    c=Text3. Text
    s=jiecheng1(a)+jiecheng1(b)+jiecheng1(c)
    Label4. Caption=s
End Sub
Private Sub Command2_Click()
    Dim a%, b%, c%, s&, p&
    a=Text1. Text
    b=Text2. Text
    c=Text3. Text
    Call jiecheng2(a, p)
    s=s+p
    Call jiecheng2(b, p)
    s=s+p
    Call jiecheng2(c, p)
    s=s+p
    Label5. Caption=s
End Sub
```

思考:Command2 的 Click 事件中,相比 Command1,多了一个 P 变量,P 的功能是什么?

6.6 参数的传递

前面讲解建立和调用过程时,经常提到"参数"这个名词,那么什么是参数,参数是如何传递数据的?本节将进行介绍。

6.6.1 认识参数

在调用一个有参数的过程时,参数就是在本过程中有效的局部变量,通过形参和实参结合达到传递数据的目的。例如下面的代码:

```
                形式参数
Function Area (x%, y%, z%)
    L=(x+y+z) / 2
```

```
    Area=Sqr(L * (L-x) * (L-y) * (L-z))
End Function
Private Sub Command1_Click()
    Print Area (length1,length2,length3)
                      实际参数
End Sub
```

1. 形参

从上述代码中可以看出,被调用过程中的形式参数就是形参,出现在 Sub 过程和 Function 过程中。形参列表中的各参数之间用逗号隔开,可以是变量名和数组名,但不能是定长字符串。

2. 实参

从上述代码中可以看出,在调用 Function 过程时,调用了 3 个参数将数据传递给了前面定义的形参,这 3 个参数就是实际参数,简称实参。

实参列表与形参列表的对应变量名可以不同,但实参与形参的个数、顺序以及数据类型必须相同。因为"形实结合"是按照位置结合的,例如上述代码中第一个实参 length1 与第一个形参 x 结合,第二个实参 length2 与第二个形参 y 结合,第三个实参 length3 与第三个形参 z 结合。

如果实参和形参的个数不匹配,就会出现错误。例如上面的代码改为:

```
Function Area(x%, y%, z%)
    L=(x+y+z) / 2
    Area=Sqr(L * (L-x) * (L-y) * (L-z))
End Function
Private Sub Command1_Click()
    Print Area(length1,length2)
End Sub
```

运行程序,单击按钮,将出现错误提示信息,如图 6-10 所示。

图 6-10 参数出错

出现上述错误,是由于前面定义的 Function 过程 Area 中有 3 个参数,而调用语句中只是用了 2 个参数。在实际编程时,一定要注意该问题。

3. 参数的数据类型

创建过程时,如果没有声明形参的数据类型,那么数据类型默认为变体型。

如果实参数据类型与形参数据类型不一致，则 VB 会按要求对实参进行数据类型转换，然后将转换后的值传递给形参。

4. 使用可选的参数

在过程的参数列表中列入 Optional 关键字，就可以指定过程的参数为可选的。如果指定了可选参数，则参数表中此参数后面的其他参数也必是可选的，并且要用 Optional 关键字来声明。一般情况下，可选参数放在参数表的最后，如果没有定义变量类型，则默认类型为 Variant 类型，否则按指定类型定义。

例如，有 sum 过程（此处过程体省略）：

```
Sub sum(a as integer,optional b as integer,optional c as integer)
    ……
End Sub
```

调用 sum 时下面 3 种写法都是正确的：

```
sum 5
sum 5,6
sum 5,6,7
```

由于形参 b 和 c 是可选参数，因此在调用 sum 时，实际参数为 1 个、2 个或 3 个，这都是正确的，“形实结合”仍是按照位置结合。

6.6.2　按值和按地址传递参数

在 VB 中，传递参数有 2 种方式，即按值传递和按地址传递。其中按地址传递，又称为引用。

1. 按值传递参数

在 VB 中，用 ByVal 关键字指出参数是按值来传递的。也就是说，在定义通用过程时，如果形参前面有关键字 ByVal，则该参数用传值方式传送。

值传递就是实参与形参结合时，实参把本身的值传递给形参。传值的结合过程是：当调用一个过程时，系统将实参的值复制给形参后，实参与形参断开了联系。被调用过程中的操作是在形参自己的存储单元中进行的，当过程调用结束时，这些形参所占用的存储单元也同时被释放。

注意：如果过程中改变了形参的值，则实参的值不会改变。

例 6-3　传值方式传送参数。

```
Sub PostAccounts(ByVala As Integer)
    a=a+10
    Print a
End Sub
Private Sub Form_Click()
    Dim b As Integer
    b=5
    Call PostAccounts(b)
```

```
    Print b
End Sub
```

在过程 PostAccounts 中，a 被定义为按传值方式传送。

Form_Click 中调用 PostAccounts 时，实参是 b，b 和 a 结合时，b 把 5 这个值传送给 a，b 与 a 就没有联系了；然后执行 PostAccounts 过程的过程体，a 加 10，则 a 变为 15，然后输出 15；执行了过程调用后，回到了主调程序 Form_Click 中，接着输出 b，b 的值仍为 5。b 的值不是 15，原因是由于 a 参数为值传递。

2. 按地址传递参数

按地址传递参数在 VB 中是通过关键字 ByRef 实现的。该传递方式是系统默认的参数传递方式，所以 ByRef 关键字通常可以省略。

实参与形参结合时，实参把自己的地址传递给形参，使形参和实参使用同一个存储单元。如果形参的值发生改变，实参的值也会相应的发生改变。

请读者将例 6-3 中的 ByVal 去掉，然后再运行程序看结果发生了什么样的变化。

例 6-4 按引用方式传递参数。

```
Sub intswap(x As Integer,y As Integer)
    Dim m As Integer
    Print x,y              '过程中交换前 x,y 的值
    m=x
    x=y
    y=m
    Print x,y              '过程中交换后 x,y 的值
End Sub
Private Sub Form_Click()
    Dim a As Integer,b As Integer
    a=5
    b=9
    Print a,b              '过程调用前 a,b 的值
    Call intswap(a,b)
    Print a,b              '过程调用后 a,b 的值
End Sub
```

程序的运行结果是：

过程调用前 a，b 的值为 5，9

过程中交换前 x，y 的值为 5，9

过程中交换后 x，y 的值为 9，5

过程调用后 a，b 的值为 9，5

通过对结果的分析可知，a 和 x、b 和 y 的结合是按引用方式传递的，实参随着形参的改变而改变。

过程的形参是按引用方式定义的，如果调用时给形参传递一个表达式，则 VB 计算表达

式的值，并将值传递给形参。把变量转换成表达式的最简单的方法就是把它放在括号内。

例 6-5　表达式作为实参传递给形参。

```
Sub intsum(x As Integer,y As Integer)
    x=x+1
    y=y+1
    Print x,y
End Sub
Private Sub Form_Click()
    Dim a As Iinteger, b As Integer
    a=5
    b=5
    Call intsum((a),(b))            '过程调用时输出结果是 6,6
    Print  a,b                      '输出结果是 5,5
End Sub
```

在 intsum 过程中，参数 x、y 是按引用定义的，但运行结果过程中和过程后不一致，原因就是在调用 intsum 过程时，传递的实参是两个表达式，则在传递时，只把表达式的值传递给了形参，没有把地址传递给形参，所以过程中和过程后不一致。

下面几条规则可供选择按值传递参数或按地址传递参数时参考。

(1)对于整型、长整型或单精度参数，如果不希望过程改变实参的值，则按值传递。而为了提高效率，字符串和数组应按地址传递。此外，用户定义的类型和控件只能通过地址传送。

(2)对于其他数据类型，可以采用 2 种方式传送。但是，建议此类参数最好用按值传递，以避免错用参数。

(3)函数过程可以通过过程名返回值，但只能返回一个值；子过程不能通过过程名返回值，但可以通过参数返回值，并可以返回多个值。返回值时，其相应的参数要按地址传递。

6.6.3　数组参数

在 VB 中，数组可以作为参数传递到过程中，数组一般通过引用方式进行传递。数组元素和变量的用法一致。在使用数组作为参数时，要注意如下两方面的问题。

(1)在实参列表中和形参列表中如果存在数组名，则数组的维数可以省略，但括号不能省略。

(2)如果被调用过程不知道实参数组的上下界，可用 Lbound 和 Ubound 两个函数确定实参数组的上界和下界。

例如有如下过程定义：

```
Sub Add(a() As Integer,b() As Integer)
    ……
End Sub
```

调用格式为：Call Add(m(),n())

其中，m()、n()为实参数组。

6.6.4 对象参数

除了变量和数组作为实参传递给过程中的实参外，VB 还允许对象（如窗体、控件等）作为实参传递给过程中的形参。

对象参数可以用引用方式也可以用传递的方式，即在定义过程时，在对象参数的前面加 ByVal。

例 6-6 通过子过程 objectEna 设置 TextBox 和 CommandButton 控件不可用。

代码如下：

```
Private Sub objectEna(obj1 As Object, obj2 As Object)
    obj1.Enabled=False
    obj2.Enabled=False
End Sub
Private Sub Form_Load()
    objectEna Text1, Command1
End Sub
```

按 F5 键运行程序，结果如图 6-11 所示。

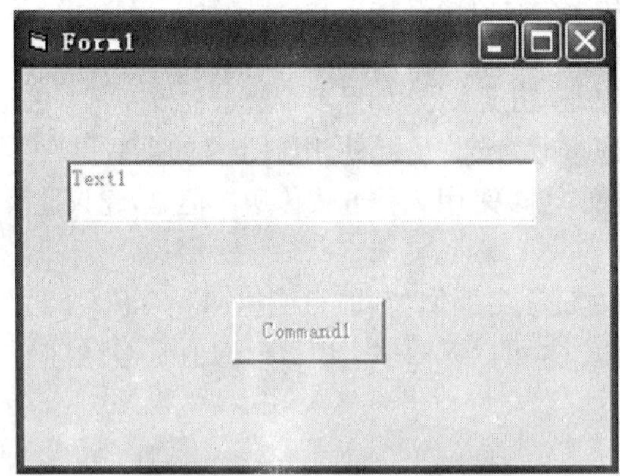

图 6-11 对象参数传递

6.7 过程的嵌套和递归调用

6.7.1 过程的嵌套调用

VB 的过程定义都是互相平行和相互独立的，即在定义过程时，一个过程内不能包含另一个过程。然而，过程调用可以使用嵌套调用，也就是主过程（一般为事件过程）可以调用子过程（包括函数过程等），在子过程中可以调用另外的子过程，这种程序结构称为过程的嵌套调用。

过程的嵌套调用执行过程，如图 6-12 所示。

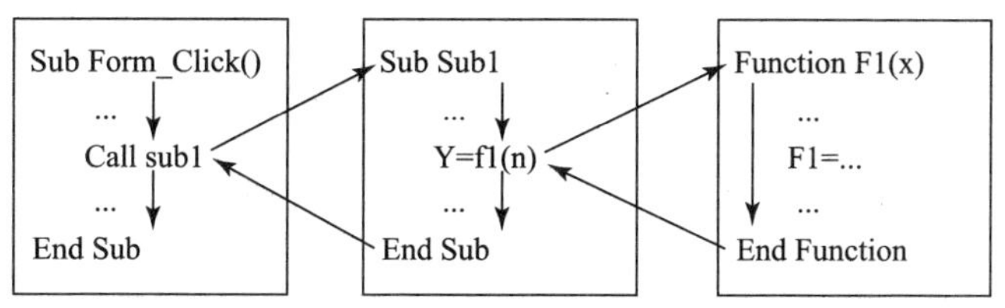

图 6-12 过程的嵌套调用执行过程

6.7.2 过程的递归调用

“递归”过程是指过程直接或间接调用自身完成某任务的过程。递归分为两类：直接递归和间接递归。直接递归就是在过程中直接调用过程自身；间接递归就是间接的调用一个过程，如第一个过程调用另一个过程，而该过程又调用了第一个过程。

例 6-7 求 fac(n)＝n! 的值。

根据求 n! 的定义可知 n! ＝n＊(n－1)!，可写成如下形式：

$$fac(n) = \begin{cases} 1 & n = 1 \\ n * fac(n-1) & n > 1 \end{cases}$$

则求 fac(n)函数的代码是：

```
Function fac(ByVal n As Integer) As Integer
    If n <=1 Then
        Fac=1
    Else
        Fac=fac(n-1) * n
    End If
End Function

Private Sub Form_Click()
    Print "fac(4)=";fac(4)
End Sub
```

跟踪这个程序的计算过程，令 n＝4 调用这个函数。

(1)fac(4)＝4＊fac(3)	n＝4 调用函数过程 fac(3)
(2)fac(3)＝3＊fac(2)	n＝3 调用函数过程 fac(2)
(3)fac(2)＝2＊fac(1)	n＝2 调用函数过程 fac(1)
(4)fac(1)＝1	n＝1 求得 fac(1)的值
(5)fac(2)＝2＊1＝2	回归，n＝2，求得 fac(2)的值
(6)fac(3)＝3＊2＝6	回归，n＝3，求得 fac(3)的值
(7)fac(4)＝4＊6＝24	回归，n＝4，求得 fac(4)的值

上面第(1)步到第(4)步，求出 fac(1)＝1 的步骤称为递推，从第(4)步到第(7)步求出 fac(4)＝4＊6 的步骤称为回归。

从这个例子可以看出，递归求解有 2 个条件。

(1)给出递归终止的条件和相应的状态。本例中递归终止的条件是 n=1,状态是 fac(1)=1。

(2)给出递归的表述形式,并且要向着终止条件变化,在有限步骤内达到终止条件。在本例中,当 n>1 时,给出递归的表述形式为 fac(n)=fac(n-1) * n。函数值 fac(n)用函数 fac(n-1)来表示。参数的值向减少的方向变化,在第 n 步出现终止条件 n=1。

6.8 过程与变量的作用域

作用域是程序设计中的一个重要概念,理解作用域概念对于编写程序十分重要。作用域包括变量的作用域和过程作用域。变量作用域反映了变量的有效使用范围,过程作用域反映了过程的有效使用范围。

6.8.1 变量的作用域

根据变量的定义位置和所使用的变量定义语句的不同,VB 中的变量分为 3 类,即局部(Local)变量、模块级(窗体级和标准模块级)变量和全局(Public)变量。

1. 局部变量

在过程或函数体内定义的变量为局部变量。局部变量作用域就在其定义的过程体内。不同过程可以定义具有相同名称的局部变量,但它们之间相互独立。用 Dim、Private 或者 Static 关键字来定义局部变量。

局部变量定义格式为:

```
Dim 变量名 As  数据类型
Private 变量名 As  数据类型
Static 变量名 As  数据类型
```

例如:

```
Dim intTemp As Integer
Private intNum As Integer
Static intTe As Integer
```

局部变量的生命周期为所属过程的生命周期,即该变量的值只在所属过程的活动期间有效,当退出该过程时,该变量和其值就会被清除。下一次进入该过程时,VB 重新创建和初始化该变量。

用 Static 定义的局部变量在所属过程体结束后,其值仍然存在。下一次进入该过程时,其值不被重置,仍然保留原来的结果。

对任何临时计算,局部变量是最佳选择。例如,可以建立 10 几个不同的过程,每个过程都包含称作 intTemp 的变量。只要每个 intTemp 都声明为局部变量,那么每个过程只识别它自己的 intTemp 变量。任何一个过程都能够改变它自己的局部的 intTemp 变量的值,而不会影响别的过程中的 intTemp 变量。

2. 模块级变量

模块级变量分为窗体模块变量和标准模块变量。按照缺省规定,模块级变量对该模块的所有过程都可用，但对其他模块的代码不一定可用。可在模块顶部的声明段用 Private 或 Dim 关键字声明模块级变量，从而建立模块级变量。

模块级变量定义格式为：

```
Private 变量名 As　数据类型
Dim 变量名 As　数据类型
```

例如：

```
Private intTemp As Integer
```

在模块级，Private 和 Dim 之间没有什么区别，但 Private 更好些，因为很容易与 Public 区别开来，使代码更容易理解。

在模块级用 Private 或 Dim 声明的变量，只能被本模块使用，不能被其他模块使用。

3. 全局变量

如果整个应用程序中的代码都可以访问该变量，则该变量称为全局变量。全局变量是在标准模块或窗体模块的顶部用关键字 Public 或 Global 定义的变量。全局变量只能在标准模块或窗体模块最开始的声明段定义，不能在过程中定义。

在窗体模块级用 Public 声明的变量，既可被本模块使用，也可被其他模块调用。调用格式为：模块名称. 变量名称。

在标准模块中用 Public 声明的变量是全局变量。

全局变量的定义格式为：

```
Global 变量名 As　数据类型
Public 变量名 As　数据类型
```

例如：

```
Public num As Integer
```

3 种变量的作用域见表 6-1。

变量的作用域　　表 6-1

作用范围	局部变量	模块级变量	全局变量	
		窗体/标准模块	窗体模块	标准模块
声明方式	Dim、Static	Dim、Private	Public	
声明位置	过程体	窗体/标准模块的通用声明段	窗体的通用声明段	标准模块的通用声明段
被本模块的其他过程存取	不能	能	能	能
被其他模块存取	不能	不能	能，但在变量名前加窗体名	能

例 6-8　不同级别的同名变量测试。本应用程序由一个窗体模块和一个标准模块构成。程序运行后，先单击“局部与全局”按钮（Command1），然后单击“模块与全局”按钮（Command2），重复 3 次，运行结果如图 6-13 所示。

标准模块中的程序代码如下：

```
Option Explicit
Public a As Integer          'a 是全局变量
```

窗体模块中的程序代码如下：

```
Private Sub Command1_Click()
    Dim a%
    a=a+1
    Text1. Text=a                    'a 是局部变量,每次初始化总是 1
    Module1. a=Module1. a+3
    Text3. Text=Module1. a           '全局变量,不初始化,每次调用,其值加 3
End Sub
Private Sub Command2_Click()
    a=a+1
    Text2. Text=a                    'a 是模块级变量,不初始化,每次调用,其值加 1
    Module1. a=Module1. a+5          '全局变量,不初始化,每次调用,其值加 5
    Text3. Text=Module1. a
End Sub
```

说明：一般情况下，在同一模块中定义了不同级别而有相同名的变量时，系统优先访问作用域小的变量名。

例 6-9 该例对局部变量 f 分别用 Dim 声明和 Static 声明，求 1+2+3+4+5 的和，运行效果如图 6-14 所示。

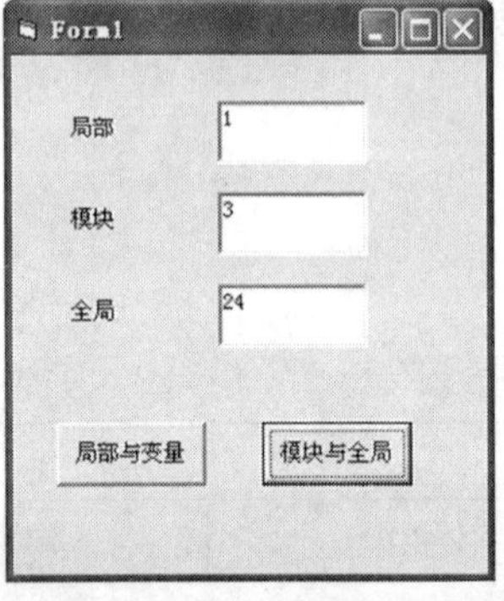

图 6-13 3 个级别的变量

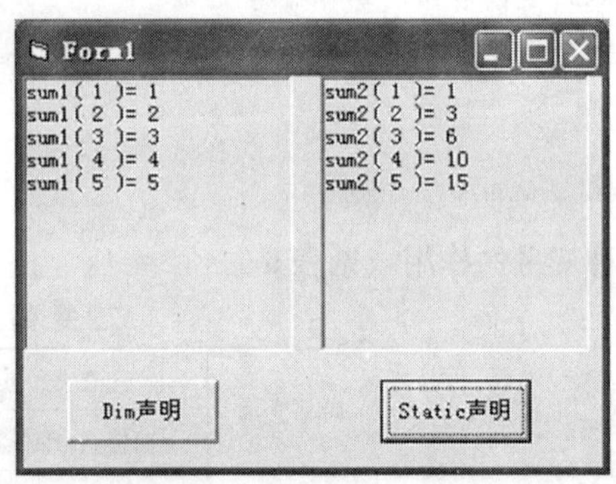

图 6-14 Dim 和 Static 声明变量运行效果

分析：在窗体上添加 2 个图片框 Picture1 和 Picture2，2 个命令按钮 Command1 和 Command2，并更改它们的 Caption 属性。

代码如下：

```
Option Explicit
Function sum1(ByVal n%) As Integer
    Dim f As Integer   '局部变量 f,每次调用,初始值都为 0
    f=f+n
    sum1=f
```

```
End Function
Function sum2(ByVal n%) As Integer
    Static f As Integer   '静态变量 f,每次调用,初始值是上一次调用结束时的值
    f=f+n
    sum2=f
End Function
Private Sub Command1_Click()
    Dim i%
    For i=1 To 5
        Picture1. Print "sum1("; i; ")="; sum1(i)
    Next i
End Sub

Private Sub Command2_Click()
    Dim i%
    For i=1 To 5
        Picture2. Print "sum2("; i; ")="; sum2(i)
    Next i
End Sub
```

例 6-10　Static 的实际应用。编写程序,利用文本框检查用户口令,并用静态变量来限制输入口令的次数为 3 次。程序运行界面如图 6-15 所示。

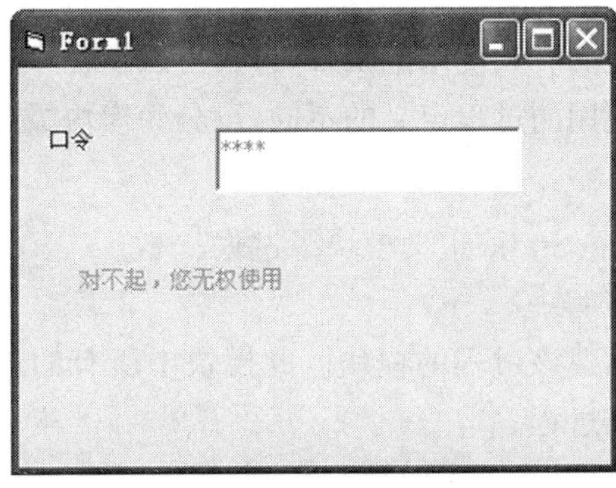

图 6-15　静态变量的应用

主要代码如下:

```
Private Sub Text1_KeyPress(KeyAscii As Integer)
    Static n As Integer
    If KeyAscii=13 Then
        If LCase(Text1)="hcx" Then
            Label2. Caption="欢迎使用本系统!"
        Else
            n=n+1
```

```
                If n=3 Then
                    Label2.Caption="对不起,您无权使用"
                    Label2.Enabled=False
                    Text1.Enabled=False
                Else
                    Label2.Caption="对不起,口令错"
                    Text1.SelStart=0
                    Text1.SelLength=Len(Text1)
                End If
            End If
        End If
    End Sub
```

在文本框的键盘 KeyPress 事件中,用 Static n As Integer 语句声明 n 为静态变量。当用户按下 Enter 键后,用 If 分支判断用户输入的密码是否正确。如果正确则在标签上显示欢迎字样;而如果密码不正确则将进入 Else 分支,用静态变量 n 作计数器累计错误密码输入的次数,再嵌套一个 If 分支结构来判断是否达到了指定次数。

在程序运行时如果密码不正确,则键盘事件要被触发 3 次。因为有次数限制,所以用静态变量 n 来统计总次数。

利用静态变量暂留原值的特点,可以完成类似累加的工作(如例 6-9)等。

6.8.2 过程的作用域

过程的作用域是指过程的有效使用范围,即过程可以在程序中的什么位置可以被调用。根据过程的定义位置和所使用的过程定义的不同,可分为模块级过程和全局级过程。

1. 模块级过程

可以使用关键字 Private、Static 定义模块级过程。

(1)用关键字 Private 声明。

该过程的作用范围是创建该过程的模块。此模块中所有的过程都可以调用该过程,而在其他模块中则不能调用该过程。

(2)用关键字 Static 声明。

该过程的作用范围是创建该过程的模块,且该过程中的所有变量都称为静态变量。

2. 全局级过程

在窗体模块或标准模块中用关键字 Public 声明或缺省关键字声明的过程,称为全局级过程。

窗体模块中定义的全局级过程,作用域是创建该过程的模块,也可以被其他模块调用,但调用时必须在过程名前加上窗体模块名称,即:窗体模块名称.过程名称(实参表)。

标准模块中定义的全局级过程在工程的任何一个模块中都可以被调用,即它的作用域是整个工程。如果过程名不唯一,则在调用该过程时,需加上模块名称;否则不需加模块名称。

过程作用域的几种情况如表 6-2 所示。

过 程 作 用 域　　表 6-2

作 用 范 围	模 块 级		全 局 级	
	窗体	标准模块	窗体	标准模块
定义方式	过程名前加 Private Private Sub Mysub(形参表)		过程名前加 Public 或缺省 [Public] Sub Mysub(形参表)	
能否被本模块其他过程调用	能	能	能	能
能否被本应用程序其他模块调用	不能	不能	能，但必须在过程名前加窗体名	能，但过程名必须唯一，否则要加标准模块名

例 6-11　在窗体和标准模块分别定义两个全局级过程，分别调用对比演示。程序运行界面如图 6-16 所示。

图 6-16　全局级过程

Form1 窗体中的主要代码如下：

```
Dim x As Integer
Public Function test(n%)
    test=n * n * n
End Function
Private Sub Command1_Click()
    x=Val(Text1)
    Print "调用本窗体内定义的全局级过程"
    Print x; "的立方="; test(x)
End Sub
Private Sub Command2_Click()
    x=Val(Text1)
    Print "调用标准模块内定义的全局级过程"
    Print x; "的平方="; test2(x)
End Sub
```

标准模块内的主要代码：

```
Public Function test2(n%)
    test2=n * n
End Function
```

在标准模块 Module1 内的代码中，用 Public Function test2(n%)定义了一个全局级函数，函数体内只做简单运算。本例目的在于验证函数过程的不同作用域，在 Form1 窗体中用 Public Function test(n%)也自定义了一个过程，但其作用范围没有 test2()函数广泛。在命令按钮 1 和命令按钮 2 的单击事件中，分别调用这两个函数，输出对比其结果，验证过程也有不同的作用范围。

本例只为演示不同位置上的全局级过程的定义和调用，所以过程体内不做过多设置。另外根据过程所处的位置不同，要注意其调用方式的不同。

6.9 程序举例

例 6-12 查找问题。

在数组中进行查找是数组经常用到的一种操作。根据数组的不同特点，查找的方法也很多，这些方法各有利弊。本例介绍两种最常用的查找方法，更多的查找方法有兴趣的读者可以查阅数据结构方面的资料。

1. 顺序查找

从第一个元素开始逐一比较，直到末尾。

算法：一列数放在数组 a(1)…a(n)中，待查找的数放在 x 中，把 x 与 a 数组中的元素从头到尾一一进行比较查找。用变量 p 表示 a 数组元素下标，p 初值为 1，使 x 与 a(p)比较，如果 x 不等于 a(p)，则使 p=p+1，不断重复这个过程；一旦 x 等于 a(p)则退出循环；另外，如果 p 大于数组长度，循环也应该停止。

```
Public Sub subSearch(a(), ByVal key, index As Integer)
  Dim i%
  For i=LBound(a) To UBound(a)
    If key=a(i) Then
      index=i
      Exit Sub
    End If
  Next i
  index=-1
End Sub

Public Function FunSearch(a(), ByVal key) As Integer
  Dim i%
  For i=LBound(a) To UBound(a)
    If key=a(i) Then
      funSearch=i
      Exit Function
    End If
```

```
    Next i
    funSearch=-1
End Function
```

2. 折半查找

算法:设 n 个有序数(从小到大)存放在数组 a(1)…a(n)中,要查找的数为 x。用变量 bot、top、mid 分别表示查找数据范围的底部(数组下界)、顶部(数组的上界)和中间,mid=(top+bot)/2,折半查找的算法如下:

(1)x=a(mid),则已找到退出循环,否则进行下面的判断。

(2)x<a(mid),x 必定落在 bot 和 mid-1 的范围之内,即 top=mid-1。

(3)x>a(mid),x 必定落在 mid+1 和 top 的范围之内,即 bot=mid+1。

(4)在确定了新的查找范围后,重复进行以上比较,直到找到或者 bot≤top。

将上面的算法写成如下函数,若找到则返回该数所在的下标值,没找到则返回-1。

```
Sub midsearch(a(), ByVal top%, ByVal buttom%, ByVal key, index%)
    Dim mid As Integer
    mid=(top+buttom) \ 2                        '取查找区间的中点
    Do While top < buttom
    If a(mid)=key Then
        index=mid                               '查找到,返回查找到的下标
        Exit Do
    End If
    If key < a(mid) Then                        '查找区间在上半部
        buttom=mid-1
    Else
        top=mid+1                               '查找区间在下半部
    End If
    mid=(top+buttom) \ 2
    Loop
    If top >=buttom Then
      index=-1
    End If
End Sub
```

'主调程序调用:

```
Private Sub Command1_Click()
    Dim b() As Variant
    b=Array(5, 13, 19, 21, 37, 56, 64, 75, 80, 88, 92)
    Call midsearch(b, LBound(b), UBound(b), 90, n%)
    Print n
End Sub
```

例 6-13 用插入排序法,将一个新数据插入到一个有序表中,使该有序表成为一个新

的、数据增 1 的有序表。

算法：先找出 key 应在数组中的位置 j，然后从最后一个数开始共 n－j 个数据依次后移，直到位置 j 空出，将数据 key 放入数组中相应位置上，一个数据的插入就此完成。

主要代码如下：

```
Private Sub InsertSort(a() As Integer, ByVal key As Integer)
  For i=0 To UBound(a)
    If key < a(i) Then Exit For          '找到 key 在数组中的位置
  Next i
  j=i                                    '找到了插入位置 j
  ReDim Preserve a (UBound(a)+1)         '重定义 a，将其元素个数增 1
  For i=UBound(a) To j+1 Step -1
    a(i)=a(i-1)                          '将 i 后面的元素向后移，给 key 腾出位置
  Next i
  a(j)=key                               '将 key 插入
End Sub

Private Sub Form_Click()
  Dim a () As Integer , x As Integer     'a 必须定义为动态数组
  ReDim a(0)
  Randomize
  a(0)=Int(Rnd * 21+30)                  '先初始化一个元素
  For i=0 To 10
    x=Int(Rnd * 21+30)
    InsertSort a(), x                    '每插入一个数，就调用一次插入过程
  Next i
  Print "数组 a 为："
  For i=0 To UBound(a)
    Print a(i);
  Next i
End Sub
```

例 6-14 由文本框中输入一个数回车后，生成 N 个 210～330 的整数，在图形框(Picture1)中输出这些数。单击【排序】按钮，在图形框(Picture2)中按降序输出这些数。单击【清除】按钮清除图形框、文本框，并使文本框获得焦点。排序用过程实现，排序输出由主调用过程实现。

分析：

(1)由题意可知，需用一维数组，且未知数组元素个数时用动态数组。

(2)数组元素的个数由文本框输入的数决定，该数既要用于文本框的 KeyPress 事件又要用于命令按钮的单击事件，因此，将该数组声明成窗体模块级。

(3)动态数组也要用于上述两个事件过程之中，需要声明为窗体模块级数组。

(4)排序使用选择法排序，用一个通用过程实现。

界面及运行效果如图 6-17 所示。界面上放置 2 个图片框分别用来显示排序前后的数

据,放置1个标签,Caption属性改为“输入个数”,1个文本框,2个按钮。

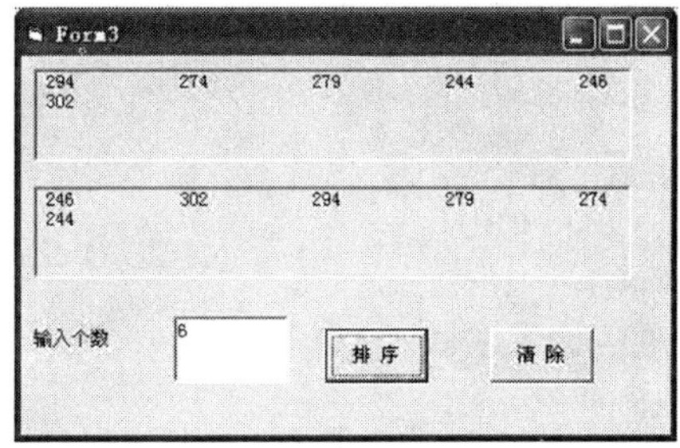

图6-17 运行效果图

主要代码如下:

```
Private a%(), n%    定义窗体模块级的动态数组A和变量N
Sub porder(b%(), ByVal m%)
    Dim i%, j%, t%, k%
    For i=1 To m-1
        k=1
        For j=i+1 To m
            If b(k) < b(j) Then k=j
        Next j
        If k <> i Then
            t=b(k)
            b(k)=b(i)
            b(i)=t
        End If
        Next i
End Sub
Private Sub Command1_Click()
    Call porder(a(), n)
    For k=1 To n
        Picture2.Print a(k),
        If k Mod 5=0 Then
            Picture2.Print
        End If
    Next k
End Sub
Private Sub Command2_Click()
    Text1.Text=""
    Picture1.Cls
    Picture2.Cls    Text1.SetFocus
End Sub
Private Sub Text1_KeyPress(KeyAscii As Integer)
```

```
    If KeyAscii=13 Then
        n=Val(Text1)
        ReDim a(n)
        For i=1 To n
            a(i)=Int(Rnd * 120+210)
            Picture1.Print a(i),
            If i Mod 5=0 Then
                Picture1.Print
            End If
        Next i
    End If
End Sub
```

6.10 本章小结

本章介绍了 VB 中事件过程、子过程和函数过程的建立、调用、参数传递、过程的嵌套和递归调用、过程和变量的作用域等。过程是构成 VB 程序的基本单位,可以将一个复杂问题分解成若干个简单的小问题而解决,即“分而治之”。

函数过程与子过程的区别是函数名有一个返回值,子过程名没有返回值,因此函数过程体必须对函数名赋值。

调用过程时,主调过程与被调过程之间将产生参数传递,有传值方式和传地址方式,注意两者区别。数组、用户自定义类型变量、对象变量只能使用传地址方式。

根据变量的定义位置和所使用的变量定义语句的不同,VB 中的变量分为 3 类,即局部(Local)变量、模块级(窗体级和标准模块级)变量、全局(Public)变量。根据过程的定义位置和所使用的过程定义的不同,可分为模块级过程和全局级过程。

本章所举实例中还涉及到了几种常用算法:顺序查找、折半查找、插入排序等。

6.11 思考和练习

1. 选择题

(1)可以在窗体模块的通用声明段中声明的是(　　)。

A. 全局常量　　B. 全局用户自定义类型

C. 全局数组　　D. 全局变量

(2)关于 Function 过程与 Sub 过程两者的异同,下列叙述错误的是(　　)。

A. Function 过程与 Sub 过程都有各自的变量声明和各自的过程体

B. Function 过程与 Sub 过程都必须有形参

C. Function 过程定义中必须为过程名赋值，而 Sub 过程不能为过程名赋值

D. Function 过程结果要返回一个函数值，Sub 过程可以没有数值返回

(3)若定义过程的参数传递方式为传值方式，用关键字(　　)。

A. ByVal　　B. ByAdr　　C. Val　　D. Dim

(4)参数是传值时，相应的实参不可以是(　　)。

A. 变量　　B. 常量　　C. 表达式　　D. 数组

(5)下面子过程语句说明合法的是(　　)。

A. Sub f1(ByVal n%())　　B. Sub f1(n%) As Integer

C. Function f1%(f1%)　　D. Function f1(ByVal n%)

(6)下面过程定义中正确的语句是(　　)。

A. Sub p1(n) As Integer　　B. Sub p1(ByVal a())

C. Function p1(p1)　　D. Function p1(ByVal x)

(7)若要在调用过程后通过参数返回两个结果，下面过程定义语句正确的是(　　)。

A. Sub p(a,b)　　B. Sub p (ByVal a,ByVal b)

C. Sub p(a,ByVal b)　　D. Sub p(ByVal a,b)

(8)设有如下说明：

```
Public Sub f1(n%)
        …
        n=3 * n+4
        …
End Sub
Private Sub Command1_Click()
    Dim n%,m%
    n=3
m=4
…
'调用 f1 语句
…
End Sub
```

则在 Command1_Click 事件中有效的调用语句是(　　)。

A. f1 n+m　　B. f1 m　　C. f1 5　　D. f1 m+5

(9)下面过程运行后显示的结果是(　　)。

```
Public Sub F1(n%, ByVal m%)
n=n Mod 10
m=m\10
End Sub
Private Sub Command1_Click()
Dim x%,y%
X=12: y=34
```

```
Call F1(x,y)
Print x,y
End Sub
```

A. 2　34　　B. 12　34　　C. 2　3　　D. 12　3

(10)如下程序,运行的结果是(　　)。

```
Public Sub Proc(a%())
    Static i%
    Do
        a(i)=a(i)+a(i+1)
        i=i+1
    Loop While i < 2
End Sub
Private Sub Command1_Click()
    Dim m%, i%, x%(10)
    For i=0 To 4
        x(i)=i+1
    Next i
    For i=1 To 2
        Call Proc(x)
    Next i
    For i=0 To 4
        Print x(i),
    Next i
End Sub
```

A. 3　4　7　5　6　　B. 3　5　7　4　5

C. 2　3　4　4　5　　D. 4　5　6　7　8

(11)单击命令按钮时,下列程序代码的执行结果是(　　)。

```
Function firproc(x As Integer,y As Integer,z As Integer)
    firproc=2*x+y+3*z
End Function
Function secproc(x As Integer,y As Integer ,z As Integer)
    secproc=firproc(z,x,y)+x
End Function
Private Sub Command1_Click()
    Dim a As Integer,b As Integer,c As Integer
    a=2:b=3:c=4
    print secproc(c,b,a)
End Sub
```

A. 21　　B. 19　　C. 17　　D. 34

(12)单击一次命令按钮之后,下列程序代码的执行结果为(　　)。

```
Private Sub Command1_Click()
    s=p(1)+p(2)+p(3)+p(4)
    Print s;
End Sub
Public Function p(n As Integer)
    Static sum
    For i=1 To n
        sum=sum+i
    Next i
    p=sum
End Function
```

A. 20　　B. 35　　C. 115　　D. 135

(13)如下程序,运行的结果是(　　)。

```
Private SubCommand1_Click()
    Print p1(3, 7)
End Sub
Public Function p1! (x!, n%)
    If n=0 Then
        p1=1
    Else
        If n Mod 2=1 Then
            p1=x * p1(x, n \ 2)
        Else
            p1=p1(x, n \ 2) \ x
        End If
    End If
End Function
```

A. 27　　B. 7　　C. 14　　D. 18

(14)如下程序,运行的结果是(　　)。

```
Dim a%, b%, c%
Public Sub p1(x%, y%)
    Dim c%
    x=2 * x: y=y+2: c=x+y
End Sub
Public Sub p2(x%, ByVal y%)
    Dim c%
    x=2 * x: y=y+2: c=x+y
End Sub
```

```
Private SubCommand1_Click()
    a=3: b=4: c=6
    Call p1(a, b)
    Print "a="; a; "b="; b; "c="; c
    Call p2(a, b)
    Print "a="; a; "b="; b; "c="; c
End Sub
```

A. a=3 b=4 c=6
   a=6 b=6 c=10

B. a=6 b=6 c=6
   a=3 b=4 c=6

C. a=6 b=6 c=6
   a=12 b=6 c=6

D. a=3 b=4 c=6
   a=12 b=6 c=6

2. 填空题

(1)在 VB 中,过程定义中有两种传递形式的参数:一种是________,称为传值调用;另一种是________,称为传址调用。

(2)函数过程定义中至少有一个赋值语句把表达式的值赋给________。

(3)若模块中以关键字 Public 定义子过程,则在________中都可以调用该过程。

(4)每一个用标识符定义的变量、常量、过程都有一个有效范围,这个范围称为标识符的________。

(5)指定过程中变量的值在退出过程后仍保留其值,定义变量时需用关键字________。

(6)下列程序的运行结果是________。

```
Private Sub Command1_Click()
    Dim a As Integer, b As Integer, c As Integer
    Call s(8, 6, a)
    Call s(7, a, b)
    Call s(a, b, c)
    print "a="; a, "b="; b, "c="; c
End Sub
Private Sub s(x As Integer, y As Integer, z As Integer)
    z=y-x
End Sub
```

(7)下列程序运行后,单击命令按钮,则在文本框中显示的内容是________。

```
Public Sub fun(a(), ByVal x As Integer)
    for i=1 To 5
        x=x+a(i)
next
End Sub
Private SubCommand1_Click()
    Dim arr(5) As Variant
    for i=1 To 5
```

```
        arr(i)=i
    next
    n=12
    Call fun(arr(), n)
    Text1.text=n
End Sub
```

(8)以下程序用来计算 1 至指定数(由调用程序传入)之间所有奇数的和,将程序补充完整。

```
Function mult(________)
Dim Sum As Integer
Sum=0
Dim i As Integer
For i=1 To ________
If i Mod 2 ________ Then ________
Next i
mult=Sum
End Function
```

若要计算并输出 100 之内所有奇数的和,则正确的调用语句是________。

3. 编程题

(1)实现交换两个数的过程。要求用传值和传址的参数传递方式,用 Sub 子过程实现交换两个数的功能。

提示:交换两个数的算法,借助于第三个变量实现两个数的交换。定义两个 Sub 子过程,一个用来实现传值,一个用来实现传址。

(2)判断某数是否是水仙花数。要求:用函数实现。

提示:如果一个数的各位数的立方和等于这个数,则这个数就是水仙花数。

第七章
常用控件及界面设计

应用程序界面是程序与用户交互的平台,因此设计一个好的应用程序界面是十分必要的。“控件”是在图形用户界面(GUI)上输入输出信息,启动事件程序等交互操作的图形对象,是进行可视化程序设计的基础和重要工具。对于复杂的应用程序,仅仅使用前面章节介绍的控件是远远不够的。在 VB 中,控件分为两类:一类是标准控件,在工具箱中默认显示,如标签、文本框等一共 20 个,不能从工具箱中删除;另一类是 ActiveX 控件,它是一种 ActiveX 部件,ActiveX部件是可以重复使用的编程代码和数据,它是扩展名为.OCX 的独立文件。本章将介绍几种常用控件的属性事件和方法,通过实例使读者能够掌握并会使用控件进行应用程序的设计。

学习目标

学完本章后,您应:

(1)掌握复选框、列表框、组合框、滚动条、进度条、图像框、计时器、通用对话框、菜单等控件的常用属性、事件和方法及其使用。

(2)了解界面设计的一般原则。

本章重难点

1. 本章重点

(1)列表框和组合框的区别及其使用。

(2)图像框、图形框的区别及其使用。

(3)计时器控件的灵活运用。

2. 本章难点

(1)界面设计中控件的合理选择及其布局原则。

(2)游戏编程的方法。

7.1 案例引入及分析

在 Microsoft Word 2010 中，打开“字体”对话框，如图 7-1 所示。

图 7-1　字体对话框

在图 7-1 所示的窗体中，不仅有前面介绍的标签、按钮控件，还有其他的一些控件，如复选框、列表框和选项卡控件等。

在界面设计时，选择既符合程序功能，又能与当前界面协调的控件，能增强应用程序的可用性。本章将通过实例介绍其他几种常用控件的使用方法。

7.2 复选框

复选框(CheckBox)也称作检查框、选择框。一组复选框控件可以提供多个选项，它们彼此独立工作，所以用户可以同时选择任意多个选项，实现一种“不定项选择”的功能。选择某一选项后，该控件将显示“√”，而清除此选项后，“√”消失。在 VB 工具箱面板上，复选框控件的图标是☑。复选框控件默认名称为 CheckX(X 为 1、2、3 等)。

复选框同单选按钮一样，也是选择类控件，因此大部分属性的含义与单选钮相同。它的核心属性就是 Value，可设置为以下 3 种值：

值为 0——Unchecked 表示没有选中(默认值)，“√”消失；

值为 1——Checked 表示被选中，复选框将显示“√”；

值为 2——Grayed 表示禁止用户选择，显示为灰色。

例 7-1 本实例实现设置字体的功能，在程序运行时，选择字体、字号、效果和颜色后单击【确定】按钮，文本框内的文字就会显示设置的效果，如图 7-2 所示。

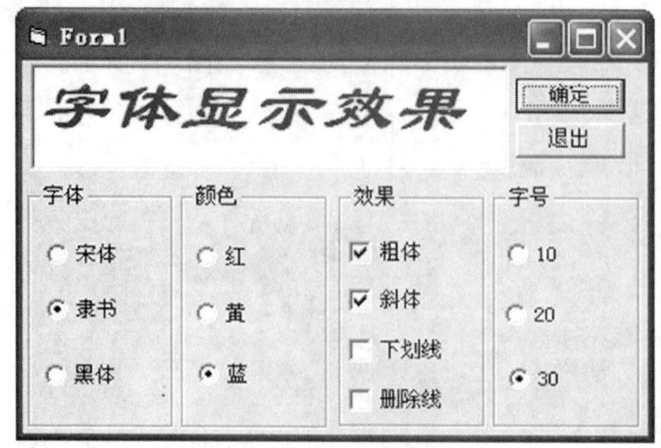

图 7-2 字体设置程序界面

程序的主要代码如下：

```
Private Sub Command1_Click()                    '【确定】按钮的 Click 事件
    For i=0 To 2
        '判断单选按钮 Value 值是否为 True
        If Option1(i). Value=True Then
            '文本框的字体名称为单选按钮的标题
            Text1. FontName=Option1(i). Caption
        End If
        If Option3(i). Value=True Then              '判断单选按钮的 Value 值是否为 True
            Text1. FontSize=Val(Option3(i). Caption)
        End If
    Next i
    Text1. FontBold=Check1. Value                    '是否为粗体
    Text1. FontItalic=Check2. Value                  '是否为斜体
    Text1. FontUnderline=Check3. Value               '是否有下划线
    Text1. FontStrikethru=Check4. Value              '是否有删除线
    If Option2(0). Value=True Then Text1. ForeColor=vbRed
    If Option2(1). Value=True Then Text1. ForeColor=vbYellow
    If Option2(2). Value=True Then Text1. ForeColor=vbBlue
End Sub
```

在上述代码中使用了控件数组，利用循环语句查找被选中的单选按钮，单选按钮的 Caption 属性值恰好可以作为文本的字体名称(或字号大小)，所以直接使用单选按钮的 Caption 属性值为文本框的字体和字号大小赋值。对于字体效果的设置使用了复选框，当复选框被选中时，也就选择了该字体效果，所以使用复选框当前的 Value 值为文本框字体效果属性赋值。

7.3 列表框和组合框

7.3.1 列表框

VB 提供了列表框控件(ListBox)以供用户进行多个项目的选择。在工具箱面板上，列表框控件的图标是。在任何时候，用户都能看到列表框中的多个项目，当列表框中的项目太多，不能直接显示出所有的项目时，VB 将自动给列表框加一个垂直滚动条，使用户可以上下滚动列表，以浏览所有的选项。

列表框控件名默认为 ListX(X 为阿拉伯数字 1、2、3 等)。

1. 列表框的常用属性

(1)Columns 属性

该属性确定列表框的列数，只能在界面设置时使用。当属性值为 0(默认值)时，以单列显示，在项目条数较多不能全部显示出来时，自动添加垂直滚动条；当属性值为大于 0 的数值时，列表框中显示指定的列数，并添加水平滚动条。如图 7-3 所示，窗体上右边的列表框的Columns属性为 3。

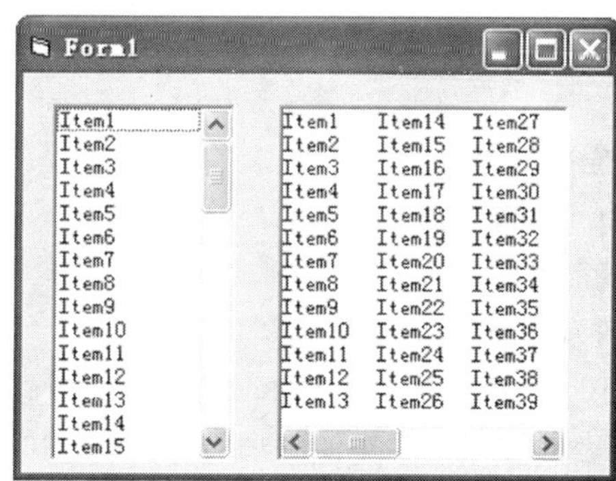

图 7-3　Columns 属性设置效果

(2)List 属性

List 属性用于设置或返回列表中的项目。例如：List1. List(2)表示列表框 List1 中第三项的值，列表框中的第十项，用 List(9)表示，以此类推。

特别注意，列表框中的第一项，是 List(0)，而不是 List(1)。

(3)ListCount 属性

ListCount 属性用于返回列表框中的项目个数，只能在程序中使用。列表框项目的排列序号从 0 开始，最后一项的序号为 ListCount－1。

(4)ListIndex 属性

ListIndex 属性用于返回或设置控件中当前选择项目的索引值，在程序设计时不可用。第一项项目的索引号为 0，第二项为 1，依此类推，ListCount 始终比最大的 ListIndex 值大 1。如果没有项目被选中，该属性值为－1。

(5)MultiSelect 属性

MultiSelect 属性决定能否在列表框中选择多个选项，只能在界面设置时指定。

值为 0 时，每次只能选择一项，如果选择另一项则会取消对前一项的选择。

值为 1 时，表示可以同时选择多个选项，但功能不如值为 2。

值为 2 时，是功能最强大的多重选择，可以结合 Shift 键或 Ctrl 键完成多个项目的多重选择。方法是：单击所要选择的范围的第一项，然后按住 Shift 键，再单击选择范围最后一项，可以选择指定范围内的选项。如果按住 Ctrl 键，并单击列表框中的项目，则可不连续地选择多个项目。

(6)Style 属性

Style 属性只能在界面设置时定义，确定列表框的外观。

共有两个值：值为 1——Standard，为标准型；值为 2——CheckBox，复选框型。

设置效果如图 7-4 所示，窗体上右边的列表框 Style 属性值为 1。

2. 列表框的常用方法

(1)添加项目：AddItem 方法

格式：对象名. Additem 字符串 [,索引值]

功能：用来向列表框中添加项目。索引值指定了添加的项目在列表框中位置，如果省略了索引值，则项目添加到列表框的最后。

(2)清除全部项目：Clear 方法

格式：对象名. Clear

功能：清除列表框中的全部内容。

(3)删除项目：RemoveItem 方法

格式：对象名. Additem 索引值

功能：用来删除列表框中索引值指定的项目。

例 7-2 在第 5 章例 5-12 中，利用 2 个文本框实现了从 1 个文本框中随机抽取数据到第 2 个文本框中。本例采用列表框控件实现类似的功能。

本实例实现单击按钮后随机地将左边列表框中的项目添加到右边列表框中，每次抽取 5 个数据。程序运行效果如图 7-5 所示。

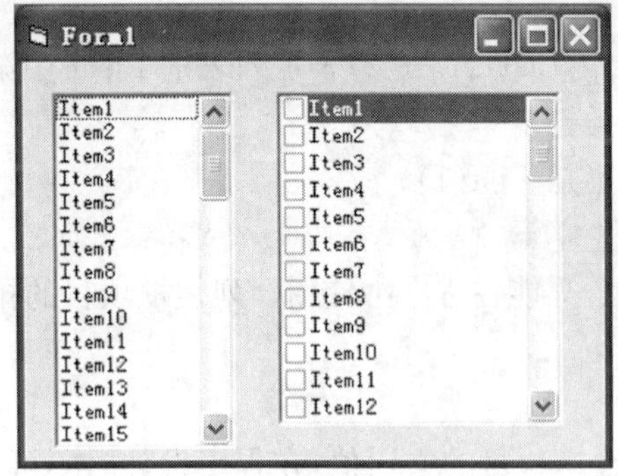

图 7-4 Style 属性设置效果

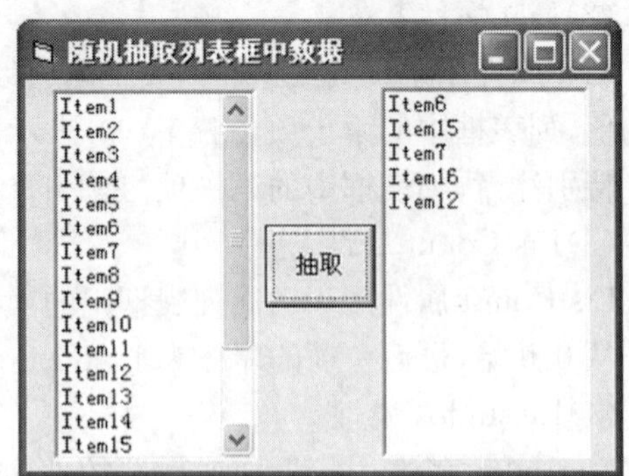

图 7-5 随机抽取列表框中的数据

程序代码如下：

```
Private Sub Form_Load()
    Dim i As Integer
    For i=1 To 20                       '使用循环语句向组合框中添加项目
        List1. AddItem "Item" & i
    Next i
End Sub
Private Sub Command1_Click()
    Dim i As Integer
    List2. Clear                         '清空列表框内容
    Randomize
    For i=0 To 4
        '将随机选择的数据添加到列表框 2 中
        List2. AddItem List1. List(Rnd * (List1. ListCount-1))
    Next i
End Sub
```

7.3.2　组合框

组合框(ComboBox)是文本框(TextBox)和列表框(ListBox)的组合，在默认情况下带有一个下拉按钮，单击该下拉按钮，将显示组合框的下拉列表框。可以在组合框的文本框中输入文本内容，在下拉列表框中选择相应的项目。组合框在 VB 工具箱面板中的图标是▤。

列表框的大部分属性都可用于组合框，此外，组合框还有自己特有的重要属性，如 Style 属性。

Style 属性用于指定组合框的显示类型和行为，在程序运行时是只读的。下面对其属性值进行介绍。

(1)当值为 0 时，组合框称为“下拉式组合框”(DropDown Combo)。程序运行时，列表框部分被隐藏，可以单击右侧的三角按钮，在弹出的下拉列表中来选择项目，选中的项目将显示在文本框中。

(2)当值为 1 时，组合框称为“简单组合框”(Simple Combo)，由可以输入文本的编辑区与一个标准列表框组成。程序运行时，列表框部分一直显示，框的大小由创建时的大小决定，不能改变。即可以在列表框中选择项目，也可以在上面的文本框中输入内容。

(3)当值为 2 时，组合框称为“下拉式列表框”(Dropdown ListBox)，它的右边有个箭头，可供“拉开”或“收起”操作。下拉式列表框与 Style 值为 0 时的下拉式组合框外观完全相同，不同的是，下拉式组合框可以通过输入文本的方法在表项中进行选择，下拉式列表框不允许用户在文本框中输入内容。

设置 Style 属性的显示效果如图 7-6 所示。

例 7-3　本实例实现当程序运行时，单击【添加项目】按钮，弹出输入对话框，输入要添加到组合框中的内容，单击【确定】按钮，即可将其添加到 Combo1 中；选择要移除的项目，单击【移除项目】按钮，即可移除所选项目。程序运行效果如图 7-7 所示。

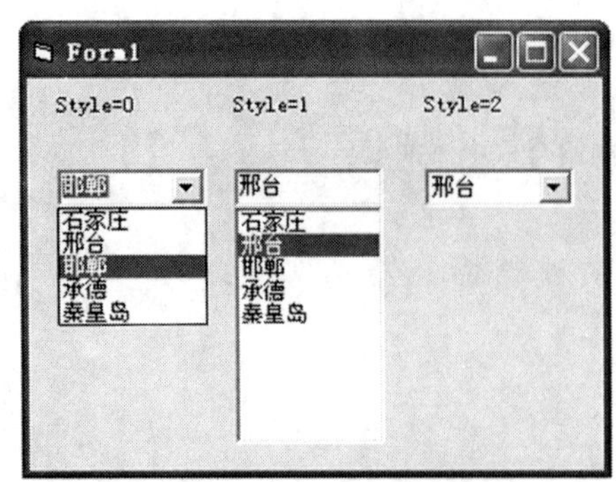

图 7-6　设置 Style 属性效果

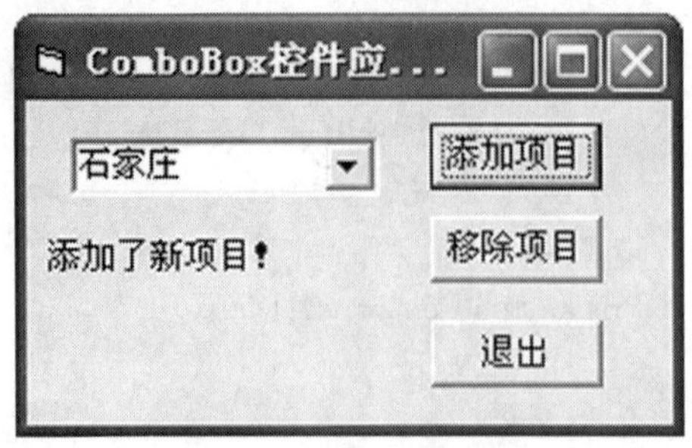

图 7-7　ComboBox 控件应用实例

主要代码如下：

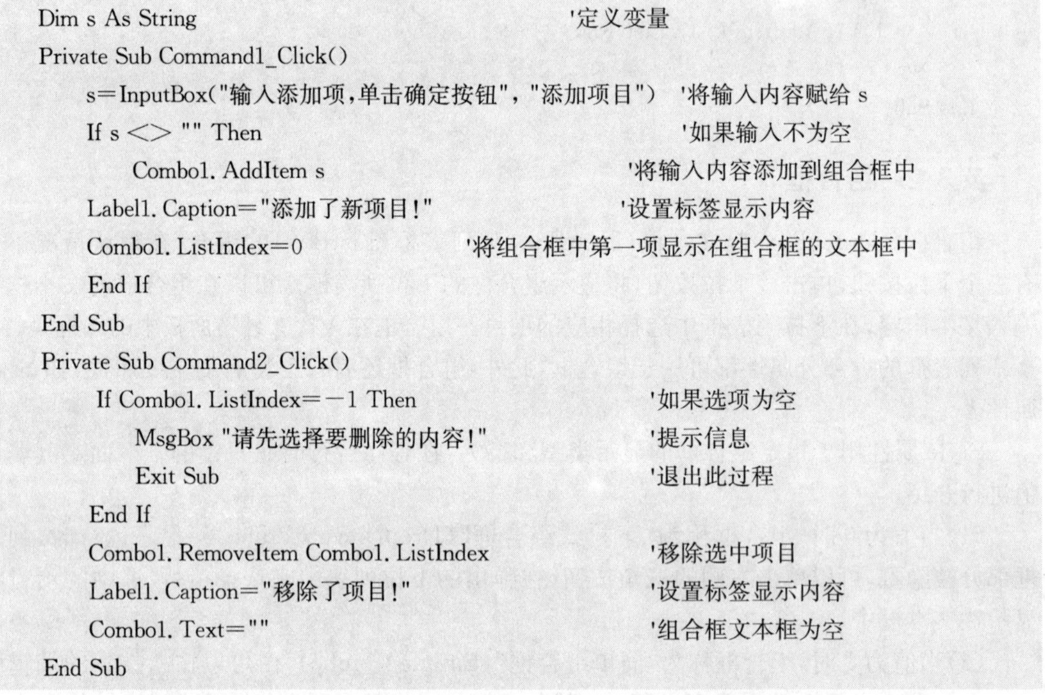

```
Dim s As String                                          '定义变量
Private Sub Command1_Click()
    s=InputBox("输入添加项,单击确定按钮", "添加项目")     '将输入内容赋给 s
    If s <> "" Then                                      '如果输入不为空
        Combo1. AddItem s                                '将输入内容添加到组合框中
    Label1. Caption="添加了新项目!"                       '设置标签显示内容
    Combo1. ListIndex=0                 '将组合框中第一项显示在组合框的文本框中
    End If
End Sub
Private Sub Command2_Click()
    If Combo1. ListIndex=-1 Then                         '如果选项为空
        MsgBox "请先选择要删除的内容!"                    '提示信息
        Exit Sub                                         '退出此过程
    End If
    Combo1. RemoveItem Combo1. ListIndex                 '移除选中项目
    Label1. Caption="移除了项目!"                         '设置标签显示内容
    Combo1. Text=""                                      '组合框文本框为空
End Sub
```

7.4 滚动条和进度条

7.4.1　滚动条

滚动条分为水平滚动条(HscrollBar)与垂直滚动条(VscrollBar)两种,这两种滚动条为在应用程序或控件中的水平或垂直滚动提供了便利,在信息量很大而控件又没有自动添加滚动条功能时,可以利用滚动条来提供便利的定位。

水平滚动条和垂直滚动条只是方向不同,其结构和操作是一样的,即有着相同的属性、事件和方法。

1. 滚动条控件的属性

(1)Max 与 Min 属性

滚动条的值以整数形式表示,它们的取值范围为−32767～32767。默认状态下,Max 值为 32767,Min 值为 0。它们既可以在界面设计过程中予以指定,也可以在程序运行中予以改变。

滚动块处于最右边(水平滚动条)或最下边(垂直滚动条)时返回的值就是最大值;滚动块处于最左边或最上边,返回的值最小,如图 7-8 所示。

(2)Value 属性

返回或设置滚动滑块在当前滚动条中的位置,如图 7-8 所示。

Value 值可以在设计时指定,也可以在程序运行中改变,但不能设置为 Max 和 Min 范围之外的值。

(3)SmallChange 属性

单击滚动条左右两端的箭头时,滚动条控件的 Value 值的改变量就是 SmallChange,如图 7-8 所示。

(4)LargeChange 属性

单击滚动条滚动滑块前面或后面的空白区域时,引发 Value 值的改变量,就是 LargeChange,如图 7-8 所示。

2. 滚动条控件的事件

与滚动条控件相关的事件主要是 Scroll 与 Change,当在滚动条内拖动滚动滑块时,会触发 Scroll 事件(注意在单击滚动条两端的箭头或单击滚动条滑块前后的空白区域时不发生 Scroll 事件);当滚动滑块发生位置改变时,则会触发 Change 事件。Scroll 事件用来跟踪滚动条中的动态变化,Change 事件则用来得到滚动条最后的值。

例 7-4 利用滚动条为文本框输入数值,程序运行界面如图 7-9 所示。当单击【计算】按钮时,计算并在标签中显示它们的和及平均值。

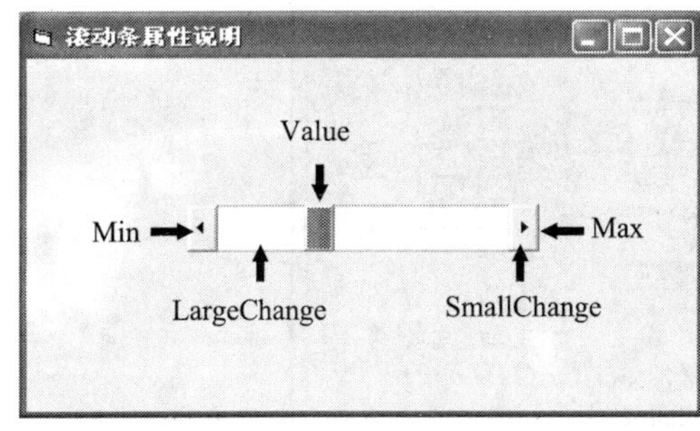

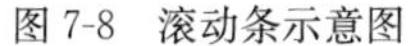
图 7-8 滚动条示意图

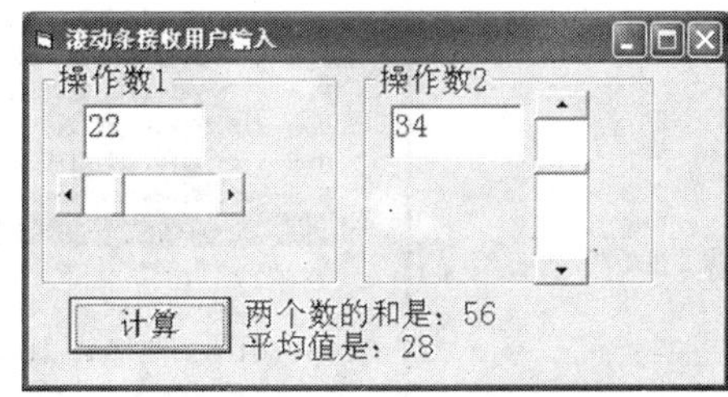

图 7-9 滚动条接收用户输入

在图 7-9 中,将两个滚动条的 Min 属性都设为 0,Max 属性都设为 100。

主要代码如下:

```
Private Sub Command1_Click()
Dim x%, y%, s%, v!
```

```
    x=Val(Text1)             '把两个文本框里值取出来存到变量里去
    y=Val(Text2)
    s=x+y                    '然后做加法运算
    v=s / 2'                 求平均值
    Label1. Caption="两个数的和是:" & s & Chr(13) & "平均值是:" & v
                             '结果放到标签里显示
End Sub
Private Sub HScroll1_Change()
    Text1=HScroll1. Value    '将水平滚动条的当前值赋给 text1. text
End Sub
Private Sub VScroll1_Change()
    Text2=VScroll1. Value    '将垂直滚动条的当前值赋给 text2. text
End Sub
```

注意:尽管拖动滑块会引起 Value 属性的变化,从而触发 Change 事件,但在滚动条内拖动滑块的过程中,并不发生 Change 事件,此时将触发 Scroll 事件。在实际编程时,常用 Scroll 事件来跟踪滚动条在拖动时数值的变化。由于在单击滚动条或滚动箭头时,将产生 Change 事件,因此常利用 Change 事件来获得滚动条变化后的最终值。

7.4.2 进度条

ProgressBar 控件常用于监视一个较长操作完成的进度,它通过从左到右采用一些方块填充矩形的形式来表示操作处理的进程。该控件属于 ActiveX 控件,用户在使用 ActiveX 控件之前,需先将它加载到工具箱中,方法是:

(1)执行"工程"→"部件"命令,打开如图 7-10 所示的对话框。

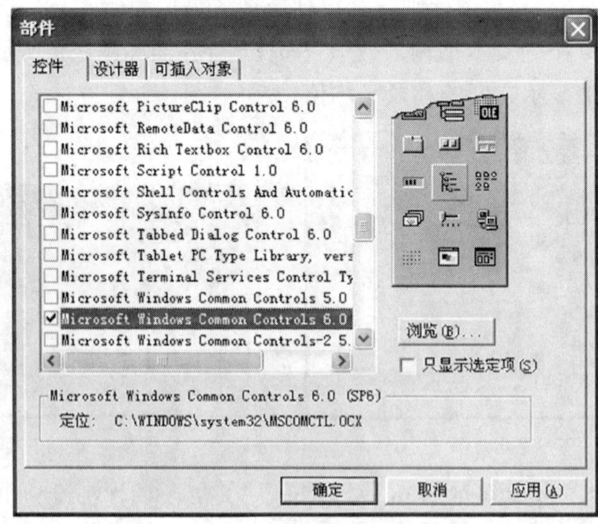

图 7-10 "部件"对话框

(2)选中所需的 ActiveX 控件左边的复选框,ProgressBar 控件属于 Microsoft Windows Common Controls 6.0,因此选中它前面的复选框。

(3)单击【确定】按钮，则该部件就添加到“工具箱”窗口中，进度条控件的名称为ProgressBarX。

1. 进度条控件的属性

(1)Max 与 Min 属性

用于设置控件的界限。

(2)Value 属性

该属性决定控件被填充多少。当显示某个操作的进展情况时，Value 属性将持续增长，直到达到由 Max 属性定义的最大值。这样该控件显示的填充块的数目总是 Value 属性与 Min 和 Max 属性之间范围的比值。

在对进度条控件进行编程时，必须首先确定 Value 属性上升的界限，即 Max 属性值。

(3)Align 属性

该属性决定进度条在窗体上的显示位置。取值范围为 0～5，默认值为 0。

2. 进度条控件的事件

进度条支持 MouseDown、Click 和 DragDrop 等多个事件过程，但通常不需要写自身的事件过程代码，往往与其他控件“捆绑”在一起使用。

例 7-5　制作一个进度条，对一个大数组进行冗长的操作，利用进度条来体现操作的进度。程序界面如图 7-11 所示。

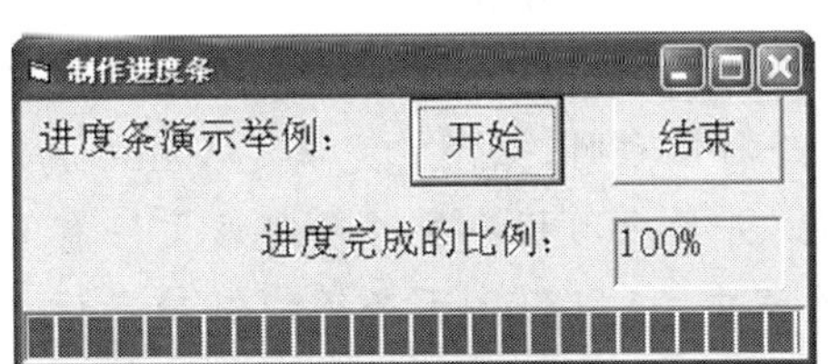

图 7-11　制作进度条

分析：当显示某个操作的进展情况时，Value 属性将持续增长，直到达到了由 Max 属性定义的最大值。本例中要求必须有足够长的运算时间，否则进度条效果不容易观察到，但是在设置数组时不要超出数组能够接受的最大长度。

主要代码如下：

```
Private Sub Form_Load()
  ProgressBar1. Align=vbAlignBottom   '设置进度条在窗体的位置
  ProgressBar1. Visible=False
End Sub
Private Sub Command1_Click()
  Dim i As Integer
  Dim s(25000) As String
  ProgressBar1. Min=LBound(s)               '设置最小值
  ProgressBar1. Max=UBound(s)               '设置最大值
  ProgressBar1. Visible=True
  ProgressBar1. Value=ProgressBar1. Min     '设置进度的值为 Min。
```

```
    For i=LBound(s) To UBound(s)                '在整个数组中循环。
      '设置数组中每项的初始值
      s(i)="Initial value" & i                  '设置数组中每项的初始值。
      ProgressBar1. Value=i                     'Value 属性将持续增长
      If i Mod 100=0 Then                       '显示进度条完成的比例情况
        Picture1. Cls
        Picture1. CurrentX=0
        Picture1. CurrentY=0
        '以百分比形式显示完成情况,结果在图片框里显示
        Picture1. Print Format(ProgressBar1. Value / UBound(s), "00%")
      End If
      Next i
      ProgressBar1. Visible=False               '进度条完成后隐藏
  End Sub

  Private Sub Command2_Click()
  End
  End Sub
```

Command1_Click 事件中,通过 LBound 和 UBound 属性获得数组的下界和上界,并赋值给进度条的 Min 和 Max 属性,使进度条与数组之间设置好了关联。

注意:*在对进度条控件进行编程时,必须首先确定 Value 属性上升的界限,即 Max 属性值。例如如果正在下载文件,并且应用程序能够确定该文件有多大,那么可将 Max 属性设置为此值;在该文件下载过程中,应用程序还必须能够确定该文件已经下载了多少,并将 Value 属性设置为此值。*

7.5 计时器

在 Windows 应用程序中常要用到时间控制的功能,如在程序界面上显示当前时间,或者每隔多长时间触发一个事件等。VB 中的 Timer 控件就是专门解决这方面问题的控件。Timer 控件在工具箱面板上的图标是 。

在窗体上绘制 Timer 控件跟其他控件不同的是,无论你绘制的矩形有多大,Timer 控件的大小不变。另外,Timer 控件只有在程序设计过程中显示,在程序运行时是不显示的。

1. Timer 控件的属性

(1)Interval 属性

设定计时器的时间间隔,是 Timer 控件最重要的属性。

其语法格式:Timer. Interval =X,其中,X 代表具体的时间间隔。

Interval 属性决定了时钟事件之间的间隔,以毫秒为单位,取值范围为 0～65535,因此其最大时间间隔不能超过 65 秒,即一分钟多一点的时间。如果把 Interval 属性设置为

1000,则表示每秒钟触发一个 Timer 事件。

(2)Enabled 属性

设置计时器是否响应用户的 Timer 事件。如果 Enabled 属性值设为 False,则不管 Interval 属性值是否为 0,计时器都不起作用。

2. Timer 控件的 Timer(定时)事件

Timer 控件经过预定的时间间隔,将激发自身的 Timer 事件。使用 Timer 事件可以完成许多实用功能,如显示系统时钟、制作动画等等。

例 7-6 用一个计时器控件控制蝴蝶在窗体内飞舞,程序运行界面如图 7-12 所示。

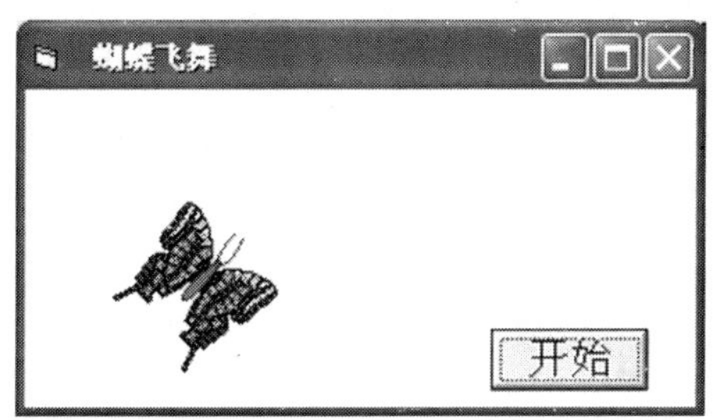

图 7-12 蝴蝶向右上方飞翔

分析:本例使用计时器控件结合 Move 方法使图像交替在窗体内移动,从而出现蝴蝶飞舞的动画效果。每次使用 Move 方法之前都把下一个图像要到的坐标值设置好,并且要两张图像轮流交替出现。由于人眼有短暂的视觉停留,看不到交替的过程,所以看起来有动态效果。

本例中除了使用计时器控件外,还用到了图像框(Image)控件来显示蝴蝶,图像框在工具箱中的图标样式是▣。

主要程序代码如下:

```
Private Sub Command1_Click()
  Timer1. Enabled=True          '开启计时器
End Sub

Private Sub Timer1_Timer()
  Static i, x, y As Integer
  Image1(i). Visible=True         '两张图片轮流显现
  x=Image1(i). Left+200 * Rnd    '设置图像移动的新位置
  y=Image1(i). Top-100 * Rnd     '会使图像向右上方向移动
  i=(i+1) Mod 2                   '因为使用控件组所以控制下标不越界
  Image1(i). Visible=False        '两张图像不能同时显示
  Image1(i). Move x, y            '用 Move 方法使两个图像框分别移动
End Sub
```

计时器的 Interval 属性直接决定了蝴蝶翅膀振动频率的快慢,也就是两张图片交替的快慢,其值越小振动的越快。

本例使蝴蝶向右上方飞翔,可以稍作修改即可令飞翔的方向发生改变,另外,本例中如果蝴蝶飞出窗体并没有再重新定位,读者可以再添加代码完成这个功能。

本例使用了图像框(Image)来显示蝴蝶的图片,而利用前面章节介绍的图形框控件也能显示图片,应注意两者如下的区别:

(1)图形框是"容器"控件,可以作为父控件,其他控件可以作为图形框的子控件。而图像框不能作为父控件,其他控件不能作为图像框的子控件。

(2)图形框可以通过 Print 方法显示与接收文本,而图像框不能。

(3)图像框比图形框占用内存少,显示速度更快一些,因此,在图形框与图像框都能满足设计需要时,应该优先考虑使用图像框。

(4)图像框和图形框在图像的自适应问题上的处理有所不同,PictureBox 用 AutoSize 属性控制图形框的尺寸以适应图片的大小,而 Image 控件则用 Stretch 属性控制图片的缩放以适应控件的大小。

7.6 通用对话框

在应用程序中经常会用到一些通用对话框,如打开和保存文件、打印和设置字体对话框等,使用这些标准对话框可以减少编程工作量。

通用对话框控件是一个 ActiveX 控件,位于 C:\Windows\System\Comdlg32. ocx 中,名称为 Microsoft Common Dialog Control6. 0。添加该部件后,工具箱中会出现对话框控件(CommonDialog)的图标。

在应用程序中使用通用对话框控件,需要将它添加到窗体中。由于在程序运行时看不见通用对话框控件,因此可以将它放到窗体的任何位置。

下面是通用对话框的常用属性和方法。

1. Action 属性和 Show 方法

在运行程序时,通用对话框可以显示一个对话框或是执行帮助引擎。所显示的对话框由 Action 属性和 Show 方法决定。共有 6 种方法制定相应的对话框,如表 7-1 所示。

Action 属性和 Show 方法 表 7-1

Action 属性值	Show 方法	说明
1	ShowOpen	显示文件"打开"对话框
2	ShowSave	显示文件"另存为"对话框
3	ShowColor	显示"颜色"对话框
4	ShowFont	显示"字体"对话框
5	ShowPrinter	显示"打印"对话框
6	ShowHelp	显示 Windows"帮助"对话框

2. DialogTitle(对话框标题)属性(图 7-13)

该属性用于设置对话框的标题,默认为"打开"或"另存为"。

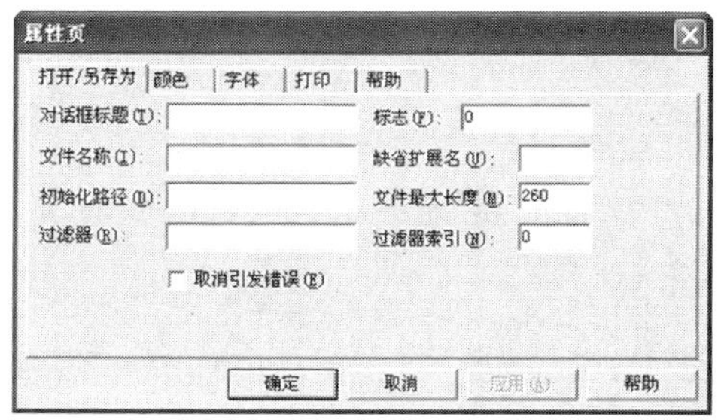

图 7-13　“属性页”对话框

3. CancelError 属性

值为 True 时，选择取消按钮，出现错误警告。

值为 False 时，选择取消按钮，没有错误警告。

注意：通用对话框仅用于应用程序与用户之间进行信息交互，是输入输出的界面，不能真正实现文件打开、文件存储、设置颜色、字体设置、打印等操作，如果想要实现这些功能则需要编程实现。

7.6.1　“打开”对话框

打开文件是 Windows 应用程序中常用的操作。“打开”对话框可以用来指定文件所在的驱动器、文件夹及文件名、文件扩展名，如图 7-14 所示。

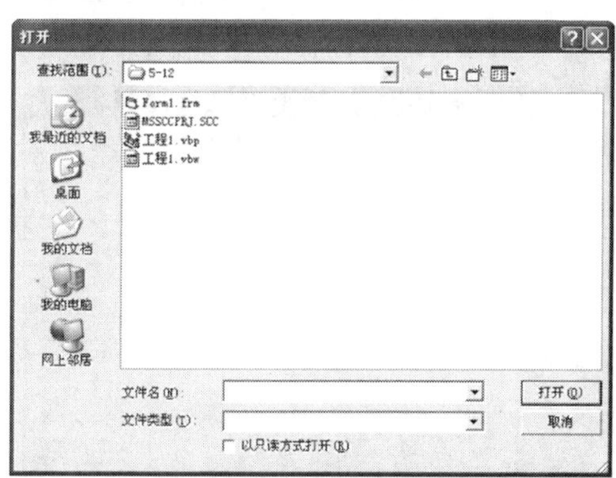

图 7-14　“打开”对话框

1. 显示打开对话框

格式：

```
对话框.ShowOpen
```

或

```
对话框.Action=1
```

2. 打开对话框的属性

(1)FileName 属性

用来设置或返回要打开或保存的文件的路径和文件名。

(2)FileTitle 属性

文件名,不包含路径。

(3)Filter 属性

该属性用于设置对话框中文件的类型。

Filter 属性的语法格式为:

```
[窗体.]对话框名.Filter=描述符 1|过滤器 1|描述符 2|过滤器 2……
```

例如,要在打开对话框的"文件类型"列表框中显示指定的 3 种文件类型,则对话框的 Filter属性应设置为:CommonDialog1.Filter="Word 文档|*.doc|文本文件|*.txt|所有文件|*.*"。

(4)FilterIndex 属性

该属性指定文件列表中指定的文件类型。

如例 7-6,如果在打开对话框的文件类型列表框中,要默认显示"文本文件",则需要设置对话框的 FilterIndex 属性为:CommonDialog1.FilterIndex=2

(5)InitDir 属性

初始化路径。用来指定"打开"对话框的初始目录。

7.6.2 "另存为"对话框

通过通用对话框的 ShowSave 方法或者将 Action 属性设置为 2,可以显示"另存为"对话框。"另存为"对话框可以用来指定文件所要保存的驱动器、文件夹及文件名,如图 7-15 所示。

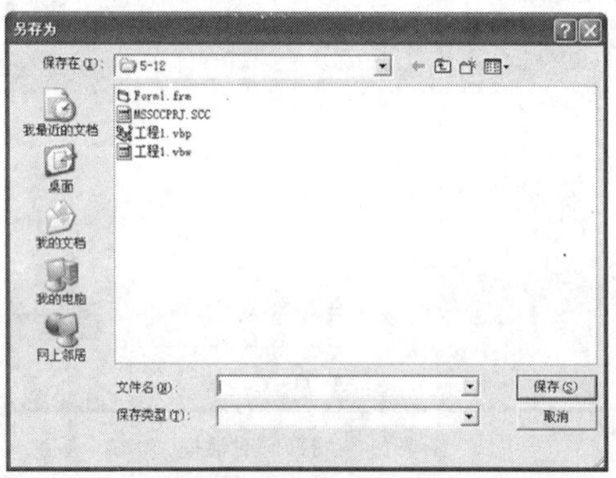

图 7-15 "另存为"对话框

使用"另存为"对话框的方法及属性设置与"打开"对话框十分相似。例如,利用 FileName 属性可以设置保存文件的文件名及路径。只有一个属性 DefaultExt 时,可用于设置默认的扩展名。

7.6.3 "颜色"对话框

通过通用对话框的 ShowColor 方法或者将 Action 属性设置为 3,可以显示"颜色"对话框,如图 7-16 所示。"颜色"对话框用来在调色板中选择颜色,或者创建自定义颜色。运行时选定颜色并关闭对话框后,可用 Color 属性得到所选的颜色。

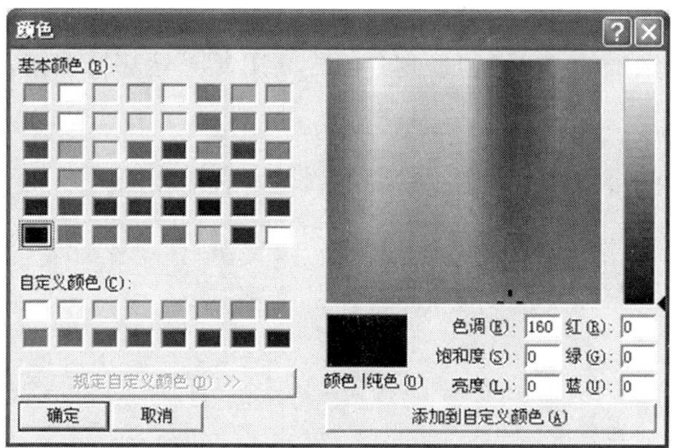

图 7-16　“颜色”对话框

例如，用变量 Select_Color 保存选定的颜色值，程序可写成：

```
Select_Color=CommonDialog1.Color
```

7.6.4　“字体”对话框

通过通用对话框的 ShowFont 方法或者将 Action 属性设置为 4，可以显示“字体”对话框。该对话框用以通过指定字体、大小、颜色、样式设置字体，如图 7-17 所示。

使用通用对话框控件建立字体对话框之前，必须设置 Flags 属性值，Flags 属性值的含义见表 7-2。该属性通知 CommonDialog 控件是否显示屏幕字体、打印机字体或两者皆有之。否则，VB 将报告图 7-18 所示信息。

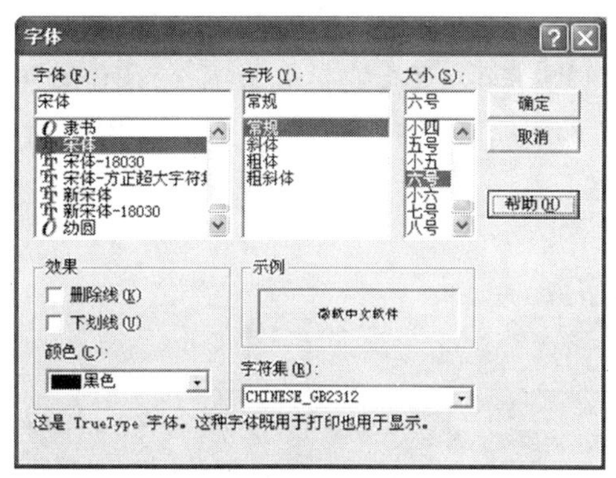

图 7-17　字体对话框

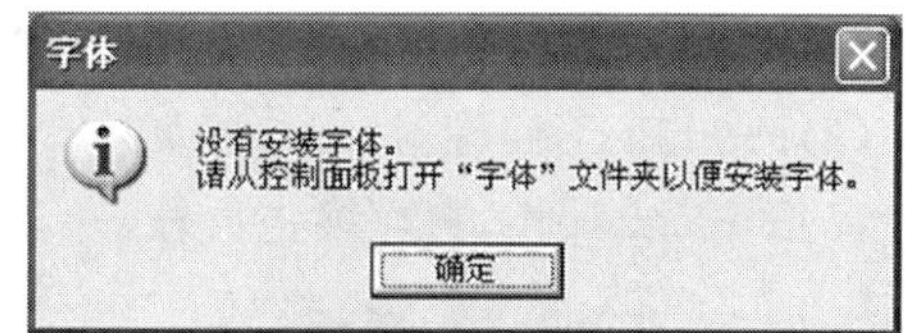

图 7-18　没有设置 Flags 属性

字体对话框 Flags 属性值的含义　　表 7-2

属 性 值	符 号 常 量	含　义
1	cdlCFScreenFonts	只显示屏幕字体
2	cdlCFPrinterFonts	只显示打印机字体
3	cdlCFBoth	显示屏幕字体和打印机字体
4	cdlCFShowHelp	显示一个“Help”按钮
256	cdlCFEffects	显示删除线、下划线和颜色元素

Flags 属性允许设置多个值，设置的方法如下。

(1)如果属性值使用的是符号常量，则各值之间用“Or”运算符连接，如：

```
CommonDialog1.Flags=cdlCFBoth Or cdlCFEffects
```

(2)如果属性值使用的是数值，则将需要的属性值直接相加，如：

```
CommonDialog1.Flags=259    (即 3+256)
```

例 7-7 调用“字体”对话框，设置文本框中的文字。

程序代码如下：

```
Private Sub Command1_Click()
    CommonDialog1.Flags=3                                  '设置 Flags 属性值
    CommonDialog1.Action=4                                 '调用"字体"对话框
    If CommonDialog1.FontName <> "" Then
        Text1.FontName=CommonDialog1.FontName              '为字体赋值
    End If
    Text1.FontSize=CommonDialog1.FontSize                  '为文本框字号赋值
    Text1.FontBold=CommonDialog1.FontBold                  '设置是否为粗体
    Text1.FontItalic=CommonDialog1.FontItalic              '设置是否为斜体
End Sub
```

7.6.5 “打印”对话框

通过通用对话框的 ShowPrinter 方法或者将 Action 属性设置为 5，可显示“打印”对话框。

用打印对话框可以选择要使用的打印机，并可为打印处理指定打印范围、打印份数等相应的选项。打印对话框并不能处理具体的打印工作，仅仅提供一个用户选择打印参数的界面，若要打印，必须编写程序来完成打印操作。

通用对话框中，涉及打印操作的重要属性有：

(1)Copies 属性：指定打印份数，属性值为整型数。

(2)FromPage 属性：打印起始页号。

(3)ToPage 属性：打印终止页号。

7.6.6 “帮助”对话框

通过通用对话框的 ShowHelp 方法或者将 Action 属性设置为 6，可显示“帮助”对话框，其重要属性有：

(1)HelpCommand 属性

返回或设置所需要的联机帮助类型。属性值有多种情况，请参阅 VB 帮助系统。

(2)HelpFile 属性

用于指定 Help 文件的路径及文件名。

(3)HelpKey 属性

指定在帮助窗口中显示该关键字指定的帮助信息。

(4)HelpContext 属性

返回或设置所需要的帮助主题的上下文 ID。该属性与 HelpCommand 属性一起使用(设置 HelpCommand＝cdlHelpContext)可指定要显示的帮助主题。

7.7 菜单

任何一个应用程序,都需要通过各种命令来实现某项功能,而这些命令,通过程序的菜单来实现将使应用和操作十分直观和方便。

在 VB 中,菜单是一种特殊类型的控件——菜单(Menu)控件。菜单中的每个菜单项都是独立的菜单控件对象。与其他对象类似,菜单总是与窗体相关联,只有打开窗体才能定义该窗体使用的菜单;其次,菜单控件也有一组定义其外观和行为的属性,在设计或运行时可以进行设置或调用。菜单控件只有一个事件,即 Click 事件。与 VB 内部控件不同的是,菜单控件不出现在工具箱上,创建和编辑需使用 VB 提供的专门工具"菜单编辑器"。

在实际应用中,菜单有两种形式:下拉式菜单和弹出式菜单。

下拉式菜单结构和菜单组成元素如图 7-19 所示,VB 建立的下拉菜单最多达 6 层。弹出式菜单通常指单击鼠标右键打开的菜单。

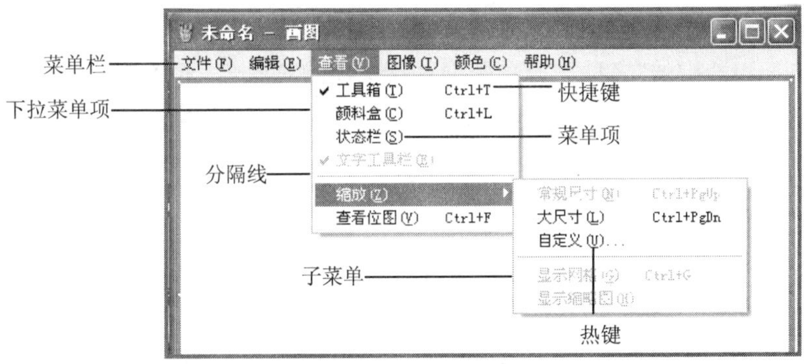

图 7-19 下拉式菜单结构和菜单组成

7.7.1 菜单编辑器

VB 提供了一个菜单编辑器,专门用来制作各式各样的菜单。打开菜单编辑器的方法有以下四种。

(1)执行"工具"菜单中的"菜单编辑器"命令。

(2)单击标准工具栏中的"菜单编辑器"按钮。

(3)在要建立菜单的窗体上,单击鼠标右键,在弹出的快捷菜单中,执行"菜单编辑器"命令。

(4)使用 Ctrl＋E 组合键。

打开的菜单编辑器窗口如图 7-20 所示。

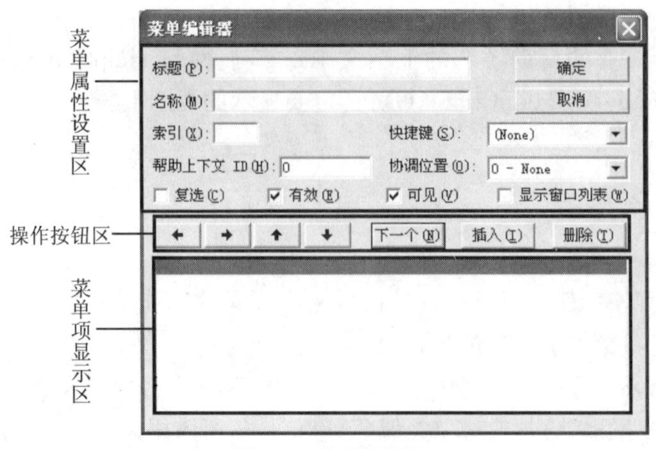

图 7-20 菜单编辑器

菜单编辑器窗口分为三个部分：菜单属性设置区、操作按钮区和菜单项显示区。

1. 菜单控件的属性

(1)Caption 属性

对应菜单编辑器中的“标题”文本框，设置菜单项显示的文字(菜单标题)。可以在这个属性中使用“&”字符定义菜单项的访问键。如果该属性值为“－”连字符，表示此时的菜单项是一条分隔线。

(2)Name 属性

对应菜单编辑器中的“名称”文本框，设置菜单项的对象名，意义与其他控件的 Name 属性相同。

(3)Index 属性

为用户建立的菜单控件数组设立下标。菜单控件与其他控件一样，可以建立控件数组。建立菜单控件数组，首先先建立几个具有相同 Name 属性的菜单项，然后将它们的 Index 属性设置为每个元素的下标值。

(4)ShortCut 属性

对应菜单编辑器中的“快捷键”列表框，用来设置执行菜单项的快捷键。在菜单编辑器中，可以从快捷键列表框中选择可供使用的快捷键。

(5)HelpcontextID 属性

对应菜单编辑器中的“帮助上下文 ID”文本框。该属性值为一个数值，用来在帮助文件中查找相应的帮助主题。

(6)NegotiatePosition 属性

对应菜单编辑器中的“协调位置”下拉列表框，用来决定当窗体的链接对象或内嵌对象活动而且显示菜单时，是否在菜单栏显示最上层菜单项。属性值有四个选项，各选项的含义是以下内容。

0——None：对象活动时菜单项不显示。

1——Left：菜单项显示在菜单栏左边。

2——Middle：菜单项显示在菜单栏中间。

3——Right：菜单项显示在菜单栏右边。

说明：只有处于第一层的菜单项（主菜单栏上的菜单项）能设置此属性。

（7）Check 属性

对应菜单编辑器中的“复选”复选框。属性值为 True，将在相应的菜单项前面显示“✓”记号，指明此菜单项处于活动状态。默认值是 False。

（8）Enabled 属性

对应菜单编辑器中的“有效”复选框，决定菜单项是否可用。属性值为 False 时，菜单标题灰色显示，表示此菜单项不可用。默认值是 True。

（9）Visible 属性

对应菜单编辑器中的可见复选框，确定菜单项是否显示。默认值是 True。

（10）WindowList 属性

对应菜单编辑器中的“显示窗口列表”复选框。用于多文档窗体。当该属性值为 True 时，将显示当前打开的一系列子窗体。

2. 菜单编辑器的使用

首次打开菜单编辑器时，光标停留在标题文本框内，输入一个菜单项的显示标题，然后在名称文本框中输入程序中引用该菜单项的名称，这样就创建了一个菜单项。该菜单项的其他属性设置，既可以在菜单编辑器中进行，也可以在关闭菜单编辑器后，通过属性窗口来设置。

一个菜单项设置完成后，单击菜单编辑器中的“下一个”按钮或插入按钮，建立下一个菜单项。

要在下拉的菜单列表中添加一条分隔线，只要在标题文本框中输入一个连字符“-”，在名称文本框中输入一个名称。要注意的是，分隔线也要有 Name 属性值，不能是空白。

如果想在已有的菜单项中插入一个新的菜单项，可以单击“插入”按钮在当前位置上插入一个空行，然后进行设置。也可以使用“删除”按钮删除当前光标所在的菜单项。使用⇦、⇨两个按钮可以改变菜单项的层次级别。每单击一次⇨按钮，产生 4 个点，菜单项下移一层。8 个点表示下移了两层……最多为 20 个点，可以下移五层。没有内缩点的菜单项是第一层，直接显示在菜单栏上，其他层的菜单项需要逐级打开才能看到。使用⇧、⇩两个按钮可以改变菜单项的显示次序。

为了便于键盘操作，可以为菜单项定义“热键”和“快捷键”。热键是菜单标题中的下划线字母，建立的方法是在定义菜单标题时，在“&”符号后面跟一个字符，此字符就是一个热键字符。当菜单在屏幕上可见时，使用“Alt＋热键字符”可以快速选择相应的菜单项。“快捷键”指在不打开菜单的情况下，可以快速执行一个菜单项功能的组合键。菜单项的快捷键一般显示在这个菜单项的右边。

使用菜单编辑器设计好的菜单还不能完成任何任务，就像没有编写任何事件过程的按钮。要让一个菜单项实现某个功能，必须编写它的 Click 事件过程。

在应用程序的设计状态下，单击某个菜单项，将直接打开代码窗口并定位到该菜单对象的 Click 事件过程。也可以自行打开代码窗口，在对象的下拉列表中，找到某菜单对象，输入该对象的 Click 事件过程。

7.7.2 弹出式菜单

弹出式菜单指的是在窗体或控件上右击鼠标，在鼠标指针处显示出的一个菜单。弹出菜单在窗体上显示的位置取决于单击鼠标键时指针的位置。

建立弹出式菜单通常分两步进行：首先用菜单编辑器建立菜单结构，然后用 VB 提供的 PopupMenu 方法来显示。建立菜单结构的操作方法与下拉式菜单基本相同，惟一的区别是，必须把菜单名的 Visible 属性设置为 False。

PopupMenu 方法的语法格式为：[对象.] PopupMenu 菜单名 [，Flags，x，y，BoldCommand]

其中，菜单名是必不可少的，其他参数是可选的。x、y 参数指定弹出式菜单显示的位置。Flags 参数是一个数值或符号常量，用于进一步定义弹出式菜单的位置和性能，其值有两组，一组指定菜单位置，另一组用来定义菜单性能。见表 7-3。Flags 的两组参数可以单独使用，也可以联合使用。联合使用时，两参数用或(Or)运算连接。

Flags 参 数 说 明 表 7-3

分　组	符 号 常 量	值	说　明
位置	vbPopupMenuLeftAlign	0	X 坐标指定菜单的左边界(默认值)
	vbPopupMenuCenterAlign	4	X 坐标指定菜单的中心位置
	vbPopupMenuRightAlign	8	X 坐标指定菜单的右边界
性能	vbPopupMenuLeftButton	0	单击鼠标左键选择菜单命令(默认值)
	vbPopupMenuRightButton	8	单击鼠标右键选择菜单命令

右击鼠标显示弹出式菜单，通常是利用鼠标的 MouseDown 事件，在过程中用 Button 参数判断是否是鼠标右键，如果是，就调用 PopupMenu 方法，使用的语句是：

```
If Button=2 Then PopupMenu 菜单名
```

7.8 界面设计的原则

应用程序界面是程序与用户交互的平台，因此设计一个好的应用程序界面是十分必要的。人们都喜欢美好的事物，整齐、美观会使人有舒畅的感觉，应用程序界面也是如此。窗体的设计和规划不仅影响到程序本身外观的艺术性，而且对应用程序的可用性也有很重要的作用。

窗体规划包括选择合适的控件、调整控件的位置和大小及一致性等内容。

1. 选择合适的控件

在程序设计过程中，选择控件是十分重要的部分。在 VB 中，有些控件能实现相同的功能，例如文本框和标签都具有显示输出的功能；图像框和图形框都有加载显示图片的功能，因此，要选择既符合程序功能，又能与当前界面协调的控件。对于大量的相似操作应使用控件数组，例如，实现计算器程序时，数字按钮就可以做成一组控件数组。

2. 调整控件的位置

对于较大的应用程序，窗体上可能会添加很多个控件，因此，控件的合理摆放直接影响到程序的界面效果，更影响到程序的可读性。对于控件的摆放可以遵循以下原则：主次分明、层次分明、统一功能和整齐美观。

(1)主次分明

在界面设计中，并不是所有的控件元素都具有相同的重要性，这就要进行合理的布局，使较重要的、经常需要访问的控件处于显著的位置，次要的控件处于次要的位置。一般的阅读顺序为从左到右、从上到下，因此重要的控件应放在窗体的左上部分，而类似“确定”、“取消”之类的按钮，按照使用习惯应位于窗体右下方。

(2)层次分明

需要将多个控件叠放在一起时，就要使用菜单中的控件层次命令按钮调整控件的放置顺序。

(3)统一功能

将控件根据功能或一定的关系进行分组也是进行合理界面布局的重要手段。将控件分组存放可以强化控件间联系，使窗体功能格局分明。一般情况下，使用 Frame(框架)将具有相同功能或一定联系的控件进行统一放置。

(4)整齐美观

将窗体上同一行同一列上的控件使用对齐按钮进行对齐是基本的控件位置调整步骤。另外，还要注意控件之间的间隙距离等。排列整齐、行距一致会使界面整齐易读。

3. 界面协调一致性

界面一致性将体现程序的协调性，是程序界面设计的重要元素之一。缺乏一致性的界面会显得混乱无序，使程序看起来不严密，缺乏可靠性。

VB 含有多种控件，在设计时，应使控件采用同一风格。例如，已经将某一控件使用了背景色，那么在没有特殊要求下，其他控件的背景色也要设置为相同的颜色。除特殊情况外，窗体上表示同一内容的字符也要使用相同的字体颜色、字体和字号等。

4. 使用颜色和图像

在窗体上使用颜色和图像，能够使窗体更加生动美观，可增加视觉上的感染力。在程序界面使用颜色设置，可以增加程序界面的生动性。在窗体背景上添加一个与程序主题相关的背景图片，或是在按钮上添加与按钮功能相关的图标，都能更加形象直接地传达程序信息，并增加视觉上的趣味性，使程序更具亲和力。

7.9 游戏编程

很多编程语言经过精心设计之后都能实现游戏的功能。对于 Visual Basic 这种 Windows图形界面的编程语言来说，制作出来的游戏会更精美，更加符合 Windows 风格。本节主要通过几个实例分别介绍游戏的设置与简单游戏制作。

例 7-8 “赛马”游戏。选择相应的赛马，然后单击“开始”菜单，开始赛马，当有一只赛马最先跑到终点时，则结束比赛，并提示用户是否赌赢，如图 7-21 所示。

图 7-21 程序运行的效果

分析：

(1)新建工程，自动创建 1 个窗体 Form1，并设置其 Picture 属性为图 7-21 所示的背景图片。

(2)在窗体上添加 1 个菜单，设置为“开始”和“退出”，它们的名称属性分别为 kaishi 和 tuichu。

(3)添加 4 个单选按钮控件，并设置为控件数组 Option1(0)～Option1(3)。

(4)添加 4 个图像框控件，设置为控件数组 image(0)～image(3)，分别用于显示赛马的图片。

(5)添加 1 个计时器控件，用于控制马的前进，Interval 属性设为 100。

在窗体加载时，设置初始的参数信息：计时器不可用；记录开始位置和结束位置。

程序代码如下：

```
Private Sub Form_Load()
    Timer1. Enabled=False
    Start=Image1(0). Left
    finish=15000
End Sub
```

首先，选择要赌的赛马，单击“开始”菜单，开始赛马，各个赛马开始比赛，直到冲到终点时，看获得第一的赛马是否为所选的赛马，如果是，弹出对话框告诉用户。

单击“开始”菜单的代码只有一条，就是启动计时器：

```
Private Sub kaishi_Click()
    Timer1. Enabled=True
End Sub
```

计时器可用后，每隔 100 毫秒，就要执行下面的代码：

```
Private Sub Timer1_Timer()
    no=Int(Rnd * 4)
    wit=Int(Rnd * 21)+230
    If Image1(no). Left+Image1(no). Width <=finish Then
        Image1(no). Move Image1(no). Left+wit, Image1(no). Top
```

```
        Else
            If Option1(no).Value=True Then
                    MsgBox Option1(no).Caption+"赢了!"
                    Timer1.Enabled=False
            Else
                    MsgBox "你输了!"
                    Timer1.Enabled=False
            End If
        End If
    End Sub
```

由于 100 毫秒的间隔非常短,所以用户会认为 4 匹马都在前进。注意上述代码中随机产生的 no 和 wit 两个变量的功能,no 产生 0～3 之间的随机数,假如产生的是 0,则程序中就要对 image(0)的位置进行移动,依次类推。Wit 的功能是让马前进一个随机数的距离。

本例可继续扩展,比如为了显示马奔跑的效果,可仿照例 7-6 的蝴蝶飞舞。还可添加比赛记录等功能,请读者自行完善。

例 7-9　实现掷骰子的功能。程序运行,效果如图 7-22 所示,单击【开始】按钮,左边的骰子开始滚动,当单击【停止】按钮时,左边的骰子会停止滚动并产生一个随机的数,如图7-23所示。

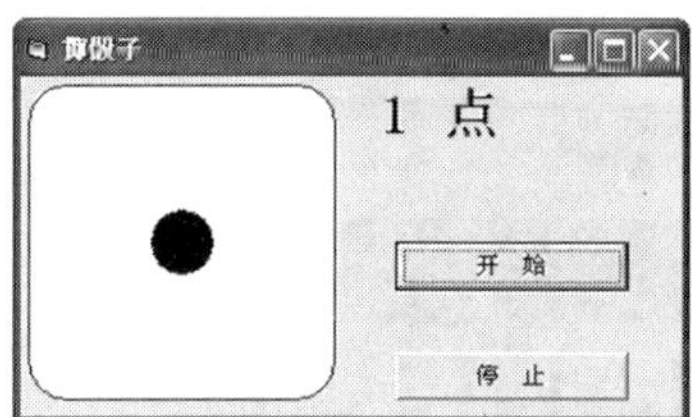

图 7-22　启动效果图

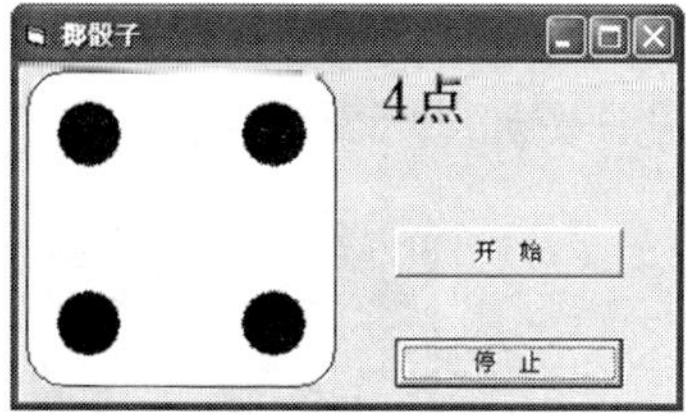

图 7-23　骰子滚动完成的效果

本例中为显示上述效果须引入一个新的控件——Shape 控件。Shape 控件用于在窗体、图形框和框架中画矩形、正方形、椭圆、圆、圆角矩形及圆角正方形,主要功能是修饰,不支持任何事件。Shape 控件在工具箱中的图标样式是。

Shape 控件的主要属性见表 7-4。

形状控件的主要属性　　表 7-4

属　性	含　义
BackColor	设定形状控件的背景颜色
BackStyle	设定形状控件背景的样式,0 为透明(默认值),1 是不透明
BorderColor	设定形状控件的边框颜色
BorderStyle	设定形状控件的边框样式,值为 0(默认值)～6
BorderWidth	设定形状控件边框的宽度
DrawMode	设定形状控件的显示效果
FillColor	设定形状控件内填充图案的颜色
FillStyle	设定形状控件填充图案的样式,值为 0～7
Shape	设定形状控件的形状样式,值为 0(默认值)～5

其中 Shape 属性和 FillStyle 属性取值效果如图 7-24 所示。

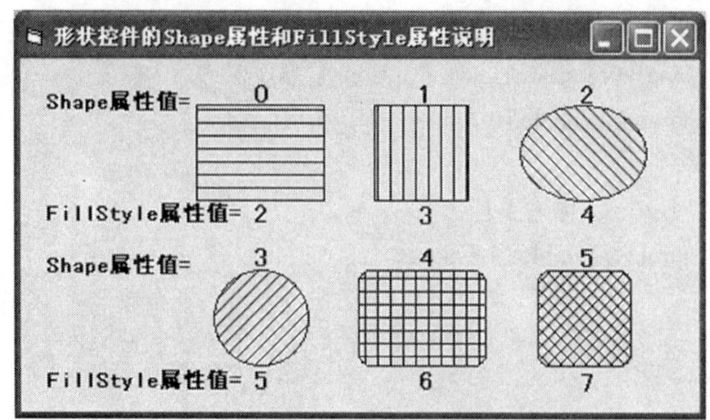

图 7-24　不同形状及不同的填充样式的 Shape 控件

本例的实现过程如下：

(1)在窗体上添加 1 个 Shape 控件，使用默认名，用于充当骰子的边缘。

(2)在 Shape1 中添加 7 个 Shape 控件，设计为名称为 Shape2 的控件数组。

(3)在窗体上添加 1 个 Label 控件，字体属性设为二号宋体，加粗。

(4)在窗体上添加 2 个 CommandButton 控件，设置它们的 Caption 属性。

(5)在窗体上添加 1 个 Timer 控件，设置 Enabled 属性为 False，设置 Interval 属性为 50。

界面设计图如图 7-25 所示。

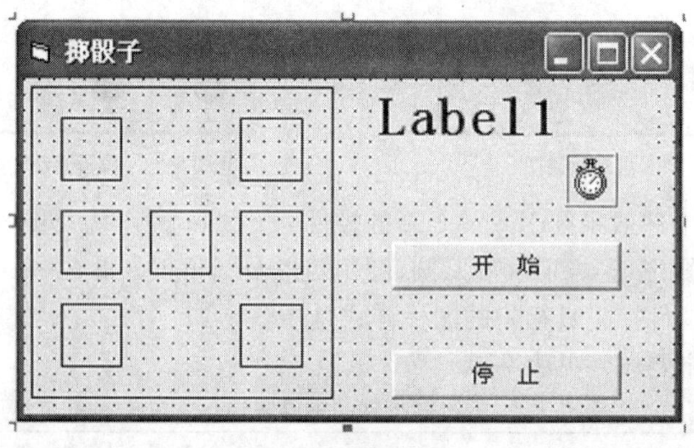

图 7-25　界面设计图

下面是编程过程。

在窗体加载时，设置 Shape 控件的相关外形属性，并调用自定义过程 Display 显示“1 点”的效果，程序代码如下：

```
Private Sub Form_Load()
    For i=0 To 6                        '循环，设置“点”的样式
        Shape2(i).FillColor=&H0&        '填充颜色为黑色
        Shape2(i).FillStyle=0           '填充样式为实心
        Shape2(i).Shape=3               '形状为圆形
```

```
        Shape2(i).Visible=False          '不可见
    Next i
    Shape1.FillColor=&HFFFFFF
    Shape1.FillStyle=0
    Shape1.Shape=5                       '形状为圆角正方形
    Randomize Timer
    Label1.Caption="1 点"
    DisPlay (1)
End Sub
```

Display 过程用于根据输入的数字显示相应的 Shape 控件，代码如下：

```
Sub DisPlay(a)
    For i=0 To 6                             '遍历所有的 Shape2 控件
        Shape2(i).Visible=False
    Next i
    For i=0 To 6
        If i <> 2 Or i <> 4 Then             '如果序号不是 2 或 4
            Shape2(i).FillColor=&H0&         '设置填充颜色
        End If
    Next i
    Select Case a                            '根据点数，显示对应 Shape 控件
    Case 1                                   '如果是 1 点
        Shape2(3).FillColor=&H0&
        Shape2(3).Visible=True
    Case 2
        Shape2(0).Visible=True
        Shape2(6).Visible=True
    Case 3
        Shape2(0).Visible=True
        Shape2(3).Visible=True
        Shape2(6).Visible=True
    Case 4
        For i=0 To 6
            If i=0 Or i=2 Or i=4 Or i=6 Then
                Shape2(i).Visible=True
            End If
        Next i
    Case 5
        For i=0 To 6
            If i=0 Or i=2 Or i=3 Or i=4 Or i=6 Then
                Shape2(i).Visible=True
```

```
            End If
        Next i
    Case 6
        For i=0 To 6
            If i <> 3 Then
                Shape2(i).Visible=True
            End If
        Next i
    End Select
End Sub
```

单击【开始】按钮，设置 Timer 控件的 Enabled 属性为 True，点数开始滚动，实现代码如下：

```
Private Sub Command1_Click()
    Timer1.Enabled=True
End Sub
```

当 Timer 控件可用时，会触发 Timer 控件的 Timer 事件，程序代码如下：

```
Private Sub Timer1_Timer()
    Randomize
    num=Int(Rnd * 6)+1
    Label1.Caption=num & "点"                '在标签中显示当前的点数
    DisPlay (num)                            '调用自定义过程显示点数
End Sub
```

单击【停止】按钮，停止骰子的滚动，并显示一个随机生成的点数，程序代码如下：

```
Private Sub Command2_Click()
    Timer1.Enabled=False
    num=Int(Rnd * 6)+1
    Label1.Caption=num & "点"                '在标签中显示点数
    DisPlay (num)                            '利用 Shape 控件显示产生的点数
End Sub
```

例 7-10 贪吃蛇游戏。

贪吃蛇游戏能够锻炼用户的反应能力，开始游戏后，蛇自动沿直线方向前进。按键盘上的方向键可改变蛇的前进方向。如果蛇碰到周围墙壁，或是蛇头碰到了自己的身体，则游戏结束。蛇可以按照慢、快、特快 3 种速度前进，速度越快，难度越高。在蛇的活动范围内，会随机地在不同位置出现食物(带颜色的小方块)，蛇吃到食物身体便增长，并得分。吃到红色食物身体长长 1 节，得 1 分；吃到绿色食物身体长长 3 节，得 5 分。游戏界面如图 7-26 所示。

实现过程如下：

(1)Timer1 用于控制蛇移动的位置，每次 Timer 事件贪吃蛇所有的部分向前移动 1 个小格，并判断是否吃到食物，程序代码如下：

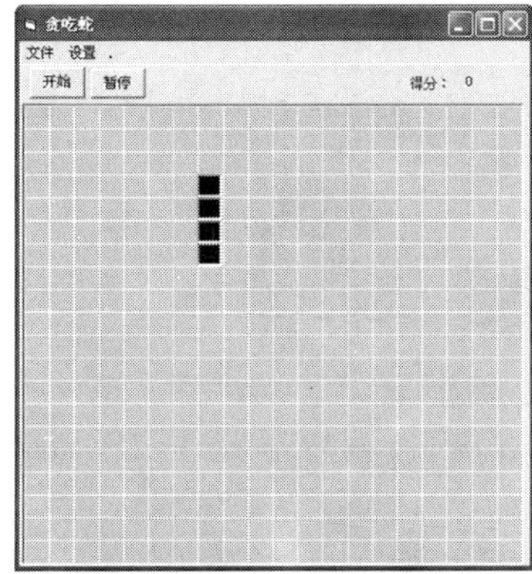

图 7-26　游戏界面

```
Private Sub Timer1_Timer()
    Dim PreX, PreY
    Dim PreX1, PreY1
    Dim i As Integer
    For i=0 To Pic.UBound
        If i=0 Then
            PreX1=Pic(0).Left                   '记录蛇头位置
            PreY1=Pic(0).Top
            If aspect=2 Then
                Pic(0).Left=Pic(0).Left+5
            ElseIf aspect=1 Then
                Pic(0).Left=Pic(0).Left-5
            ElseIf aspect=4 Then
                Pic(0).Top=Pic(0).Top+5
            ElseIf aspect=3 Then
                Pic(0).Top=Pic(0).Top-5
            End If
        Else
            '如果蛇头碰到蛇身体
            If Pic(0).Left=Pic(i).Left And Pic(0).Top=Pic(i).Top Then
                Timer1.Enabled=False                '停止移动
                Timer2.Enabled=False
            End If
            PreX=Pic(i).Left                        '记录蛇身体位置
            PreY=Pic(i).Top
            Pic(i).Left=PreX1                       '移动蛇身体
            Pic(i).Top=PreY1
            PreX1=PreX                              '记录当前部分位置
            PreY1=PreY
        End If
```

```
    Next i
    If Pic(0). Left < 0 Or Pic(0). Left+Pic(0). Width > PicRect. ScaleWidth Or Pic(0). Top < 0
Or Pic(0). Top+Pic(0). Height > PicRect. ScaleHeight Then      '如果蛇头碰到墙壁
        Timer1. Enabled=False          '停止移动
        Timer2. Enabled=False
    End If
    PicRect. SetFocus
    If Pic(0). Left=PicAdd. Left And Pic(0). Top=PicAdd. Top Then        '如果吃到食物
        Load Pic(Pic. Count)                         '蛇身体增长
        Pic(Pic. UBound). Visible=True               '蛇身体增长部分可见
        PicAdd. Visible=False
        Score=Score+1                                '得分加 1
        Label1. Caption=Score                        '显示得分
    End If
    If Pic(0). Left=Picmore. Left And Pic(0). Top=Picmore. Top Then  '如果吃到食物
        Score=Score+5          '得分加 5
        Label1. Caption=Score
        For i=1 To 3           '蛇身加 3
            Load Pic(Pic. Count)
            Pic(Pic. UBound). Visible=True
            Picmore. Visible=False
        Next i
    End If
End Sub
```

(2)PicRect 为贪吃蛇的活动区域，其 KeyDown 事件用于相应在键盘上按下方向键后，贪吃蛇的移动方向。程序代码如下：

```
Private Sub PicRect_KeyDown(KeyCode As Integer, Shift As Integer)
    If KeyCode=37 And Pic(0). Top <> Pic(1). Top Then
        aspect=1                '向左标记为 1
    ElseIf KeyCode=40 And Pic(0). Left <> Pic(1). Left Then
        aspect=4                '向下标记为 4
    ElseIf KeyCode=39 And Pic(0). Top <> Pic(1). Top Then
        aspect=2                '向右标记为 2
    ElseIf KeyCode=38 And Pic(0). Left <> Pic(1). Left Then
        aspect=3                '向上标记为 3
    End If
End Sub
```

(3)Timer2 控件用于控制食物的出现和消失，使用判断语句控制出现不同颜色的食物，使用随机函数控制食物出现在随机的位置。程序代码如下：

```
Private Sub Timer2_Timer()
```

```
    Dim i As Integer
    Static n As Integer
    n=n+1
X:
    If n Mod 5=0 Then
        PicAdd. Visible=False
        PicAdd. Left=100
        Picmore. Left=Int(Rnd * 10) * 10
        Picmore. Top=Int(Rnd * 10) * 10
        For i=0 To Pic. UBound
            If Picmore. Left=Pic(i). Left And Picmore. Top=Pic(i). Top Then GoTo X
        Next i
        Picmore. Visible=True
    Else
        Picmore. Visible=False
        Picmore. Left=100
        PicAdd. Left=Int(Rnd * 10) * 10
        PicAdd. Top=Int(Rnd * 10) * 10
        For i=0 To Pic. UBound
            If PicAdd. Left=Pic(i). Left And PicAdd. Top=Pic(i). Top Then GoTo X
        Next i
        PicAdd. Visible=True
    End If
End Sub
```

7.10 本章小结

本章介绍了复选框、列表框和组合框、滚动条和进度条、计时器、图像框、通用对话框、形状和菜单等控件的常用属性、事件和方法。因为读者已经有了前面各章的基础，因此本章介绍各控件时是简要介绍，只介绍了它们特有的属性、事件或方法。

在设计一个好的应用程序界面时选择合适的控件，对窗体进行设计和规划不仅影响到程序本身外观的艺术性，而且对应用程序的可用性也有很重要的作用。

7.11 思考和练习

1. 选择题

(1)下列控件中，没有 Caption 属性的是(　　)。

A. 框架　　B. 列表框　　C. 复选框　　D. 单选按钮

(2)复选框 Value 属性值为 1,表示(　　)。

A. 复选框未被选中

B. 复选框被选中

C. 复选框内有灰色的对号

D. 复选框操作错误

(3)假定在图形框的 Picture 属性中装入了一个图形,为了清除该图形,应采用的正确方法是(　　)。

A. 选择图形框,然后按 Del 键

B. 执行语句 Picture1. Picture=LoadPicture("")

C. 执行语句 Picture1. Picture=""

D. 选择图形框,在属性窗口中选择 Picture 属性,然后按回车键

(4)在用菜单编辑器设计菜单时,必须输入的项是(　　)。

A. 快捷键　　B. 标题　　C. 索引　　D. 名称

(5)为了是列表框中的项目分为多列显示,需要设置的属性为(　　)。

A. Column　　B. Style

C. List　　D. MultiSelect

(6)删除列表框中指定的项目应使用的方法(　　)。

A. Move　　B. Remove

C. RemoveItem　　D. Clear

(7)当拖动滚动条中的滚动块时,将触发的滚动条事件是(　　)。

A. Move　　B. Chang

C. Setfocus　　D. Scroll

(8)在下列关于通用对话框的叙述中,错误的是(　　)。

A. CommonDialog1. ShowFont 显示字体对话框

B. 在文件打开或另存为对话框中,用户选择的文件名及其路径可以经 FileTitle 属性返回

C. 在文件打开或另存为对话框中,用户选择的文件名及其路径可以经 FileName 属性返回

D. 通用对话框可以用来制作和显示帮助对话框

(9)下列关于菜单的说法,错误的是(　　)。

A. 每个菜单项都是一个控件,与其他控件一样也有自己的属性和事件。

B. 除了 Click 事件之外,菜单项还能响应其他如 DblClick 等事件。

C. 菜单项的快捷键不能任意设置。

D. 在程序执行时,如果菜单项的 Enabled 属性为 False,则该菜单项变成灰色,不能被用户选择。

(10)为了使列表框中的项目分为多列显示,需要设置的属性为(　　)。

A. Column　　B. Style

C. List　　D. MultiSelect

2. 填空题

(1)对于 ListBox 对象 list1,使用________语句将 Itemname 添加到 list1 的最后一项。

(2)可以通过________属性获得 ListBox 或 ComboBox 的列表项数目。

(3)计时器事件之间的间隔通过________属性设置。

(4)组合框有 3 种不同的类型,通过________属性来设置。

(5)在 VB 中可以建立________菜单和________菜单两种。

3. 编程题

(1)设计一个能显示当前的日期、星期几和当月的日历的程序,参照图 7-27。

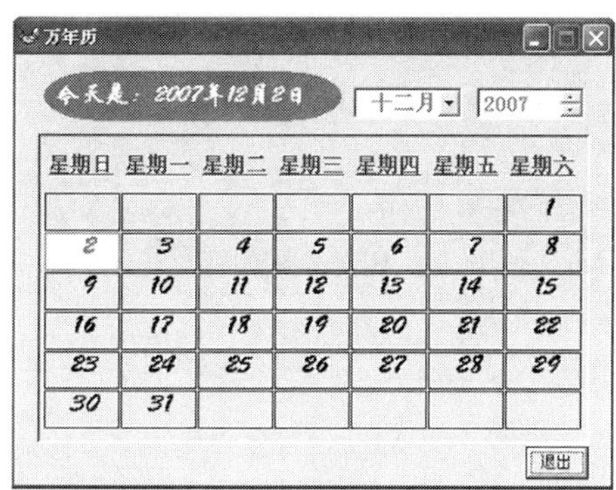

图 7-27　万年历

日历的计算方法:先计算出当年的年历,然后取出当月的日历。

年历的计算方法:关键是求出当年 1 月 1 日是星期几。假设 y 年 1 月 1 日是星期 m,从 1999 年开始,已知 1999 年的元旦是星期五,当 y>1999 年,计算 m 的公式为:

m=mod((y−1999)×365+int((y−1997)÷4)+5,7),当 m=0 时为星期日。

(2)请读者完善例 7-10 的程序,其中每得 100 分提高一个速度等级。

第八章
多媒体及网络编程

随着多媒体技术和网络技术的发展，许多系统涉及网络和多媒体系统的开发。本章主要介绍 VB 多媒体程序设计的方法、思路和 VB 网络编程技术。

学习目标

学完本章后，应该达到如下学习目标：

(1)了解 MMControl、MediaPlayer、ShockwaveFlash 和 Animation 控件的使用方法。

(2)了解 Winsock、InternetTransfer 控件的使用方法。

本章重难点

1. 本章重点

(1)多媒体编程中常采用的控件及其使用。

(2)网络编程中常采用的控件及其使用。

2. 本章难点

各控件的灵活应用。

8.1 多媒体编程

很多程序都具有多媒体的功能，如声音、图像、动画、视频和游戏等，这就要求我们掌握一些多媒体技术。在 Visual Basic 中，可以通过其自身提供的 MMControl 和 Animation 控件播放音频、视频和动画，也可以通过 ActiveX 控件中的 MediaPlay 控件播放 CD、VCD 等，还可以用 ShockwaveFlash 控件播放 Flash 动画，并与 Visual Basic 程序进行交互。本节主要介绍有关多媒体的常用功能的实现。

8.1.1 MMControl 控件

MMControl 控件包含一组高层次的独立于设备的命令，通过这些命令可以控制音频和视频等外围设备、文件，包括 CD、VCD、WAV、MIDI 和 AVI 等。

MMControl 控件属于 ActiveX 控件，使用前应首先将其添加到工具箱中。选择"工程"→"部件"命令，打开"部件"对话框，选择 Microsoft Multimedia Control 6.0 (SP3)，单击【确定】按钮将其添加到工具箱中，如图 8-1 所示，左图中圆圈内为 MMControl 控件，右图为添加到窗体上的效果。

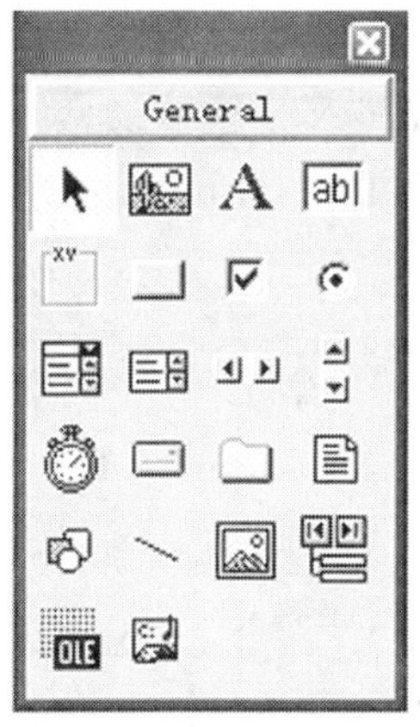

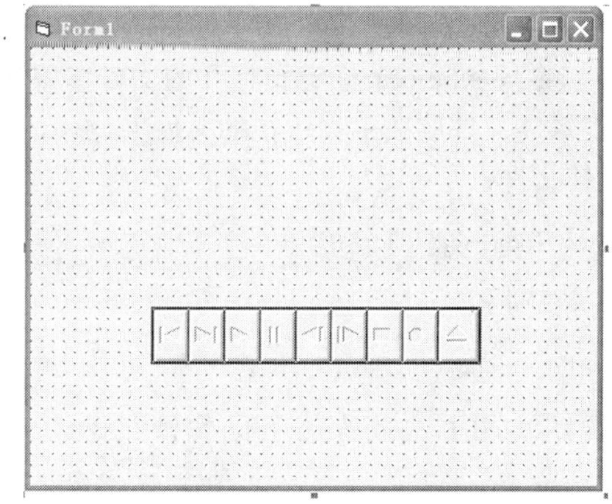

图 8-1　MMControl 控件

从图 8-1 可以看出，窗体上的 MMControl 控件由多个按钮组成，这些按钮从左到右依次是：起始点、终止点、播放、暂停、后退、前进、停止、录制和弹出。它们的功能是管理 MCI 设备和播放音频或视频文件。

1. MMControl 控件的属性

(1)Command 属性

用于指定将要执行的 MCI 命令，以控制播放、存储多媒体文件夹，这些命令及功能如表 8-1所示。

实际编程中，常用命令为 open、play 和 close。例如，打开一个多媒体文件，代码为：

```
MMControl1. FileName="filename"
MMControl1. Command="open"
```

MCI 命 令 表 8-1

命 令	功 能
Open	打开 MCI 设备
Close	关闭 MCI 设备
Play	用 MCI 设备进行播放
Pause	暂停播放或录制
Stop	停止 MCI 设备
Back	向后步进可用的曲目
Step	向前步进可用的曲目
Prev	使用 Seek 命令跳到当前曲目的起始位置。若在前一 Prev 命令执行后 3s 内再次执行，则跳到前一曲目的起始位置；若已在第一个曲目，则跳到第一个曲目的起始位置
Next	使用 Seek 命令跳到下一个曲目的起始位置。若已在最后一个曲目，则跳到最后一个曲目的起始位置
Seek	向前或向后查找曲目
Record	录制 MCI 设备的输入
Eject	从 CD 驱动器中弹出音频 CD
Save	保存打开的文件

上述代码中的 filename 是指定要打开的文件多媒体文件名及路径，如果需要自动识别该路径，可将多媒体文件放在工程所在的文件夹，然后使用 App. Path。

播放多媒体文件：

```
MMControl1.Command="Open"
```

关闭多媒体文件：

```
MMControl1.Command="Close"
```

例 8-1 窗体加载时，播放背景音乐；窗体卸载时，关闭背景音乐。

代码如下：

```
Private Sub Form_Load()
  '播放背景音乐
  With MMControl1
      .Visible=False                              '设置 MMControl1 控件不可见
      .FileName=App.Path & "\back\mr.wav"         '指定声音文件
      .Command="Open"                             '打开多媒体文件
      .Command="play"                             '播放多媒体文件
  End With
End Sub
Private Sub Form_Unload (Cancel as Integer)
  Form1.MMControl1.Command="Close"            '关闭多媒体文件
End Sub
```

(2)DeviceType 属性

该属性指定要打开的 MCI 设备的类型，一般可以不设置，但是以下两种情况必须设置：

①播放 CD、VCD 时，必须指定设备类型。

②如果文件的扩展名没有指定将要使用的设备类型，那么打开复杂 MCI 设备时也必须指定设备类型。

(3)TimeFormat 属性

该属性用来指定所有位置信息所使用的时间格式，其设置值为 0～10。

(4)From 属性

该属性指定开始播放文件或录制文件的开始时间。

(5)To 属性

该属性与 From 属性对应，指定播放文件或录制文件的结束时间。

(6)Position 属性

该属性用于返回正在播放的多媒体文件的位置，时间单位由 TimeFormat 属性决定。

(7)Length 属性

该属性用于规定打开的 MCI 设备上多媒体文件的总体播放长度，时间单位由 TimeFormat 属性决定。

(8)Start 属性

该属性指定当前正在播放的多媒体文件的起始位置，时间单位由 TimeFormat 属性决定。

(9)Mode 属性

该属性返回打开的 MCI 设备的当前模式，Mode 设置值的含义见例 8-2。

例 8-2　播放背景音乐，并显示当前状态。

主要代码如下：

```
Private Sub Form_Load()
  With MMControl1
      .FileName=App.Path & "\back\mr.wav"          '指定多媒体文件
      .Command="Open"                               '打开多媒体文件
      .Command="play"                               '播放多媒体文件
  End With
End Sub
'显示播放状态
Private Sub MMControl1_StatusUpdate()
  Select Case MMControl1.Mode
    Case 524
      Label1.Caption="设备没有打开"
    Case 525
      Label1.Caption="停止"
    Case 526
      Label1.Caption="正在播放"
    Case 527
```

```
            Label1.Caption="正在录制"
        Case 528
            Label1.Caption="正在搜索"
        Case 529
            Label1.Caption="暂停"
        Case 530
            Label1.Caption="设备准备好"
    End Select
End Sub
Private Sub Form_Unload(Cancel As Integer)
    Form1.MMControl1.Command="Close"                    '关闭正在播放的多媒体文件
End Sub
```

按 F5 键运行程序，效果如图 8-2 所示。

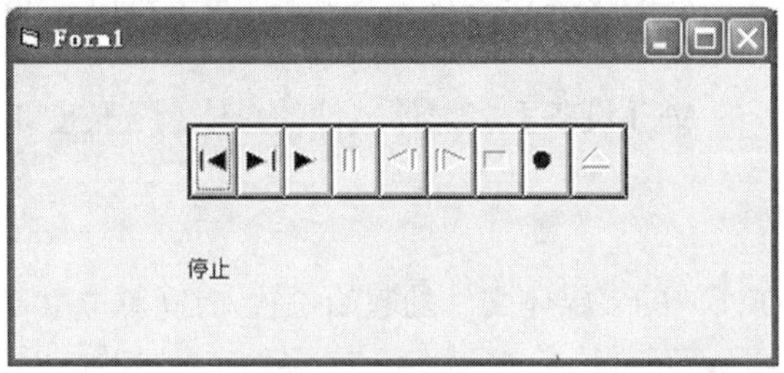

图 8-2 播放 WAV

(10)Track 属性

该属性表示当前 MCI 设备上可用的曲目个数。例如，播放 CD 时，显示当前曲目编号，代码如下：

```
Private Sub MMControl1_StatusUpdate()
    Label2.Caption="当前曲目:" & Str $ (MMControl1.Track)      '显示当前曲目
End Sub
```

注意：如果要获得总曲目数，可以使用 Tracks 属性。

2. MMControl 控件的事件

(1)ButtonClick 事件

当用户单击 MMControl 控件的各个命令按钮时，发生该事件。

如：MMControl1_EjectClick 事件表示弹出；MMControl1_BackClick 事件表示回倒等。

(2)StatusUpdate 事件

按照 UpdateInterval 属性所给定的时间间隔自动地发生。这一事件允许应用程序更新显示，以通知用户当前 MCI 设备的状态。

(3)Done 事件

当 Notify 属性为 True，MCI 命令结束时发生 Done 事件，该事件有一个参数 NotifyCode，该参数表示 MCI 命令是否成功。

例 8-3 当播放完多媒体文件时，将触发 MMControl 控件的 Done 事件，在该事件下将

MMControl 控件的“暂停”和“停止”按钮设置为不可用。

代码如下：

```
Private Sub MMControl1_Done(NotifyCode As Integer)
    MMControl. StopEnabled=False         '“停止”按钮不可用
    MMControl. PauseEnabled=False        '“暂停”按钮不可用
End Sub
```

8.1.2 MediaPlayer 控件

MediaPlayer 控件属于 ActiveX 控件（文件名为 msdxm. ocx），在使用前应首先在菜单栏中选择“工程”→“部件”命令，在弹出的部件对话框中选择控件选项卡，最后在该选项卡中选择“Windows Media Player”复选框，将其添加到工具箱中。

注意：如果操作系统中没有该控件，可以通过其他方式获取，然后将其复制到 Windows\Systems 或 Windows\System32 中进行注册即可。

1. MediaPlayer 控件的属性

（1）FileName 属性

设置或返回要播放文件的名称，该属性为字符串型。

（2）Balance 属性

设置或返回指定立体声媒体文件的播放声道，该属性只能为整数，取值范围及含义见表 8-2所示。

Balance 属性取值及含义　　表 8-2

设置值	说明	设置值	说明
-10000	左声道	10000	右声道
0	立体声		

（3）CurrentPosition 属性

设置或返回播放文件的当前位置，该属性值为双精度型。

（4）PlayCount 属性

设置或返回文件的播放次数，该属性值为长整型。

（5）PlayState 属性

返回控件的当前操作状态，该属性值为长整型，取值范围及含义见表 8-3。

PlayState 属性取值及含义　　表 8-3

设置值	说明	设置值	说明
0	停止播放	1	暂停播放
2	正在播放	6	没有播放文件

（6）Volume 属性

设置或返回音量，该属性值为长整型。

2. MediaPlayer 控件方法

（1）AboutBox 方法

显示 Windows Media Player 控件版本信息。

示例：当程序运行时首先弹出 Windows Media Player 控件的版本信息，如图 8-3 所示。

图 8-3 关于 Windows Media Player 控件

程序代码如下：

```
Private Sub Form_Load()
    MediaPlayer1. AboutBox      '显示 Windows Media Player 控件版本信息
End Sub
```

(2)Cancel 方法

取消打开媒体播放器的操作。

(3)Open 方法

打开媒体播放器设备。

(4)Pause 方法

暂停媒体播放器的播放。

(5)Play 方法

播放媒体文件。

(6)Stop 方法

停止媒体文件的播放。

例 8-4 编写一个简易媒体播放器。

分析：新建工程，选择"工程"菜单下的"部件"命令，在"部件"窗口的"控件"列表中将"Windows Media Player"和"MicrosoftCommonDialogControl6.0(SP3)"前的复选框选中，然后确定。再在窗体中分别加入 1 个 CommonDialog 控件、1 个 MediaPlayer 控件、5 个 CommandButton 控件。属性设置如表 8-4 所示。对各控件的大小、位置进行适当的调整，其大小、位置可参考图 8-4。

控件属性值 表 8-4

控 件 名	控件属性	属 性 值
Form1	Caption	简易媒体播放器
CommonDialog1	DialogTitle	打开媒体文件
CmdOpen	Caption	打开
CommandPlay	Caption	播放
CommandPause	Caption	暂停
CommandStop	Caption	停止
CommandOpen	Caption	打开媒体文件
CommandExit	Caption	退出

图 8-4　简易媒体播放器

主要程序代码如下：

```
Option Explicit
Private Sub CommandExit_Click()      '退出程序
    End
End Sub

Private Sub CommandOpen_Click()       '调用打开媒体文件
    On Error GoTo ExitOpen
    CommonDialog1. Flags=cdlOFNAllowMultiselect Or cdlOFNFileMustExist Or
    cdlOFNExplorer
    CommonDialog1. FileName=""
    CommonDialog1. ShowOpen        '显示"打开"对话框
    MediaPlayer1. FileName=CommonDialog1. FileName
    CommandPlay_Click              '调用播放事件
ExitOpen:
End Sub

Private Sub CommandPause_Click()      '暂停
    MediaPlayer1. Pause
End Sub

Private Sub CommandPlay_Click()       '播放
    MediaPlayer1. Play
```

```
End Sub

Private Sub CommandStop_Click()      '停止
    MediaPlayer1.Stop
End Sub
```

在本例中还用到了通用对话框控件，它也是一种 ActiveX 控件，属于“Microsoft CommonDialog Control6.0”，图标样式为。

通用对话框的默认名称(Name 属性)为 CommonDialogx(x 为 1,2,3……)。在设计状态，通用对话框控件以图标的形式显示，不能调整大小；在程序运行时，控件本身被隐藏(类似计时器控件)。要在程序运行中使用一种通用对话框，必须对控件的 Action 属性进行设置，或调用相应的 Show 方法。表 8-5 列出了各类对话框所对应的 Action 属性值和 Show 方法。

Action 属性和 Show 方法　　表 8-5

Action 属性值	Show 方法	说明
1	ShowOpen	显示文件“打开”对话框
2	ShowSave	显示文件“另存为”对话框
3	ShowColor	显示“颜色”对话框
4	ShowFont	显示“字体”对话框
5	ShowPrinter	显示“打印”对话框
6	ShowHelp	显示 Windows“帮助“对话框

特别要说明的是，这些对话框仅用于返回信息，不能真正实现对文件的操作。要想实现对文件的操作还必须编写相应的程序代码。

8.1.3 ShockwaveFlash 控件

Flash 是一款功能强大的多媒体工具，它不仅仅可以制作出丰富多彩的网络动画，还能打造出精彩的 MTV。在 VB 程序中，可以通过使用 ShockwaveFlash 控件播放动画，使用 ShockwaveFlash 控件可以对 Flash 动画实现播放、暂停、上一帧和下一帧等功能。在使用前应首先在菜单栏中选择“工程”→“部件”命令，在弹出的部件对话框中选择控件选项卡，最后在该选项卡中选择 Shockwave Flash 复选框，将其添加到工具箱中。

1. ShockwaveFlash 控件的属性

(1)Movie 属性

设置 Flash 动画文件所在的位置，属性设置为字符串。

例如，窗体启动时播放 Flash 动画，代码如下：

```
Private Sub Form_Load()
    ShockwaveFlash1.Playing=True
    ShockwaveFlash1.Movie=App.Path & "\main.swf"
End Sub
```

(2)WMode 属性

WMode 属性用于设置 Flash 窗口的模式，包括 Window、Opaque 和 Transparent。在与

VB 结合时，一般将 WMode 属性设置为 Transparent。注意，该属性不能通过代码修改。

2. ShockwaveFlash 控件的方法

(1)Back 方法

跳到 ShockwaveFlash 控件中的 Flash 动画的上一帧。

(2)Forward 方法

跳到 ShockwaveFlash 控件中的 Flash 动画的下一帧。

(3)Play 方法

播放 ShockwaveFlash 控件加载的 Flash 动画。

(4)Stop 方法

暂停 ShockwaveFlash 控件加载的正在播放的 Flash 动画。

3. ShockwaveFlash 控件的事件

ShockwaveFlash 控件的一个重要事件是 FSCommand()事件。

Flash 控制 VB 程序的基本原理为：在 Flash 的 ActionScript 有一个 FSCommand 函数，该函数可以发送 FSCommand 命令，使动画全屏播放，也可以隐藏动画菜单，更重要的是，它可以与外部文件和程序进行通信。而在 VB 程序中，就是利用 ShockwaveFlash 控件的 FSCommand 事件过程接收这些命令的，从而根据不同的命令及参数实现对 VB 程序的控制。

例 8-5　首先用 Flash 制作一个界面和一些交互按钮，并在每个按钮上面加入代码，将 Flash 导出为 swf 文件。

```
on(release){
fscommand("command1")
//发送 command1 命令
}
```

command1 是命令按钮的名称，在实际应用中可以根据该按钮实现的功能进行命名。

然后打开 VB 工程，加载 ShockwaveFlash 控件，并使用其 Movie 属性播放 Flash。

最后在窗体上双击 Flash 控件，在其 FSCommand 事件过程中编写如下代码：

```
Private Sub ShockwaveFlash1_FSCommand(ByVal command As String, ByVal args As String)
  Select Case command
    Case "command1"
      MsgBox "明日提示", vbInformation, "信息"
    ...
  End Select
End Sub
```

8.1.4 Animation 控件

Animation 控件可以用来播放无声的.AVI 文件。由于它使用独立的线程，应用程序可以在播放.AVI 文件的同时做其他的事情，如播放一些小巧的、用于提醒用户注意的动画等，Windows 操作系统中的文件复制和查找等动画就是用 Animation 控件实现的。

Animation 控件属于 ActiveX 控件，使用前应首先将其添加到工具箱中。选择"工程"→

“部件”命令，打开“部件”对话框，选择 Microsoft Windows Common Control-2 6.0 (SP4)，单击【确定】按钮将其添加到工具箱中。

1. Animation 控件的属性

Animation 控件只有一个主要属性，即 AutoPlay 属性。该属性用于在.AVI 文件加载到 Animation 控件时返回或设置一个值，该值确定 Animation 控件是否开始播放该.AVI 文件，如果值为 True，表示播放.AVI 文件；如果值为 False，表示不播放.AVI 文件。

2. Animation 控件的方法

(1)Open 方法

该方法用于打开一个将要播放的.AVI 文件。如果 AutoPlay 属性值为 True，则只要加载了该.AVI 文件，就开始播放。在关闭.AVI 文件或设置 AutoPlay 属性值为 False 之前，它都将不断重复播放。

例 8-6 窗体启动时，自动循环播放指定的.AVI 文件。

```
Private Sub Form_Load()
  Animation1. AutoPlay=True
  Animation1. Open App. Path & "\aa. avi"
End Sub
```

(2)Play 方法

在 Animation 控件中播放.AVI 文件，包括 3 个主要参数，其中，Repeat 参数用于指定重复播放的次数，默认值为－1，指播放次数不受限制；Start 参数用于指定开始的帧，默认值为 0，表示在第一帧上开始播放，最大值为 65535；End 参数用于指定结束的帧，默认值为－1，表示上一次播放的帧，最大值为 65535。

例 8-7 窗体启动时，播放指定的.AVI 文件。

主要代码如下：

```
Private Sub Form_Load()
  Animation1. Open App. Path & "\aa. avi"
  Animation1. Play
End Sub
```

(3)Stop 方法

Stop 方法用于在 Animation 控件中终止播放.AVI 文件。

(4)Close 方法

Close 方法使 Animation 控件关闭当前打开的.AVI 文件。

8.2 网络编程

随着计算机软硬件技术的不断提高，近年来，计算机网络得到了长足的发展。尤其是 Internet的兴起，使计算机网络技术的发展到了一个新的里程。互联网技术的发展日新月异,新技术和新方法层出不穷。相应的,网络应用程序开发也变得越来越复杂。

8.2.1 Winsock 控件

Winsock(Windows Socket)是 Microsoft 为 Win32 环境下的网络编程提供的接口,这些接口是以 API 形式出现的。Winsock 控件的工作原理为:服务器不停地监听检测客户端的请求,客户端则向服务器端发出连接请求,当两者的协议沟通时,客户端与服务器端就建立起了连接。此时,客户端继续请求服务器端发送或接收数据,服务器则在等待客户端的这些请求。

在使用前应首先在菜单栏中选择"工程"菜单中的"部件"命令,在弹出的部件对话框中选择"控件"选项卡,最后在该选项卡中选择"Microsoft Winsock Control 6.0(SP5)"复选框,将其添加到工具箱中。

1. Winsock 控件的属性

(1)LocalPort 属性

该属性用于返回或设置所用到的本地端口。对客户端来说,该属性指定发送数据的本地端口,如果应用程序不需要特定端口,则指定端口号为 0;对于服务器来说,该属性指定用于监听的本地端口,如果指定的端口号为 0,就使用一个随机端口。在调用了 Listen 方法后,该属性就包含了已选定的实际端口。

(2)RemotePort 属性

RemotePort 属性用于返回或设置所连接应用程序的远程端口号。

(3)State 属性

State 属性用于返回控件的状态,在设计时是只读的。

2. Winsock 控件的方法

(1)Accept 方法

Accept 方法用于接受新的连接,仅适用于 TCP 服务器应用程序,其语法格式如下:

```
object.Accept RequestID
```

Accept 方法一般与 ConnectionRequest 事件配合使用。ConnectionRequest 事件有一个对应的参数,即 RequestID 参数,该参数应该传给 Accept 方法。

(2)Listen 方法

该方法用于创建套接字并将其设置为监听模式,仅用于 TCP 连接,其语法格式如下:

```
object.Listen
```

(3)SendData 方法

该方法用于将数据发送给远程计算机,其语法格式如下:

```
object.SendData data
```

(4)GetData 方法

GetData 方法获取当前的数据块并将其存储在 Variant 变体类型的变量中。当本地计算机接收到远程计算机的数据时,数据将被存放在接收缓存中。要从接收缓存中取得数据,可以使用 GetData 方法。其语法格式如下：

```
object.GetData data,[type,][maxLen]
```

3. Winsock 控件的事件

(1)ConnectionRequest 事件

当远程计算机发出连接请求时触发 ConnectionRequest 事件。该事件仅用于 TCP 服务器应用程序，激活之后，RemoteHostIP 和 RemotePort 属性将存储有关客户端计算机的 IP 地址和端口等信息。

(2)DataArrival 事件

当新数据到达时触发该事件，通过该事件可以接收远程计算机发送过来的数据信息。

例 8-8 开发一个客户端/服务器端的聊天程序，该程序主要利用服务器端的 Winsock 控件绑定一个端口进行监听，当有来自客户端的请求发生时，就建立一个新的连接，之后就可以实现客户端和服务器端的通信。

(1)服务器端

在服务器端的应用程序中，输入客户机的 IP 地址，然后单击【设置服务器】按钮，将其设置为服务器端运行程序。运行效果如图 8-5 所示。

图 8-5 服务器端

下面是服务器端应用程序的关键代码：

```
Private Sub Cmd_setup_Click()                 '设置服务器按钮
    Winsock1.LocalPort=100                    '本地服务器端端口号
    Winsock1.RemotePort=200                   '客户端端口号
    Winsock1.Listen                           '监听
    Cmd_xxfs.Enabled=False                    '设置服务器成功后，该控件不可用
End Sub

Private Sub Cmd_xxfs_Click()                  '发送数据信息
```

```
    If Winsock1. State=7 Then
        Dim BB, DD
        If Txt_Server. Text="" Then
            MsgBox "不能发送空信息", , "系统提示"
        Else
            DD=Txt_Server. Text
            Winsock1. SendData "SENDINF" & DD  '发送消息
            Txt_Server. Text=""
        End If
    Else
        MsgBox "没有连接,请查正后再试", vbInformation, "错误"
    End If
End Sub

Private Sub Winsock1_DataArrival(ByVal bytesTotal As Long)  '接收新数据信息
    Dim strdata As String           '定义字符串变量
    Dim sdata As String             '定义字符串变量
    Winsock1. GetData strdata       '获得消息数据
    sdata=Left $ (strdata, 7)
    Select Case sdata
        '系统消息
    Case "SYSINFO"
        xtxx=Right $ (strdata, Len(strdata)-7)
        '发送消息
    Case "SENDINF"
        Dim aa, temp1
        sendxx=Right $ (strdata, Len(strdata)-7)
        aa="来自客户机 "+sendxx
        Txt_incept. Text=Txt_incept. Text & aa & vbCrLf
        '关闭服务端
    Case "OUITMYF"
        Winsock1. Close
        Winsock1. Listen
        Timer1. Enabled=True
    Case "GETFXIF"
        xtxx=Right $ (strdata, Len(strdata)-7)
    End Select
End Sub
```

(2)客户端

在客户端的应用程序中,输入服务器端程序的 IP 地址,单击【网络连接】按钮,使得客户端程序与服务器端程序取得连接,这时才可以发送数据信息进行聊天。运行效果如图 8-6 所示。

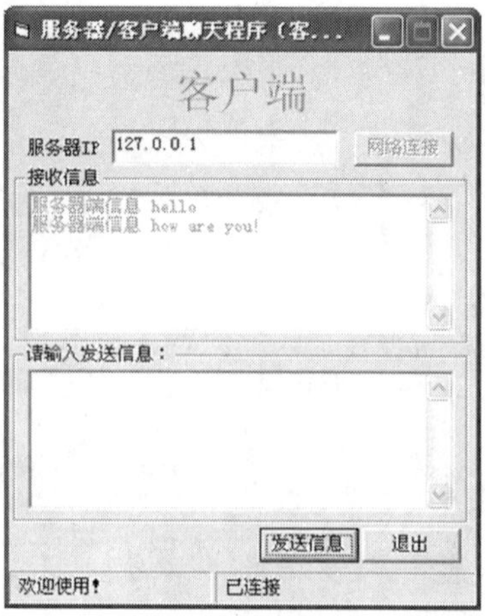

图 8-6　客户端

注意：本例中客户端与服务器端同在一台机器上，实际使用时，应注意 IP 的设置。

下面是客户端应用到的关键代码：

```
Private Sub Cmd_setup_Click()               '设置连接
    Cmd_setup.Enabled=False                 '设置与服务器连接成功后，该控件不可用
    Winsock1.RemoteHost=txtip.Text          '设置远程计算机
    Winsock1.LocalPort=200                  '本地服务器端端口号
    Winsock1.RemotePort=100                 '客户端端口号
    Winsock1.Connect                        '要求连接到远程计算机
End Sub

Private Sub Cmd_xxfs_Click()                '发送数据信息
    If Winsock1.State=7 Then
        Dim BB
        If Txt_Server.Text="" Then
            MsgBox "不能发送空信息",, "系统提示"
        Else
            Winsock1.SendData "SENDINF" & Txt_Server.Text     '发送消息
            Txt_Server.Text=""
        End If
    Else
        MsgBox "没有连接，请查正后再试", vbInformation, "错误"
    End If
End Sub

Private Sub Winsock1_DataArrival(ByVal bytesTotal As Long)     '接收新数据信息
    Dim sdata As String              '定义字符串变量
    Dim strdata As String            '定义字符串变量
```

```
    Dim mycommand As String              '定义字符串变量
    Winsock1. GetData sdata              '获得消息数据
    mycommand=Left $ (sdata, 7)
    Select Case mycommand                '消息
    Case "SENDINF"
        Dim aa
        sendxx=Right $ (sdata, Len(sdata)-7)
        aa="服务器端信息 "+sendxx
        Txt_incept. Text=Txt_incept. Text & aa & vbCrLf
    End Select
End Sub
```

8.2.2 InternetTransfer 控件

InternetTransfer 控件支持超文本传输协议（HTTP）和文件传输协议（FTP）。在使用前应首先在菜单栏中选择“工程”菜单中的“部件”命令，在弹出的部件对话框中选择“控件”选项卡，最后在该选项卡中选择“Microsoft Internet Transfer Control 6.0”复选框，将其添加到工具箱中。

1. InternetTransfer 控件的属性

(1)AccessType 属性

设置或返回一个值，决定该控件用来与 Internet 网进行通讯的访问类型(通过代理访问或直接访问)。正在处理异步请求时，该值可以改变，但到创建了下一个连接时，改变才会生效。该属性类型为整数(枚举型)，取值范围及含义如表 8-6 所示。

AccessType 属性取值及含义对照表 表 8-6

设置值	常数	说明
0	icUseDefault	缺省，控件使用在注册表中找到的缺省设置值来访问 Internet 网
1	icDirect	直接连到 Internet 网
2	icNamedProxy	命名代理，指示控件使用 Proxy 属性中指定的代理服务器

(2)Protocol 属性

设置或返回一个值，指定和 Execute 方法一起使用的协议。该属性类型为整数(枚举型)，取值范围及含义如表 8-7 所示。

Protocol 属性取值及含义对照表 表 8-7

设置值	常数	说明
0	icUnknown	未知的
1	icDefault	缺省协议
2	icFTP	FTP(文件传输协议)
3	icReserved	为将来预留
4	icHTTP	HTTP(超文本传输协议)
5	icHTTPS	安全 HTTP

(3)RemotePort 属性

返回或设置要连接的远程端口号。

注意:在设置 Protocol 属性时,将对每个协议的 RemotePort 属性自动设置成适当的缺省端口(HTTP 缺省端口 80,FTP 缺省端口 21)

2. InternetTransfer 控件的方法

(1)Execute 方法

执行对远程服务器的请求,只能发送对特定的协议有效的请求。

格式:object. Execute url, operation, data, requestHeaders

各参数含义见表 8-8。

Execute 方法参数含义对照表 表 8-8

设 置 值	说 明
url	可选的,字符串,指定控件将要连接的 URL。如果这里未指定 URL,将使用 URL 属性中指定的 URL
operation	可选的,字符串,指定将要执行的操作类型
data	可选的,字符串,指定用于操作的数据
requestHeaders	可选的,字符串,指定由远程服务器传来的附加的标头。它们的格式为:header name: header value vbCrLf

(2)OpenURL 方法

打开并返回指定 URL 的文档,文档以变体型返回。该方法完成时,URL 的各种属性(以及该 URL 的一些部分,如协议)将被更新,以符合当前的 URL。

格式:object. OpenUrl url [,datatype]

各参数含义见表 8-9。

OpenURL 方法参数含义对照表 表 8-9

设 置 值	说 明
url	必需的,被检索文档的 URL
datatype	可选的,整数,指定数据类型(0:缺省值,把数据作为字符串来检索;1:把数据作为字节数组来检索)

3. InternetTransfer 控件的事件

该事件是 InternetTransfer 控件的唯一事件,连接中状态发生改变时,就会引发该事件。

格式:object_StateChanged(ByVal State As Integer)

State 取值范围及含义如表 8-10 所示。

State 参数含义对照表 表 8-10

设 置 值	常 数	说 明
0	icNone	无状态可报告
1	icHostResolvingHost	该控件正在查询所指定的主机的 IP 地址
2	icHostResolved	该控件已成功地找到所指定的主机的 IP 地址

续上表

设置值	常　数	说　明
3	icConnecting	该控件正在与主机连接
4	icConnected	该控件已与主机连接成功
5	icRequesting	该控件正在向主机发送请求
6	icRequestSent	该控件发送请求已成功
7	icReceivingResponse	该控件正在接收主机的响应
8	icResponseReceived	该控件已成功地接收到主机的响应
9	icDisconnecting	该控件正在解除与主机的连接
10	icDisconnected	该控件已成功地与主机解除了连接
11	icError	与主机通讯时出现了错误
12	icResponseCompleted	该请求已经完成,并且所有数据均已接收到

例 8-9　编写简易的 FTP 连接器。

分析:新建工程,选择“工程”菜单下的“部件”命令,在“部件”窗口的“控件”列表中将“Microsoft Internet Transfer Control 6.0”前的复选框选中,然后确定。再在窗体中分别加入 1 个 Frame 控件并在该容器控件中添加 3 个 Label 控件及 3 个 TextBox 控件、2 个 CommandButton 控件,1 个 Label 控件和 1 个 Transfert 控件。界面可参考图 8-7。

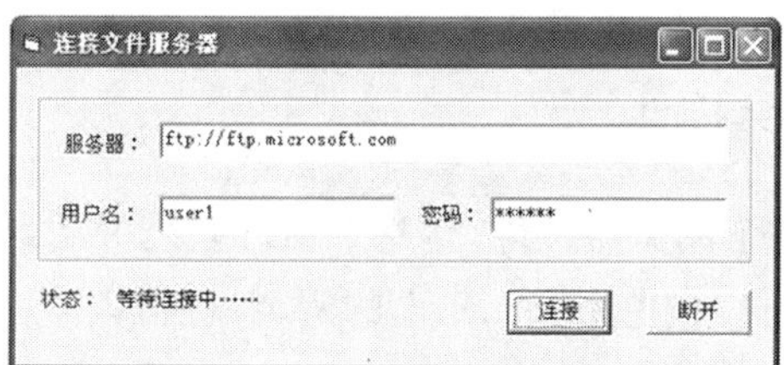

图 8-7　连接文件服务器

主要代码如下:

```
Option Explicit
Private Sub CommandConnect_Click()
    Inet1.Protocol=icFTP                'FTP 协议
    Inet1.RemoteHost=TextServer.Text    '服务器名
    Inet1.RemotePort=21                 '端口号为 21
    Inet1.UserName=TextUser.Text        '用户名
    Inet1.Password=TextPassword.Text    '密码
    Inet1.Execute
End Sub

Private Sub CommandDisconnect_Click()
    Inet1.Cancel
```

```
End Sub

Private Sub Inet1_StateChanged(ByVal State As Integer)
    Select Case State
        Case 1
            LabelStatus.Caption="等待连接中……"
        Case 2
            LabelStatus.Caption="服务器关闭"
        Case 3
            LabelStatus.Caption="发送连接请求……"
        Case 4
            LabelStatus.Caption="连接成功"
        Case 9
            LabelStatus.Caption="断开连接……"
        Case 10
            LabelStatus.Caption="已经断开"
        Case 11
            LabelStatus.Caption="连接错误"
    End Select
End Sub
```

8.2.3 WebBrowser 控件

WebBrowser 控件是一个浏览器控件，它基于 IE 内核，并封装了 IE 大部分的功能。利用 WebBrowser 控件不仅可以浏览 Internet 上的网页，也可以查看本地或者网络上的文件，同时还可以开发自己的浏览器程序。

WebBrowser 控件是 ActiveX 控件，在使用前应首先在菜单栏中选择“工程”→“部件”命令，在弹出的部件对话框中选择控件选项卡，最后在该选项卡中选择 Microsoft Internet Controls复选框，将其添加到工具箱中。

1. WebBrowser 控件的属性

(1)LocationName 属性

返回访问 Web 页的标题名称。

(2)LocationURL 属性

返回访问 Web 页的 URL 地址。

2. WebBrowser 控件的方法

(1)GoBack 方法

返回到上一页浏览过的网页页面。

(2)GoForward 方法

返回到下一页浏览过的网页页面。

(3)GoHome 方法

显示网站主页。

注意:只有在 Internet Explorer 的 Internet 选项当中设置了网站的默认主页时,该函数才起作用。

(4)Navigate 方法

确定所要浏览的网页。

例如,浏览网易网站主页代码如下:

```
Private Sub Command1_Click()
    WebBrowser1. Navigate "www. 163. com"
End Sub
```

(5)Refresh 方法

刷新正在浏览的网页。

(6)Stop 方法

停止连接网页。

注意:只有在浏览请求连接网页的过程中,停止操作才有效。

例 8-10　开发制作一个自己的浏览器程序。

分析:新建工程,选择“工程”菜单下的“部件”命令,在“部件”窗口的“控件”列表中将“Microsoft Internet Controls”前的复选框选中,然后确定。再在窗体中分别加入 1 个 WebBrowser控件、6 个 CommandButton 控件,1 个 Label 控件和 1 个 TextBox 控件。

主要的代码如下:

```
Option Explicit
Private Sub CommandBack_Click()
    WebBrowser1. GoBack
End Sub
Private Sub CommandForward_Click()
    WebBrowser1. GoForward
End Sub
Private Sub CommandHome_Click()
    WebBrowser1. GoHome
End Sub
Private Sub CommandLink_Click()
    WebBrowser1. Navigate Text1. Text
End Sub
Private Sub CommandRefresh_Click()
    WebBrowser1. Refresh
End Sub
Private Sub CommandStop_Click()
    WebBrowser1. Stop
End Sub
```

8.3 本章小结

本章介绍了多媒体和网络编程，在讲述多媒体编程时，介绍了 MMControl 控件、MediaPlayer 控件、ShockwaveFlash 控件和 Animation 控件；在讲述网络编程时，介绍了 Winsock 控件、InternetTransfer 控件和 WebBrowser 控件，所有控件的讲述仍然是从属性、事件和方法三处入手。

8.4 思考和练习

1. 填空题

(1)ShockwaveFlash 控件______属性返回加载的 Flash 动画的总帧数，调用______方法跳到 Flash 动画的下一帧。

(2)WindowsMediaPlayer 控件 Balance 属性设置或返回指定立体声媒体文件的播放声道，设置媒体文件为左声道时该属性值为______。

(3)InternetTransfer 控件支持______协议和______协议。

(4)设置 InternetTransfer 控件的 Protocol 属性为 HTTP 时 RemotePort 属性自动设置为缺省端口______，FTP 时 RemotePort 属性自动设置为缺省端口______。

2. 编程题

(1)利用 InternetTransfer 控件编程实现下载 URL 文档。

(2)利用 ShockwaveFlash 控件编写一个简易 Flash 动画播放器。

(3)利用 MediaPlayer 控件编写一个简易媒体播放器。

(4)利用 WebBrowser 控件编写一个简易 IE 浏览器。

第九章 数据库应用基础

随着计算机软硬件技术的不断发展，数据管理也经历了不同的阶段，如人工管理阶段、文件系统阶段，至今已发展到数据库系统阶段。数据库系统阶段使得对大量数据的管理比用文件管理具有更高的效率。在各行各业的信息处理中，数据库技术得到了普遍应用。数据库技术所研究的问题是如何科学地组织和存储数据，以及如何高效地获取和处理数据。

Visual Basic 在数据库方面提供了强大的功能和丰富的工具。利用 Visual Basic 提供的数据库管理功能，可以很容易地进行数据库应用程序的开发。本章讲述数据库的基本知识和有关操作。

学习目标

学完本章后，应该达到如下学习目标：

(1)了解数据、数据库的基本概念。

(2)掌握 VB 数据库应用程序的基本框架。

(3)了解可视化数据管理器的使用。

(4)掌握 SQL 操纵数据的方法。

(5)理解 VB 数据对象及数据库访问机制。

本章重难点

1. 本章重点

(1)VB 数据库应用程序的基本框架。

(2)利用 SQL 语言操纵数据库的方法。

(3)Data 控件和 ADO 控件的使用。

2. 本章难点

(1)VB 程序连接数据库的基本方法。

(2)增加、修改、删除和查询数据表的方法。

9.1 案例引入及分析

例 9-1 外语是人生的重要工具，所以大家都无一例外地在学外语。学习外语的最大难点之一，就是词汇量的积累。我们可以编写一个软件帮助记单词。

图 9-1 是简易学单词软件的界面截图，用户可以手动单击词库进行单词的浏览，也可以每隔一定的时间由软件自动换单词。

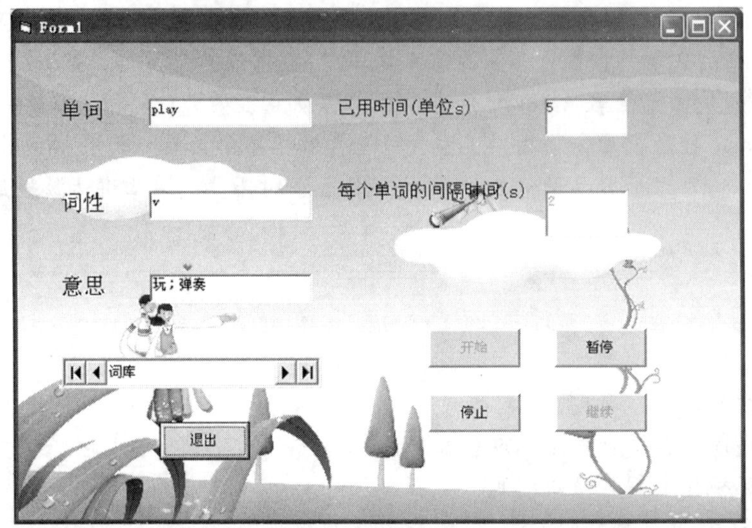

图 9-1 VB学单词

本例需要用到数据库的知识，也就是本章所要学习的知识点。

9.2 数据库简介

数据库技术是计算机科学的重要分支，数据库应用成为当今计算机应用的主要领域之一。在学习 VB 访问数据库之前，首先介绍数据库的基本概念和基本知识。

9.2.1 数据库基本概念

数据、数据库、数据库管理系统和数据库系统是与数据库技术密切相关的 4 个基本概念。

1. 数据

数据是数据库中存储的基本对象。数据在大多数人头脑中的第一个反应就是数字，其实数字只是最简单的一种数据，是对数据的一种传统和狭义的理解。广义的理解，数据的种类很多，包括文字、图形、图像、声音、职工的工资记录和学生的档案情况等。

为了了解世界、交流信息，人们需要描述事物。在计算机中，为了存储和处理这些事物，就要抽出对这些事物感兴趣的特征组成一个记录来描述。例如,在学生的档案中,如果人们最感兴趣的是学生的姓名、性别、年龄、出生年月、籍贯、所在系和入学时间,就可以这样描述:(杨兵,男,1992,辽宁,计算机系,2013),这里的学生记录就是数据。

2. 数据库

数据库(Data Base,DB),是指存放数据的仓库,即以一定的组织方式将数据存储在一起,为多个用户共享,且独立于应用程序的相互关联的数据集合。数据库有以下几个特点:数据结构化;数据共享;数据独立性。

3. 数据库管理系统(Data Base Management System,DBMS)

DBMS是一种操纵和管理数据库的大型软件,用于建立、使用和维护数据库。它对数据库进行统一的管理和控制,以保证数据库的安全性和完整性。用户通过DBMS访问数据库中的数据,数据库管理员也通过DBMS进行数据库的维护工作。它可使多个应用程序和用户用不同的方法在同时或不同时刻去建立,修改和访问数据库。目前比较流行的DBMS有Oracle、Sybase、MS SQL Server、Microsoft Access等。

DBMS是位于用户与操作系统之间的一层数据管理软件,主要有以下一些功能。

(1)数据定义

DBMS提供数据定义语言DDL(Data Definition Language),供用户定义数据库的三级模式结构、两级映像以及完整性约束和保密限制等约束。DDL主要用于建立、修改数据库的库结构。DDL所描述的库结构仅仅给出了数据库的框架,数据库的框架信息被存放在数据字典(Data Dictionary)中。

(2)数据操作

DBMS提供数据操作语言DML(Data Manipulation Language),供用户实现对数据的追加、删除、更新和查询等操作。

(3)数据库的运行管理

数据库的运行管理功能是DBMS的运行控制、管理功能,包括多用户环境下的并发控制、安全性检查和存取限制控制、完整性检查和执行、运行日志的组织管理、事务的管理和自动恢复,即保证事务的原子性。这些功能保证了数据库系统的正常运行。

(4)数据组织、存储与管理

DBMS要分类组织、存储和管理各种数据,包括数据字典、用户数据、存取路径等,需确定以何种文件结构和存取方式在存储级上组织这些数据,如何实现数据之间的联系。数据组织和存储的基本目标是提高存储空间利用率,选择合适的存取方法提高存取效率。

(5)数据库的保护

数据库中的数据是信息社会的战略资源,所以数据的保护至关重要。DBMS对数据库的保护通过4个方面来实现:数据库的恢复、数据库的并发控制、数据库的完整性控制和数据库安全性控制。DBMS的其他保护功能还有系统缓冲区的管理以及数据存储的某些自适应调节机制等。

(6)数据库的维护

这一部分包括数据库的数据载入、转换、转储、数据库的重组合重构以及性能监控等功能,这些功能分别由各个使用程序来完成。

(7)通信

DBMS 具有与操作系统的联机处理、分时系统及远程作业输入的相关接口，负责处理数据的传送。对网络环境下的数据库系统，还应该包括 DBMS 与网络中其他软件系统的通信功能以及数据库之间的互操作功能。

4. 数据库系统(Data Base System，DBS)

数据库系统是指在计算机系统中引入数据库后的系统，一般由数据库，数据库管理系统，支持数据库运行的软、硬件环境以及用户和数据库管理员构成。数据库系统实现了有组织、动态存储大量关联数据，方便了多用户访问计算机软、硬件和数据资源。

数据库系统一般由 4 个部分组成。

(1)数据库(database，DB)

它是指长期存储在计算机内的，有组织，可共享的数据的集合。数据库中的数据按一定的数学模型组织、描述和存储，具有较小的冗余，较高的数据独立性和易扩展性，并可为各种用户共享。

(2)硬件

是构成计算机系统的各种物理设备，包括存储所需的外部设备。硬件的配置应满足整个数据库系统的需要。

(3)软件

包括操作系统、数据库管理系统及应用程序。数据库管理系统(database management system，DBMS)是数据库系统的核心软件，是在操作系统的支持下工作，解决如何科学地组织和存储数据，如何高效获取和维护数据的系统软件。其主要功能包括：数据定义功能、数据操纵功能、数据库的运行管理和数据库的建立与维护。

(4)人员

主要有 4 类。第一类为系统分析员和数据库设计人员，系统分析员负责应用系统的需求分析和规范说明，和用户及数据库管理员一起确定系统的硬件配置，并参与数据库系统的概要设计。数据库设计人员负责数据库中数据的确定、数据库各级模式的设计。第二类为应用程序员，负责编写使用数据库的应用程序。这些应用程序可对数据进行检索、建立、删除或修改。第三类为最终用户，他们利用系统的接口或查询语言访问数据库。第四类用户是数据库管理员(data base administrator，DBA)，负责数据库的总体信息控制。DBA 的具体职责包括：具体数据库中的信息内容和结构，决定数据库的存储结构和存取策略，定义数据库的安全性要求和完整性约束条件，监控数据库的使用和运行，负责数据库的性能改进、数据库的重组和重构，以提高系统的性能。

9.2.2 关系数据库

根据数据模型，数据库可以分为层次数据库、网状数据库和关系数据库。关系数据库是目前各类数据库中最重要、最流行的，也是目前使用最广泛的数据库系统。本章讨论的是关系数据库。

1. 关系数据库的概念

按关系模型组织和建立的数据库称为关系数据库。关系数据模型的逻辑结构是一个二维表,它由行和列组成,如表 9-1 所示。一个关系数据库由若干个数据表组成,一个数据表又由若干个记录组成,而每个记录又是由若干个以字段属性加以分类的数据项组成。

学生基本信息表　　表 9-1

学　号	姓　名	性　别	年　龄	班　级	民　族
20140101	邱帅	男	19	计 1401	汉族
20140102	王一涵	女	18	计 1401	蒙古族
20140201	樊春玲	女	19	计 1402	汉族
20140202	李梅梅	女	18	计 1402	回族

2. 关系数据库的基本术语

(1)数据表(Table)。数据表简称表,由一组数据记录组成。数据库中的数据是以表为单位进行组织的。一个表是一组相关的按行排列的数据,每个表中都含有相同类型的信息。

(2)记录(Record)。每张数据表由若干行和列构成,其中每一行为一个记录。例如表9-1中包括 4 条记录。表中不允许出现完全相同的记录,但记录出现的先后次序可以任意。

(3)字段(Field)。数据表中的每一列称为一个字段,列的名字称为字段名。数据表各字段名互不相同。列出现的顺序也可以是任意的,但同一列中的数据类型必须相同。

(4)关键词(Keyword)。关系数据库中可以将某个字段或某些字段的组合定义为关键词。能够唯一区分、确定不同记录的关键词为主关键词(Primary Key)。例如在表 9-1 的学生基本信息表中,"学号"能作为唯一确定学生的关键词,而"性别"则不能作为唯一确定学生的关键词。如果关键词用于连接另一个表格,并且在另一个表中为主关键词,就称此关键词为外部关键词(Foreign Key)。

(5)索引(Index)。索引实际上是一种特殊的表,其中含有关键词字段的值和指向实际位置的指针。在检索数据时,数据库管理程序首先从索引文件上找到信息的位置,再从表中读取数据,因此使用索引可以大大提高检索速度。

9.3 可视化数据管理器

在使用 VB 开发数据库应用程序时,其后台数据库可以选用任意一种格式,如 Foxpro、Paradox、SQL Server 和 Oracle 等,甚至可以是一个文本文件。数据库的建立即可以使用相应的应用程序建立,也可以使用 VB 提供的可视化数据管理器(VisData)程序建立。利用可化视数据管理器提供的可视化接口能方便、快捷地实现数据库的建立,数据的增、删、改、查等操作。而且不需要编写任何代码。但利用可视数据管理器操作数据库也有一定的局限性,它不适用于大型数据库的应用。本节以 Microsoft Access 的. MDB 数据库为例,介绍使用可视化数据管理器进行数据库操作的方法。

9.3.1 数据库的建立

1. 启动可视化数据管理器

在 Visual Basic 开发环境中单击"外接程序"菜单,选择"可视化管理器"即可启动

VisData，如图 9-2 所示。

图 9-2　VisData 界面

2. 创建数据库

在 VisData 窗口中，单击“文件”菜单中的“新建”，选择“Microsoft Access 数据库”，再选择“Version 7.0 MDB(7)”，在弹出的对话框中输入数据库文件名及所要保存的路径，单击“确定”按钮，便建立相应的数据库，如 ciku.mdb。利用 VisData 窗口中的“文件”菜单也可以打开已有的数据库文件。

建立数据库后的界面如图 9-3 所示。

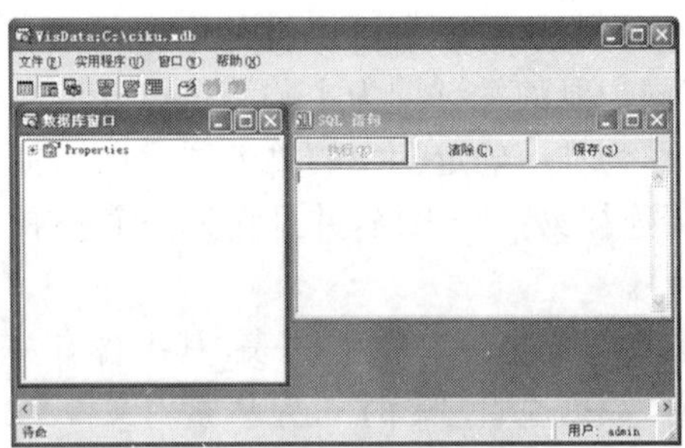

图 9-3　VisData 窗口

3. 创建数据库表

数据库只是一个“容器”，数据库中的数据存放在若干表中，因此建立数据库后，还需要创建若干表。再建表之前应首先设计表的结构，即表由哪些字段构成、字段的名称、字段的类型、长度等。VB 学单词程序中涉及的单词表的结构见表 9-2。

单词基本信息表结构　　表 9-2

字 段 名	字 段 类 型	字 段 长 度
单词	字符	50
词性	字符	20
含义	字符	50

设计好表的结构之后，即可利用 VisData 窗口创建表。具体操作步骤是以下几方面内容。

(1)在“VisData 窗口”的“数据库窗口”中，鼠标右击“Properties”(如图 9-3 所示)，在快捷菜单中选择“新建表”命令。弹出“表结构”对话框，如图 9-4 所示。

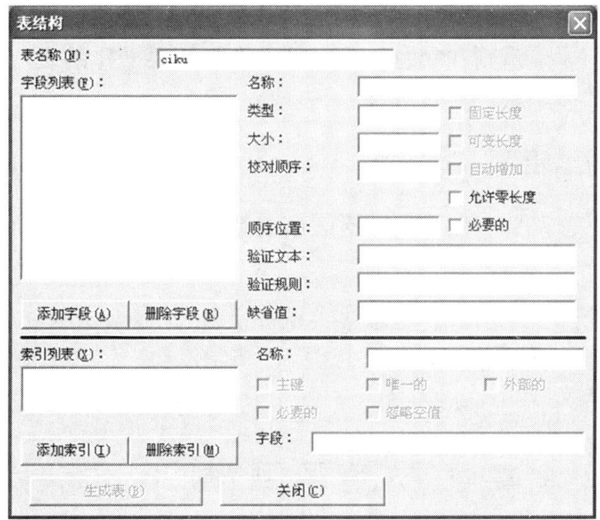

图 9-4　“表结构”对话框

(2)在“表结构”对话框中输入表名,单击“添加字段”按钮,显示“添加字段”对话框,如图 9-5所示。

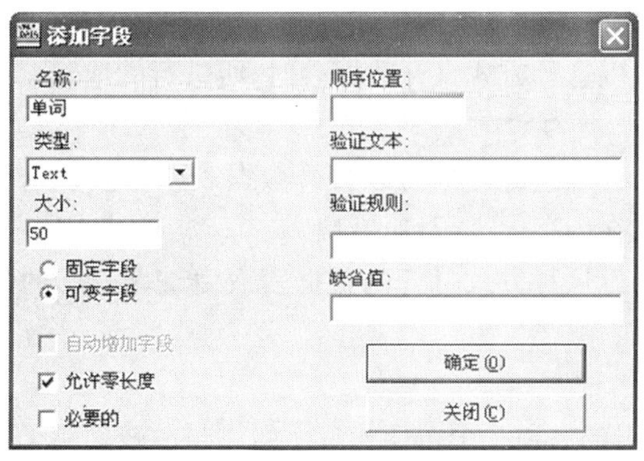

图 9-5　“添加字段”对话框

(3)在“添加字段”对话框中输入字段名、字段类型、字段长度等内容,单击“确定”按钮。所输入的字段便添加到字段列表框中。以此方法,添加表中的其他字段。

①“必要的”:选中时表示字段必须是非 Null 值。

②“顺序位置”:确定字段的相对位置。

③“验证文本”:如果用户输入的字段值无效,此处输入的文本是应用程序将显示的消息文本。

④“验证规则”:确定字段可以添加什么样的数据。如“＜999”表示字段值必须小于 999。

⑤“缺省值”:在输入字段内容时,如果不输入该字段内容,则使用该缺省值作为字段内容。

(4)字段的添加完成后,单击“退出”按钮,显示“表结构”对话框。

(5)在“表结构”对话框中单击“生成表”按钮,所建立的表便显示在“VisData 窗口”的“数据库窗口”中。

如果想删除字段，则在“表结构”对话框中选中所要删除的字段，单击“删除字段”按钮；如果想修改表结构或删除表，则在“数据库窗口”中右击所要操作的表，在快捷菜单中选择相应的操作即可。利用“表结构”窗口还可以为表建立索引。

9.3.2 数据的编辑

利用可视化数据管理器，可以方便的对表中的数据进行添加、删除和编辑等操作。

1.“数据管理器”的工具栏

可视化数据管理器的工具栏由“记录集类型按钮组”、“数据显示按钮组”和“事务方式按钮组”3 部分组成，如图 9-6 所示。

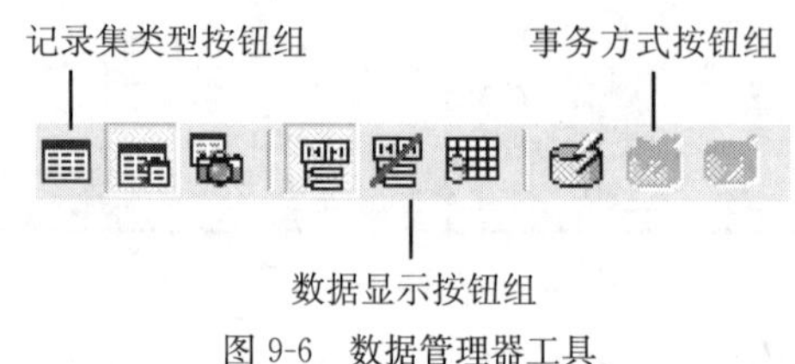

图 9-6 数据管理器工具

(1)记录集类型按钮组

记录集类型按钮组为开头的 3 个按钮，它们的说明有如下几个内容。

①表类型记录集：在以这种方式打开数据表时，所进行的增、删、改等操作都将直接更新数据表中的数据。

②动态集类型记录集：以这种方式可以打开数据表或由查询返回的数据，所进行的增、删、改及查询等操作都先在内存中进行，速度快。

③快照类型记录集：以这种方式打开的数据表或由查询返回的数据仅供读取而不能更改，适用于进行查询工作。

(2)数据显示按钮组

在记录集类型按钮组的右边 3 个按钮构成了数据显示按钮组，它们的说明如下。

①在窗体上使用 Data 控件：在显示数据表的窗口中使用 Data 控件来控制记录的滚动。

②在窗体上不使用 Data 控件：在显示数据表的窗口中不使用 Data 控件，而是使用水平滚动条来控制记录的滚动。

③在窗体上使用 DBGrid 控件：在显示数据表的窗口中使用 DBGrid 控件。

(3)事务方式按钮组

在数据显示按钮组的右边 3 个按钮构成了事务方式按钮组，它们的说明有如下几个内容。

①开始事务：开始将数据写入内存数据表中。

②回滚当前事务：取消由“开始事务”的写入操作。

③提交当前事务：确认数据写入的操作，将数据表数据更新，原有数据将不能恢复。

2. 数据的输入、修改、删除

具体操作步骤有如下几方面内容。

(1)在“数据管理器”的工具栏中选择“动态集类型记录集”、“在窗体上使用 Data 控件”

和“开始事务”三个按钮。

(2)在“数据库窗口”中双击数据表名(如:ciku),或用鼠标右键单击表名,在快捷菜单中选择“打开”命令,即出现“动态集”窗口,如图 9-7 所示。

(3)单击“添加”按钮,打开“数据录入”窗口,如图 9-8 所示。在该窗口中输入一条记录,完成后,单击“更新”按钮返回“动态集”窗口。

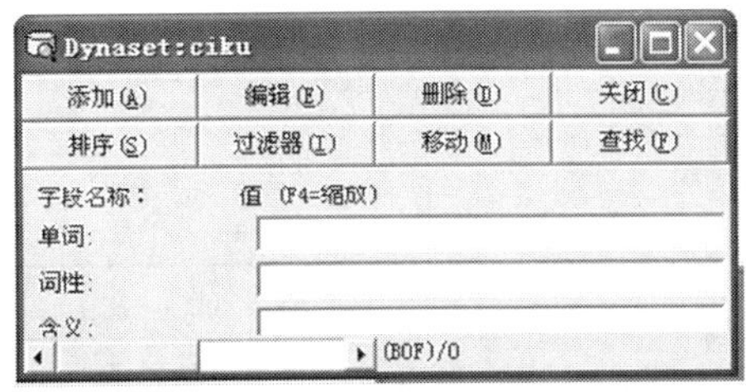

图 9-7　“动态集”窗口

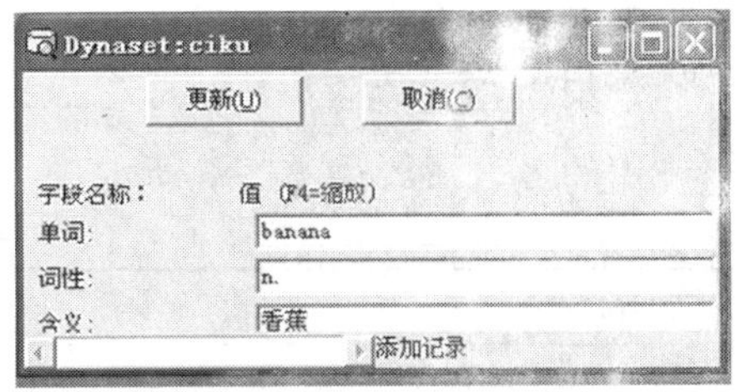

图 9-8　“数据录入”窗口

(4)重复上述操作,输入其他记录。全部记录输入完成后单击“关闭”按钮,输入的记录便保存到数据库中。

(5)在“动态集”窗口中,利用“编辑”和“删除”等按钮可以对记录进行相应的编辑。

9.3.3 数据的查询

利用“动态集”窗口,可以方便地查找记录,具体操作如下:

(1)在“动态集”窗口中,单击“查找”按钮,打开“查找记录”对话框,如图 9-9 所示。

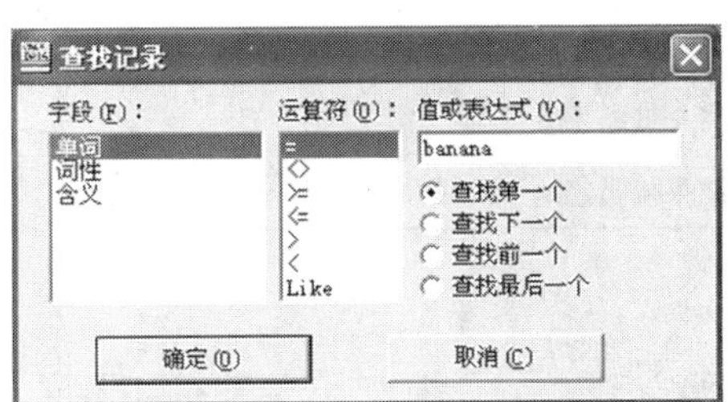

图 9-9　“查找记录”对话框

(2)在对话框中选择字段、运算符,输入所要查找的记录值或表达式,单击“确定”按钮,在“动态集”窗口中便显示满足条件的记录。

(3)利用“动态集”窗口中的按钮可以对找到的记录进行编辑、删除等操作。

数据的查询也可以通过 SQL 语句实现,在下一节中将作介绍。

9.4 结构化查询语言 SQL

结构化查询语言(Structured Query Language, SQL)是访问数据库的标准语言,使用 SQL 语言可以从数据库中获取数据,建立数据库和数据库对象,增加、修改数据和实现复杂的查询功能。SQL 语言是数据库系统开发的基础,本节主要介绍常用的 SQL 命令。

9.4.1 SQL 语言

SQL 是由 IBM 发展起来的一种综合的、通用的、功能极强的关系数据库语言。它集数据查询(Query)、数据操纵(Manipulation)、数据定义(Definition)和数据控制(Control)功能于一体。

SQL 语言由命令、子句、运算符和统计函数构成。

1. 常用的 SQL 命令

常用的 SQL 命令如表 9-3 所示。

常用的 SQL 命令 表 9-3

SQL 命令	功 能	SQL 命令	功 能
Create	创建新的表、字段、索引	Delete	从数据库中删除记录
Drop	从磁盘上删除表	Insert	在数据库中插入记录
Select	在数据库中查找记录	Update	改变特定记录和字段的值

2. 子句

SQL 命令中经常包含子句,子句用来设置被操作对象的条件,常用的 SQL 命令子句如表 9-4 所示。

SQL 命令的子句 表 9-4

子 句	说 明	子 句	说 明
From	用来指定选取记录的表名	Where	用来指定查询条件
Group By	用来将查询结果分组	Having	用来指定分组的条件
Order By	用来将查询结果按指定的字段排序		

3. 运算符

SQL 运算符有算术运算符、逻辑运算符、比较运算符和谓词运算符等。

(1)算术运算符:+、-、*、/。

(2)逻辑运算符 AND、OR 、NOT。

(3)比较运算符:=、<>、>、>=、<、<=。

(4)谓词运算符:一般用在查询条件中,通过 SQL 的 Where 子句实现。主要的谓词运算符如表 9-5 所示。

主要谓词运算符 表 9-5

谓词运算符	说 明
In	属于集合
Between A And B	大于或等于 A 且小于或等于 B
Like	模式匹配,"%"表示匹配任意多个字符, "-"表示匹配一个字符

4. 统计函数

SQL 中常用的统计函数如表 9-6 所示。

统计函数　　表 9-6

统计函数	说　明	统计函数	说　明
AVG	用来获得特定字段中的值的平均数	COUNT	用来返回选定记录的个数
SUM	用来返回特定字段中所有值的总和	MAX	用来返回指定字段中的最大值
MIN	用来返回指定字段中的最小值		

9.4.2　常用的 SQL 语句

1. SELECT 查询语句

在众多的 SQL 命令中，SELECT 语句应该算是使用最频繁的。SELECT 语句主要用来对数据库进行查询并返回符合用户查询标准的结果数据。SELECT 语句的格式如下：

```
SELECT [ DISTINCT]〈字段列表〉
FROM 〈表名〉
[WHERE <条件表达式>]
[GROUP BY〈列名〉]
[ORDER BY〈列名〉[ASC|DESC]；
```

功能：从指定的基本表或视图中，找出满足条件的记录，并对查询结果进行分组、统计、排序。

说明：

(1)“字段列表”可以是表的字段，也可以用“＊”表示。如用“＊”，则查询结果包含表的所有字段列。选项 DISTINCT 表示查询结果如有重复行，则去掉重复记录。

(2)FROM 子句给出要查找的数据来自哪些表或视图。

(3)WHERE 子句的“条件表达式”，给出对表或视图中记录的挑选条件。

(4)GROUP BY 子句给出按“列名”的值进行分组，该列值相等的分为一组可以实现数据的分组统计。

(5)ORDER BY 子句的作用是把查询结果按“列名”排序。ASC 和 DESC 分别表示升序和降序，缺省为升序。

2. SELECT 查询语句举例

设有以下四个反映学生选课和教师上课的基本表：

学生(学号，姓名，性别，年龄，班级，家庭地址)

教师(工号，姓名，性别，部门，职称)

课程(课程号，课程名，任课教师，学分)

选课(学号，课程号，成绩)

以下 SQL 语句可以在 Visdata 窗口的 SQL 语句窗口中进行调试。

例 9-2　查询全部学生的基本信息。

```
SELECT * FROM 学生
```

例 9-3　查询学生的学号、姓名、班级信息。

```
SELECT 学号,姓名,班级 FROM 学生
```

例 9-4 查询班级为“计 0702”班学生的学号、姓名、年龄和家庭地址信息。

```
SELECT 学号,姓名,年龄,家庭地址 FROM 学生 WHERE 班级='计 0702'
```

例 9-5 查询年龄大于 18 岁,姓张的学生的信息,并将结果按年龄降序排列。

```
SELECT *  FROM 学生 WHERE 年龄>18 AND 姓名 LIKE '张%' ORDER BY 年龄 DESC
```

例 9-6 查询所有学生的课程编号为'130001'的期末成绩,并显示学生学号、姓名、课程名称和成绩。

```
SELECT 学生.学号,学生.姓名,课程.课程名,选课.成绩 FROM  选课,学生,课程  WHERE (课
程.课程号='130001' AND 学生.学号=选课.学号 AND  选课.课程号=课程.课程号)
```

说明:

SQL 可以把多个表联合起来进行查询。这种在一个查询中同时涉及两个以上的表的查询,称之为连接查询。关于多表联合查询的详细情况请参阅有关资料。

例 9-7 查询年龄在 18～20 岁之间的学生的姓名、年龄。

```
SELECT 姓名,年龄 FROM 学生 WHERE 年龄 BETWEEN 18 AND 20;
```

例 9-8 查询所有姓刘的学生的详细情况。

```
SELECT * FROM 学生 WHERE 姓名 LIKE  '刘%';
```

3. DELETE 删除语句

DELETE 语句的一般格式如下:

```
DELETE
FROM<表名>
[WHERE<条件>];
```

功能:DELETE 语句从指定表中删除满足 WHERE 子句条件的所有记录。

说明:如果省略 WHERE 子句,表示删除表中的全部数据记录,注意不是删除表,表的结构定义仍在数据库中。

(1)DELETE 删除的是基本表中的数据,而非表的定义(结构)。

(2)如果省略 WHERE 子句,表示删除表中的全部数据记录。

(3)WHERE 子句中可插入子查询。

例 9-9 删除词库表(ciku)中的所有信息。

```
DELETE  FROM  CIKU
```

例 9-10 删除词库表(ciku)中单词为 banana 的记录。

```
DELETE  FROMCIKU WHERE 单词=' banana ';
```

4. UPDATE 更新语句

UPDATE 语句的一般格式如下:

```
UPDATE <表名>
SET<列名>=<表达式>[,<列名>=<表达式>]……
[WHERE<条件>];
```

功能：用 SET 子句中给出<表达式>的值，修改指定表中满足 WHERE 子句条件的记录中相应的字段值。如果省略 WHERE 子句，则表示要修改表中所有的记录。

例 9-11　将词库表（ciku）中单词为 banana 的词性改为“名词”。

```
UPDATE CIKU SET 词性 ='名词'  WHERE  单词='banana';
```

5. INSERT 插入语句

插入语句的一般格式如下：

```
INSERT
INTO<表名>[<属性列 1>[,<属性列 2>]……]
VALUES(<常量 1>[,<常量 2>]……);
```

功能：将新记录插入到指定表中。

说明：

（1）新记录的字段 1 的值为常量 1，字段 2 的值为常量 2，以此类推。

（2）INTO 子句中没有出现的属性列，新记录在这些列上将取空值。但定义表时说明了 NOT NULL 的字段列不能取空值，否则会出错。

（3）如果 INTO 子句中没有指明任何列名，则新插入的记录必须在每个字段上均有值。

例 9-12　将一个新单词记录（单词：class、词性：名词、含义：级别）插入到“CIKU”表中。

```
INSERT INTOCIKU VALUES('class ','名词','级别');
```

掌握 SQL 语句对数据库系统的开发至关重要，由于篇幅原因，本节只对几条 SQL 语句做了简单的介绍，关于 SQL 语句更详细的介绍，请参阅有关手册。

9.5 使用 Data 控件访问数据库

Data 控件是 VB 用来进行数据库访问的标准控件。使用 Data 控件几乎不用编写代码便可以轻松地实现对数据库的操作。本节将介绍使用 Data 控件和数据绑定控件编写数据库应用程序的方法。

9.5.1 Data 控件简介

Data 控件是 VB 的标准控件。利用 Data 控件可以无缝地访问多种数据库，如 Microsoft Access、dBASE、FoxPro 等。此外，Data 控件还可以通过开放式数据库连接（ODBC），访问各种服务器型数据库，例如 SQL Server 和 Oracle 等。

在 VB 工具箱中双击 Data 控件图标，即可以在窗体上添加 Data 控件 Data1 。Data 控件共有 4 个按钮，从左至右分别是：将记录指针移到第一条记录；将记录指针前移一条记录；将指针后移一条记录；将指针移到最后一条记录。第一个 Data 控件的默认名称为Data1。

9.5.2 Data 控件的属性、方法和事件

1. Data 控件的属性

(1)Connect 属性

Connect 属性用于设置要连接的数据库类型，该属性缺省为 Microsoft Jet 数据库，因此对于 Access 可以不设。Connect 属性可以在 VB 的属性窗口设置，也可以在程序中通过语句设置。通过语句设置的例子如下：

```
Data1.Connect="Access"
```

(2)DatabaseName 属性

DatabaseName 属性用于设置被访问的数据库的路径和文件名，如“d:\ciku.mdb”，即设置 Data 控件访问的数据库文件。通过语句设置的例子如下：

```
Data1. DatabaseName="d:\ciku.mdb"
```

(3)RecordSource 属性

RecordSoure 属性用于设置数据的来源，即设置 Data 控件所要打开的数据库表。如，例 9-9中的“ciku”表就是连接并打开的数据源。RecordSoure 可以是数据库表，也可以是一个 SQL 查询语句，通过语句设置的例子如下：

```
Data1.RecordSource="select * fromciku"
```

(4)ReadOnly 属性

ReadOnly 属性设置数据库否以只读打开。设置为 True 时，可以显示数据无法写入或修改数据。设置为 False(默认值)时，即为可写方式。

2. Data 控件的方法

Data 控件常用的方法有如下几个内容。

(1)Refresh 方法

Refresh 方法用于打开或重新打开数据库并重新生成 Data 控件的记录集。

如果在设计状态没有为 Data 控件的某些属性赋值，或当 Data 控件的某些属性在程序运行时设置或修改后(如：Connect、RecordSource、ReadOnly 等)，必须使用 Data 控件的 Refresh 方法重新生成记录集。

例如，在运行时设置 Data 控件的 DatabaseName 属性，则可以使用以下代码：

```
Data1. DatabaseName="d:\ciku.mdb"
Data1.RecordSource="ciku"            'ciku 为表名，和上行的 ciku.mdb 不同
Data1.Refresh
```

(2)UpdateControl 方法

UpdateControl 方法用于将数据从数据库中重新读到数据绑定控件内。

如果用户在数据绑定控件中对记录进行了修改，使用此方法将使数据绑定控件的内容恢复为修改前的值，即可以终止用户对绑定控件内数据的修改。

例如，取消对当前记录修改的代码如下：

```
Private Sub CmdCancel_Click()            '"放弃"按钮
    Data1. UpdateControls                '放弃对记录的修改
End Sub
```

(3)UpdateRecord 方法

UpdateRecord 方法用于将当前的内容保存到数据库。

例如，把当前的内容保存到数据库的代码如下：

```
Private Sub CmdSave_Click()    '"保存"按钮
    Data1. UpdateRecord        '保存数据
End Sub
```

3. Data 控件的事件

Data 控件有 3 种主要的事件。

(1)Reposition 事件：当一条记录成为当前记录时触发该事件。当用户单击 Data 控件上某个按钮进行记录间的移动，或者使用了某个 Move 方法、Find 方法，使某条记录成为当前记录以后，均会发生 Reposition 事件。

(2)Validate 事件：当一条不同的记录成为当前记录之前，或调用该 Data 控件的记录集对象的 Update 方法、Delete 方法和 Close 方法之前，以及卸载窗体之前触发该事件。

该事件过程的基本语法格式如下：

```
Private Sub 控件名_Validate (Action As Integer,Save As Integer)
```

其中 Action 参数是一个整型数，用以判断是何种操作触发了 Validata 事件，也可以在 Validate 事件过程中重新给 Action 参数赋值，从而使得在事件结束后执行新的操作。Action 参数的具体设置如表 9-7 所示。

Action 参数的设置　　表 9-7

常　　数	值	描　　述
vbDataActionCancel	0	当 Sub 退出时取消操作
vbDataActionMoveFirst	1	MoveFirst 方法
vbDataActionMovePrevious	2	MovePrevious 方法
vbDataActionMoveNext	3	MoveNext 方法
vbDataActionMoveLast	4	MoveLast 方法
vbDataActionAddNew	5	AddNew 方法
vbDataActionUpdate	6	Update 操作(不是 UpdateRecord)
vbDataActionDelete	7	Delete 方法
vbDataActionFind	8	Find 方法
vbDataActionBookmark	9	Bookmark 属性已被设置
vbDataActionClose	10	Close 的方法
vbDataActionUnload	11	窗体正在卸载

Save 参数是一个逻辑值，用以判断与该 Data 控件绑定的控件中的内容是否被修改。如果 Validate 事件过程结束时，Save 参数为 True 则保存所做修改，为 False 则忽略所做修改。

例如：下面的事件判断触发 Validate 事件的操作，对更新和删除操作给出了相应的处理代码。

```
Private Sub Data1_Validate(Action As Integer, Save As Integer)
Select Case Action
   Case 6                    ' Update
     If MsgBox("是否保存对当前记录的修改", vbYesNo, "信息提示")="vbYes" Then
         Save=True
     End If
  Case 7                     ' Delete
     If MsgBox("确实删除记录吗", vbYesNo, "信息提示")="vbYes" Then
         Save=True
     End If
  End Select
End Sub
```

9.5.3 Data 控件常用的数据绑定控件

Data 控件可以实现对数据库的访问，但无法显示字段的内容。因此 Data 控件和数据绑定控件一起使用，显示数据库中某字段的值并接受用户的修改。

1. 数据绑定控件的类型

VB 支持几种能与 Data 控件绑定的标准控件和几种数据绑定的 ActiveX(.OCX)控件，还支持功能更加强大的第三方控件。

常用的标准数据绑定控件如表 9-8 所示。

常用的数据绑定标准控件 表 9-8

控件名称	说明
TextBox	用来显示文本、数据、日期型等字段
Checkbox	用来逻辑型字段
Label	显示文本等字段的内容
Image、PictureBox	显示图形或图片
ListBox、ComboBox	将字段的内容显示在列表框中
OLE Container	用来显示 OLE 字段

与 Data 控件绑定的常用 ActiveX(.OCX)控件有以下几种。

(1)DBGrid 控件

BGrid 控件与 Data 控件配合使用，可以以网格的形式一次显示整个 Recordset 对象中所有的数据，并允许对记录进行操作。将 DBGrid 控件添加到工具箱的操作步骤是：在“工程”菜单上选择“部件”选项，然后在“部件”对话框中选择“Microsoft Data Bound Grid Control 5.0”。

(2)DBlist 控件和 DBcombo 控件

DBList 控件和 DBcombo 控件的外观和作用与标准 ListBox 控件、ComboBox 控件相似，所不同的是 ListBox 控件和 ComboBox 控件用 AddItem 方法添加数据项，而 DBList 控件、DBcombo 控件由和它相连的 Data 控件的 Recordset 对象中的字段中数据自动添加数据项。将 DBlist 控件、DBcombo 控件控件添加到工具箱的操作步骤是：在“工程”菜单上选择“部件”选项，然后在“部件”对话框中选择“Microsoft Data List Control 6.0”。DBlist 控件、DBcombo 控件即可以与 Data 控件绑定，也可以与 ADO 控件绑定。

(3)MSFlexGrid 控件

MSFlexGrid 控件以网格的形式显示数据。如果将它绑定到一个 Data 控件上，那么 MSFlexGrid显示的将是只读的数据。将 MSFlexGrid 控件控件添加到工具箱的操作步骤是：在“工程”菜单上选择“部件”选项，然后在“部件”对话框中选择“Microsoft FlexGrid Control 6.0”。

2. 数据绑定控件的常用属性

要使绑定控件被数据库约束，必须在设计或运行时对这些控件的两个属性进行设置。

(1)DataSource 属性

DataSource 属性指定数据绑定控件需要绑定到的数据控件名称。

(2)DataField 属性

DataField 属性用来指定数据绑定控件与数据控件记录集中的哪个字段相绑定。绑定过后该数据绑定控件就可以显示、修改对应字段的内容了。

利用 Data 控件创建简单的数据库应用程序的步骤如下：

①把 Data 控件添加到窗体中。

②设置其相关属性以指明要从哪个数据表中获取数据。

③添加各种数据绑定控件至窗体中。

④设置数据绑定控件的相关属性以指明要显示的数据源及数据字段。

⑤编写相应的程序。

例 9-13　下面实现例 9-1 中手动浏览单词的功能，操作步骤如下。

(1)建立窗体，并将工具箱中的 Data 控件添加到窗体中，其 Name 属性默认为 Data1。

(2)在属性窗口中将 Data1 的 DatabaseName 属性设置为要连接的数据库文件，如：“d:\ciku.mdb”。

(3)设置 Data1 的 RecordSource 属性。单击 RecordSource 属性，出现当前数据库的所有表的下拉列表，选择“ciku”。

(4)在窗体上建立若干文本框和标签，并设置文本框的 DataSource 属性为 Data1，DataField属性为所需绑定的字段。详细属性设置如表 9-9 所示。

程序运行的结果见图 9-10 所示。单击 Data 控件上的箭头，可以浏览不同的记录。

控件属性值 表 9-9

控件名	控件属性	属性值
Data1	DatabaseName	d:\ciku.mdb
	RecordSource	Ciku
Label1	Caption	单词
Label2		词性
Label3		意思
Text1	DataSource	Data1
	DataField	单词
Text2	DataSource	Data1
	DataField	词性
Text3	DataSource	Data1
	DataField	含义

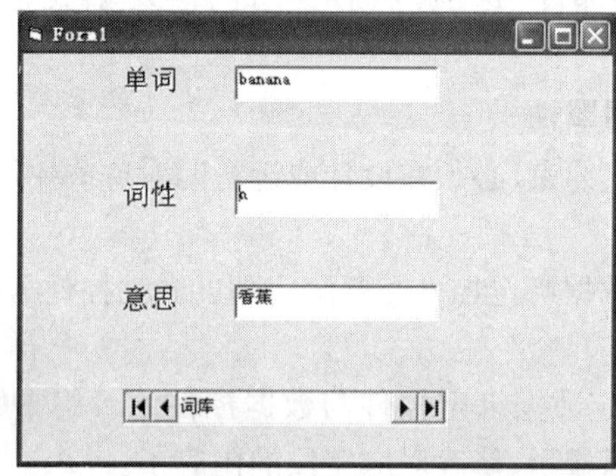

图 9-10 界面截图

9.5.4 RecordSet 对象

数据控制项将数据库中的指定数据提取出来，放在一个记录集(Recordset)中，记录集是数据库的一系列记录。VB 通过 RecordSet 对象实现对记录的操作。Data 控件支持的记录集有 3 种类型:表类型、动态集类型和快照类型。

1. 表(Table)类型

表类型的记录集就是当前数据库中的数据表。表类型比其他记录集类型处理速度都快，但它需要大量的内存开销。

2. 动态集(DynaSet)类型

动态集类型的记录集可以是一个表或多个表中符合条件的记录，该类型的记录集允许对记录进行修改和删除，并且操作的结果会影响数据库的内容。动态集类型的记录在 3 种类型中的访问速度最慢。

3. 快照(SnapShot)类型

快照类型的记录集是静态数据的显示。它包含的数据是固定的，记录集为只读状态，它反映了在产生快照的一瞬间数据库的状态。快照型记录集缺少灵活性，但内存开销最少。如果只是浏览记录，可以使用快照类型。

Data 控件默认使用的记录集类型是动态集类型，因为动态集类型介于表型和快照型之间，有较大的灵活性，适合所有的应用。

RecordSet 对象都是由记录（Record）和字段（Fields）组成。RecordSet 对象的属性、事件和方法引用的方式如下：

Data 控件名.RecordSet.属性名（方法名）

下面介绍 RecordSet 的部分方法和属性。

（1）记录集的常用属性

①AbsolutePosition 属性

AbsolutePosition 属性返回当前指针值。若是第 1 条记录，其值为 0，该属性为只读属性。

②BOF 和 EOF 属性

BOF 属性用于判定记录指针是否在首记录之前。若是，则 BOF 为 True，否则为 False；EOF 属性用于判定记录指针是否在末记录之后。BOF 属性和 EOF 属性的返回值为逻辑值（True 或 False）。如果记录集中没有记录，则 BOF 和 EOF 的值都是 True。

③Bookmark 属性

Bookmark 属性返回 RecordSet 对象中当前记录的书签。打开 RecordSet 对象时，每个记录都有唯一的书签，要保存当前记录的书签，可将 Bookmark 属性的值赋给一个变体类型的变量。通过设置 Bookmark 属性，可将 RecordSet 对象的当前记录快速移动到书签所标识的记录上。

④NoMatch 属性

在记录集中进行查找时，如果存在相匹配的记录，则 RecordSet 的 NoMatch 属性设置为 False，否则为 True。该属性常与 Bookmark 属性一起使用，完成对记录的查找。

⑤RecordCount 属性

RecordCount 属性用于返回 Recordset 对象中的记录数，该属性为只读属性。

（2）记录集的常用方法

记录集的常用方法有两种：Move 方法组和 Find 方法组。

①Move 方法组

利用 RecordSet 对象的 Move 方法组可以实现记录指针的移动。Move 方法组包括以下 5 种方法。

a. MoveFirst 方法：指向记录集的第一条记录，即首记录。

b. MoveNext 方法：指向记录集当前记录的下一条记录。

c. MovePrevious 方法：指向记录集当前记录的上一条记录。

d. MoveLast 方法：指向记录集的最后一条记录，即尾记录。

e. Move n 方法：从当前记录向前或向后移动 n 条记录，n 为指定的记录个数。当 n 为正整数时，记录指针从当前记录开始向后（向下）移动；当 n 为负整数时，记录指针向前（向上）移动。

注意：使用 MoveNext 方法和 MovePrevious 方法时可能会使记录指针的位置超出记录

集的范围，此时系统会提示错误。因此在记录指针上移或下移后，时常利用记录集的 BOF 属性和 EOF 属性进行检测，并做出相应的处理。例如，对于 MoveNext 方法可以使用以下代码：

```
Data1. RecordSet. MoveNext
'如果指针超界，则将指针定为到最后一条记录
If Data1. RecordSet. EOF Then Data1. RecordSet. MoveLast
```

例 9-14 在例 9-13 的窗体上增加 4 个命令按钮，实现单词基本信息的浏览。

在例 9-13 的窗体上增加 4 个命令按钮，将 Data 控件的 Visible 属性设置为 False，如图 9-11所示，通过对 4 个命令按钮的编程实现记录指针的移动。

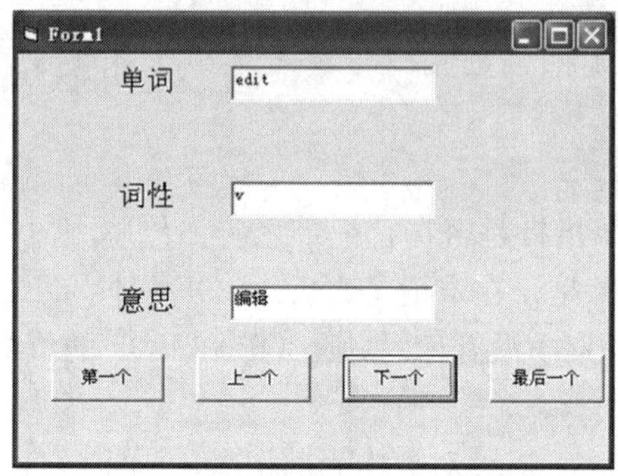

图 9-11 单词信息浏览窗口

```
Private Sub cmdfirst_Click()
  Data1. Recordset. MoveFirst          '记录指针指向第一条记录
  cmdfirst. Enabled=False               '使"第一个"按钮无效
  cmdprevious. Enabled=False            '使"上一个"按钮无效
  cmdlast. Enabled=True                 '使"下一个"按钮有效
  cmdnext. Enabled=True                 '使"最后一个"按钮有效
End Sub

Private Sub cmdlast_Click()
  Data1. Recordset. MoveLast           '记录指针指最后一条记录
  cmdfirst. Enabled=True                '使"第一个"按钮有效
  cmdprevious. Enabled=True             '使"上一个"按钮有效
  cmdlast. Enabled=False                '使"最后一个"按钮无效
  cmdnext. Enabled=False                '使"下一个"按钮无效
End Sub

Private Sub cmdnext_Click()
  Data1. Recordset. MoveNext           '记录指针指向下一条记录
  If Data1. Recordset. EOF Then         '如果记录集已到末记录之后
    Data1. Recordset. MoveLast         '记录指针指向最后一条记录
```

```
    cmdfirst. Enabled=True
    cmdprevious. Enabled=True
    cmdlast. Enabled=False
    cmdnext. Enabled=False
  End If
End Sub

Private Sub cmdprevious_Click()
  Data1. Recordset. MovePrevious                '记录指针指向上一条记录
  If Data1. Recordset. BOF Then                 '如果记录集已到首记录之前
    Data1. Recordset. MoveFirst                 '记录指针指向首记录
    cmdfirst. Enabled=False
    cmdprevious. Enabled=False
    mdlast. Enabled=True
    cmdnext. Enabled=True
  End If
End Sub
```

有了上面的知识后,下面来完整实现例 9-1。

界面布局如图 9-1,在设计阶段还需放置 2 个 Timer 控件。

```
Dim t As Integer
Private Sub Command1_Click()                    '开始按钮
  Timer2. Interval=Val(Text4. Text) * 1000     'Text4 为单词间的时间间隔
  Timer1. Enabled=True
  Timer2. Enabled=True
  Command1. Enabled=False
  Command2. Enabled=True
  Command3. Enabled=True
  Command4. Enabled=False
  Text4. Enabled=False
  t=0
End Sub

Private Sub Command2_Click()                    '暂停按钮
  Command2. Enabled=False
  Timer1. Enabled=False
  Timer2. Enabled=False
  Command4. Enabled=True
  Text4. Enabled=True
End Sub

Private Sub Command3_Click()                    '停止按钮
```

```
    Data1. Recordset. MoveFirst
    Command1. Enabled=True
    Command2. Enabled=False
    Command3. Enabled=False
    Command4. Enabled=False
    Timer1. Enabled=False
    Timer2. Enabled=False
    Text4. Enabled=True
    Label4. Caption=0
End Sub

Private Sub Command4_Click()              '继续按钮
    Command2. Enabled=True
    Command4. Enabled=False
    Timer2. Interval=Val(Text4. Text) * 1000
    Timer1. Enabled=True
    Timer2. Enabled=True
    Text4. Enabled=False
End Sub

Private Sub Timer1_Timer()                '计时用
    t=t+1
    Label4. Caption=t                     '已用时间
End Sub

Private Sub Timer2_Timer()                '下一个单词的自动显示
    Data1. Recordset. MoveNext
    If Data1. Recordset. EOF Then
        Data1. Recordset. MoveLast
        Timer1. Enabled=False
        Timer2. Enabled=False
    End If
End Sub
```

②Find 方法组

数据库应用程序中经常需要对某些特定记录进行查找，使用 Find 方法组可以在指定的记录集中查找与指定条件相符的第一条记录，并使之成为当前记录。

Find 方法组中包括以下 4 种方法。

a. FindFirst 方法：查找记录集中符合条件的第一条记录。语法格式：

```
Data 控件名. RecordSet. FindFirst 条件
```

b. FindLast 方法：查找记录集中符合条件的最后一条记录。语法格式：

```
Data 控件名. RecordSet. FindLast 条件
```

c. FindNext 方法:查找记录集中符合条件的下一条记录。语法格式:

```
Data 控件名. RecordSet . FindLast 条件
```

d. FindPrevious 方法:查找记录集中符合条件的上一条记录。语法格式:

```
Data 控件名. RecordSet. FindPrevious 条件
```

Find 方法中的“条件”由一个字符串组成,字符串中存放的是指定字段与常量、变量构成的表达式。表达式中除了普通的关系表达式之外,还可以用“Like”运算符。

例如:在记录集中查找单词为“banana”的记录,可以使用下列语句:

```
Data1. Recordset. FindFirst "单词='banana'"
```

要在记录集中查找单词以“ba”开头的记录,可以使用下列语句:

```
Data1. Recordset. FindFirst "单词 Like 'ba * '"
```

注意:如果条件部分的常量来自变量,则条件表达式必须按以下格式构成。

```
danci= "banana"
Data1. RecordSet. FindFirst "单词='" & danci & "'"
```

这里,符号“&”为字符串连接运算符,它的两侧必须加空格。

例 9-15　在例 9-14 的窗体上增加一个 4 个命令按钮和一个文本框(Text4),如图 9-12 所示,实现记录的查找功能。

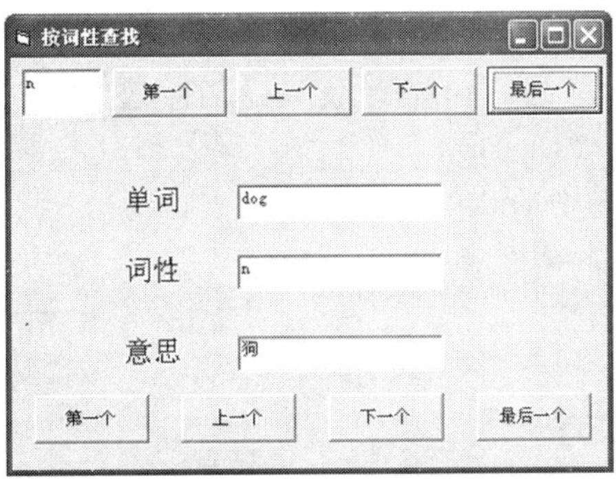

图 9-12　“查找记录”窗口

```
Private Sub Cmd_search_firs_Click()
Dim dm
  bm=Data1. Recordset. Bookmark                              '保存当前记录的书签
  Data1. Recordset. FindFirst "词性='" & Text4. Text & "'"   '查找满足条件的记录
  If Data1. Recordset. NoMatch Then                          '如果没有满足条件的记录
    MsgBox ("没有满足条件的记录")
    Data1. Recordset. Bookmark=bm                            '将指针移动到查找前的位置
  End If
End Sub
```

```
Private Sub Cmd_search_last_Click()
Dim dm
  bm=Data1. Recordset. Bookmark
  Data1. Recordset. FindLast "词性='" & Text4. Text & "'"
  If Data1. Recordset. NoMatch Then
    MsgBox ("没有满足条件的记录")
    Data1. Recordset. Bookmark=bm
  End If
End Sub

Private Sub Cmd_search_next_Click()
Dim dm
  bm=Data1. Recordset. Bookmark
  Data1. Recordset. FindNext "词性='" & Text4. Text & "'"
  If Data1. Recordset. NoMatch Then
    MsgBox ("没有满足条件的记录")
    Data1. Recordset. Bookmark=bm
  End If
End Sub

Private Sub Cmd_search_Pri_Click()
  Dim dm
bm=Data1. Recordset. Bookmark
  Data1. Recordset. FindPrevious "词性='" & Text4. Text & "'"
  If Data1. Recordset. NoMatch Then
    MsgBox ("没有满足条件的记录")
    Data1. Recordset. Bookmark=bm
  End If
End Sub
```

(3)记录集的其他常用方法

①Seek 方法

Seek 方法用于在表类型的记录集中查找与指定索引相符的第一条记录，并使之成为当前记录。在使用 Seek 方法定位记录时，必须通过 Index 属性设置索引。

Seek 方法语法格式如下：

```
Data 控件名. RecordSet. Seek 比较字符串，关键词 1，关键词 2……
```

其中，比较字符串可以是=、>=、<=、<>、>、<中的一个。

②AddNew 方法

AddNew 方法用于增加一条新记录，并将记录指针指向该记录。添加记录的步骤如下：

a. 调用 AddNew 方法。

b. 给各字段赋值。如果字段已与绑定控件绑定在一起，则可以直接在绑定控件内输入数据。否则可以通过 RecordSet 对象的 Fieldes 属性给字段赋值。

例如：给单词表中单词字段赋值的语句是 Data1. Recordset. Fields("单词")＝"dog"。

c. 调用 Update 方法，确定所做的添加操作，将缓冲区内的数据写入数据库。

③Delete 方法

Delete 方法从记录集中删除当前记录。

注意：在使用 Delete 方法时，当前记录立即删除，不可恢复，因此，在使用此方法时，必须小心谨慎。删除一条记录后，数据库绑定控件仍旧显示该记录的内容。因此，必须移动记录指针，使绑定控件内的数据得以刷新。一般采用移至下一条记录的处理方法，但在移动记录指针后，应该检查 EOF 属性。

④Edit 方法

Edit 方法用于当前记录的修改。修改当前记录的步骤如下。

a. 调用 Edit 方法。

b. 给各字段赋值。

c. 调用 Update 方法，确定所做的修改。

注意：如果要放弃对数据的所有修改，可使用 Updatecontrols 方法，也可用 Refresh 方法刷新记录集。

⑤Update 方法

Update 方法用于将添加或修改记录的结果保存到数据库中。该方法只能在执行了 AddNew 方法或 Edit 方法之后执行。

例 9-16　利用 9.3 节建立的数据库(ciku. mdb)设计一个单词信息管理系统，实现单词信息的浏览、单词信息的维护(添加、删除和编辑)。

例中通过 SSTab 控件的 2 个选项卡"单词浏览"、"词库修改"实现所需的功能。SSTab 控件是 ActiveX 控件，使用时在"工程"菜单上选择"部件"选项，然后在"部件"对话框中选择"Microsoft Tabbed Dialog Control 6. 0"将其添加到工具箱中。

第一个选项卡"单词浏览"界面如图 9-13 所示，包含的控件及属性设置见表 9-10。

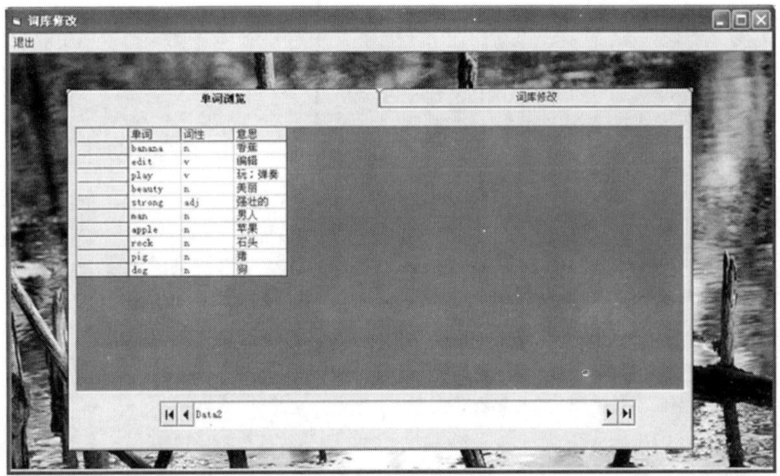

图 9-13　单词浏览界面

"学生信息浏览"选项卡控件属性表 表 9-10

控件名	控件属性	属性值
Data1	DatabaseName	d:\ciku. mdb
	RecordSource	Ciku
MSFlexGrid	RecordSource	Data1

利用 MSFlexGrid 数据绑定控件，可以以网格的形式显示单词信息表中的数据。

第二个选项卡"词库修改"界面如图 9-14 所示。

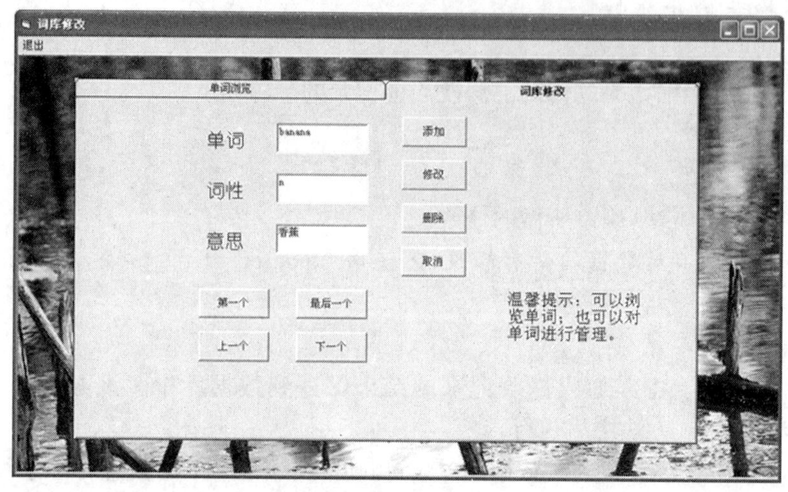

图 9-14 词库修改界面

此选项卡可以实现记录的添加、删除和修改等功能。单击"删除"按钮，可以将当前记录删除；单击"修改"按钮，可以对当前记录进行修改，修改完成后，单击"保存"按钮（与"修改"为同一个按钮，只是标题不同）即可将修改的数据保存；单击"添加"按钮可以添加一条新的记录。

```
Private Sub cmdadd_Click()                    '添加按钮
cmdedit. Enabled=Not cmdedit. Enabled
cmddel. Enabled=Not cmddel. Enabled
cmdcancel. Enabled=Not cmdcancel. Enabled
cmdfirst. Enabled=Not cmdfirst. Enabled
cmdnext. Enabled=Not cmdnext. Enabled
cmdlast. Enabled=Not cmdlast. Enabled
cmdprevious. Enabled=Not cmdprevious. Enabled
If cmdadd. Caption="添加" Then
  cmdadd. Caption="确认"
  mbookmark=Data2. Recordset. Bookmark
  Data2. Recordset. AddNew
  Text1. SetFocus
Else
```

```
  If Text1. Text="" Or Text2. Text="" Or Text3. Text="" Then
   MsgBox "字段不能为空"
   Exit Sub
  End If
  cmdadd. Caption="添加"
  Data2. Recordset. Update
End If
End Sub

Private Sub cmdcancel_Click()         '取消按钮
cmdadd. Caption="添加"
cmdedit. Caption="修改"
cmdadd. Enabled=True
cmdedit. Enabled=True
cmddel. Enabled=True
cmdcancel. Enabled=False
Data2. UpdateControls
mbookmark=Data2. Recordset. Bookmark
End Sub

Private Sub cmddel_Click()        '删除按钮
Dim message As Integer
message=MsgBox("是否删除当前记录?", 4+32+256, "信息提示")
If message=vbYes Then
  Data2. Recordset. Delete
  Data2. Recordset. MoveNext
  If Data2. Recordset. EOF Then Data2. Recordset. MoveLast
End If
End Sub

Private Sub cmdedit_Click()        '修改按钮
cmdadd. Enabled=Not cmdadd. Enabled
cmddel. Enabled=Not cmddel. Enabled
cmdcancel. Enabled=Not cmdcancel. Enabled
If cmdedit. Caption="修改" Then
  cmdedit. Caption="确认"
  mbookmark=Data2. Recordset. Bookmark
  Data2. Recordset. Edit
  Text1. SetFocus
Else
  cmdedit. Caption="修改"
```

```
    Data2. Recordset. Update
  End If
  End Sub

  Private Sub cmdfirst_Click()          '第一个按钮
  Data2. Recordset. MoveFirst
  cmdfirst. Enabled=False
  cmdprevious. Enabled=True
  cmdlast. Enabled=True
  cmdnext. Enabled=True
  End Sub

  Private Sub cmdlast_Click()           '最后一个按钮
  Data2. Recordset. MoveLast
  cmdfirst. Enabled=True
  cmdprevious. Enabled=True
  cmdlast. Enabled=False
  cmdnext. Enabled=True
  End Sub

  Private Sub cmdnext_Click()           '下一个按钮
  Data2. Recordset. MoveNext
  If Data2. Recordset. EOF Then
    Data2. Recordset. MoveLast
    cmdfirst. Enabled=True
    cmdprevious. Enabled=True
    cmdlast. Enabled=False
    cmdnext. Enabled=True
  End If
  End Sub

  Private Sub cmdprevious_Click()         '上一个按钮
  Data2. Recordset. MovePrevious
  If Data2. Recordset. BOF Then
    Data2. Recordset. MoveFirst
    cmdfirst. Enabled=False
    cmdprevious. Enabled=True
    cmdlast. Enabled=True
    cmdnext. Enabled=True
  End If
  End Sub
```

9.6 使用 ADO 控件访问数据库

9.6.1 ADO 控件简介

ADO Data 控件(简称 ADO 控件)是 VB6.0 中文版提供的一个 ActiveX 控件,与 VB 固有的 Data 控件相似,使用 ADO Data 控件,可以快速建立数据绑定控件与数据提供者之间的连接。

ADO 控件是一个 ActiveX 控件,使用前,应先将 ADO 控件添加到工具箱中,具体步骤是:在"工程"菜单上选择"部件"选项,然后在"部件"对话框中选择"Microsoft ADO Data Control 6.0(OLEDB)"选项,如图 9-15 所示。单击"确定"按钮,就可以将 ADO Data 控件添加到工具箱中。

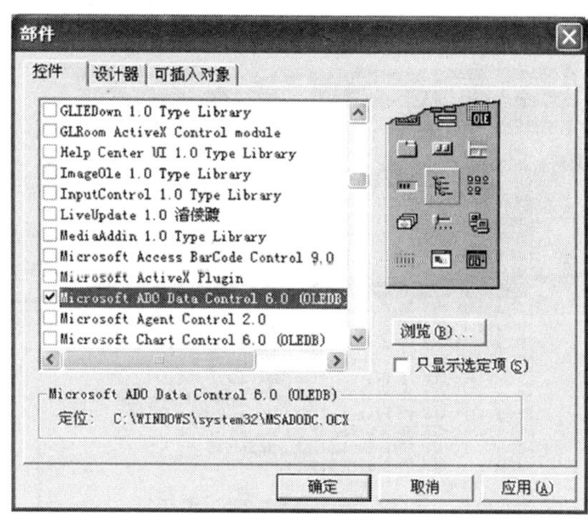

图 9-15 "部件"对话框

9.6.2 ADO 控件的属性、方法和事件

1. ADO 控件的属性

(1)ConnectionString 属性

ConnectionString 属性用于设置与数据库的连接。

设置 ConnectionString 属性的步骤如下。

①窗体上添加 ADO 控件,默认控件名为"ADODC1"。

②选中 ADO 控件,在"属性"窗口中单击 ConnectionString 属性右侧的"…"按钮,出现如图 9-16 所示的对话框。ADO 通过 3 种不同的方式连接数据源。

a. 使用连接字符串:单击"生成"按钮,通过选项设置产生连接数据库的字符串。

b. 使用 Data Link 文件:通过一个连接文件来完成与数据库的连接。

c. 使用 ODBC 数据资源名称:可以通过下拉式列表框,选择一个创建好的数据源名称(DSN)来连接数据库。

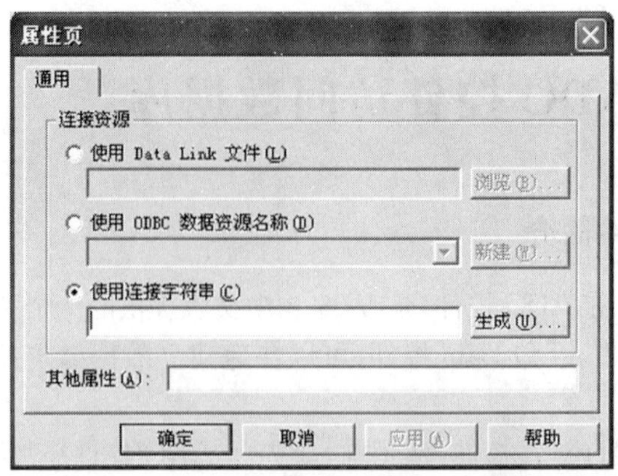

图 9-16 “ConnectionString 属性”对话框

③如选择“使用连接字符串”方式，单击“生成”按钮，出现如图 9-17 所示的“数据库连接属性”对话框，选择合适的 OLE DB 提供程序，如“Microsoft Jet 3. 51 OLE DB Provider”，单击“下一步”按钮。

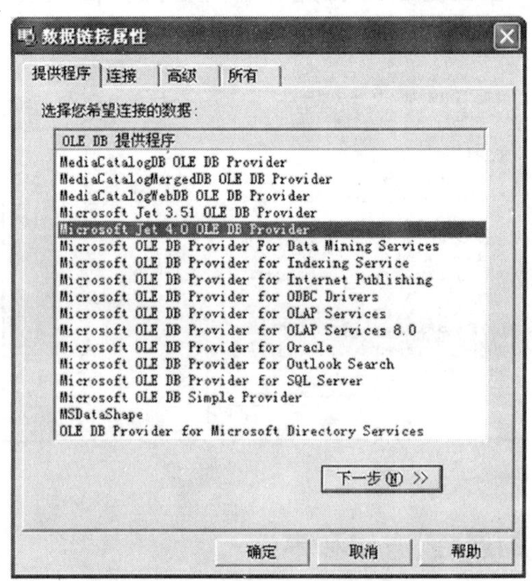

图 9-17 “数据库连接属性”对话框

④在打开的“连接”选项卡中选择数据库文件，输入访问数据库的用户名和口令，单击“测试连接”按钮，如果测试成功，则单击“确定”按钮。

(2)RecordSource 属性

RecordSource 属性用于设置 ADO 控件要访问的数据，这些数据构成记录集对象 RecordSet。该属性值可以是数据库中的某个表、一条 SQL 查询语句或存储过程(在 CommandType 属性中设定)。RecordSource 属性既可以在设计时设置，也可以在程序运行时进行设置。如在设计时设置，可在属性窗口中单击 RecordSource 右侧按钮，出现图 9-18 所示的对话框，选择命令类型，如果选择 1-adCmdText(文本类型)或 8-adCmdUnknown(未知类型)则可以输入 SQL 语句。如果在程序运行时设置可以用如下语句：

```
显示词性为"n"的单词信息
Adodc1.CommandType=adCmdUnknown
Adodc1.RecordSource="select * fromciku where 词性='n'"
Adodc1.Refresh
```

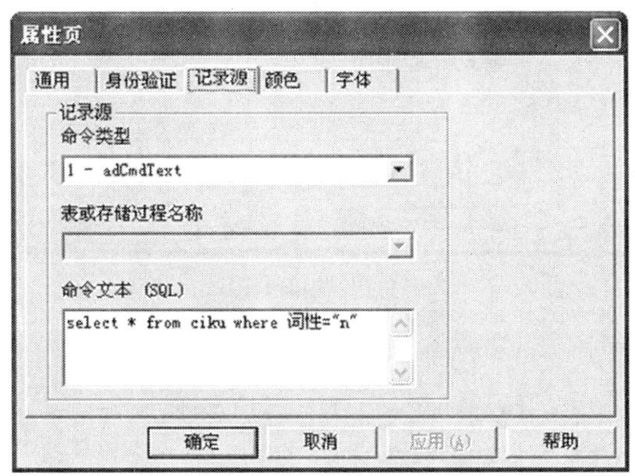

图 9-18　"RecordSource 属性"对话框

(3)CommandType 属性

用于指定 RecordSource 属性的取值类型，取值类型有 4 种：

①1——AdCmdText：记录集来源于 SQL 命令；

②2——AdCmdTablc：记录集来源于数据库表；

③4——AdCmdStoreProc：记录集来源于存储过程；

④8——AdCmdUnknown：默认值。命令类型未知。

(4)UserName 属性和 Password 属性

UserName 属性和 Password 属性用于指定访问数据库时所需要的用户名和密码。

(5)ConnectionTimeout 属性

ConnectionTimeout 属性用于设置等待建立一个连接的时间，以秒为单位。如果连接超时返回错误信息。

例 9-17　改进例 9-13，用 ADO 控件连接数据库，操作步骤如下。

(1)建立窗体，并将 ADO 控件添加到窗体中(添加方法见 9.6.1 节)，其 Name 属性默认为 Adodc1。

(2)在属性窗口中将 Adodc1 的 ConnectString 属性设置为：

Provider=Microsoft.Jet.OLEDB.4.0;Data Source=D:\ciku.mdb;Persist Security Info=False。

(3)在属性窗口中设置 Adodc1 的 RecordSource 属性：select * from ciku。

(4)在窗体上建立若干文本框和标签，并设置文本框的 DataSource 属性为 Adodc1、DataField属性为所需绑定的字段。详细属性设置可参考例 9-13 的表 9-9。

程序运行的结果见图 9-19 所示。单击 ADO 控件上的箭头，可以浏览不同的记录。

如果希望在程序中更改 ConnectString、RecordSource 等属性，代码如下：

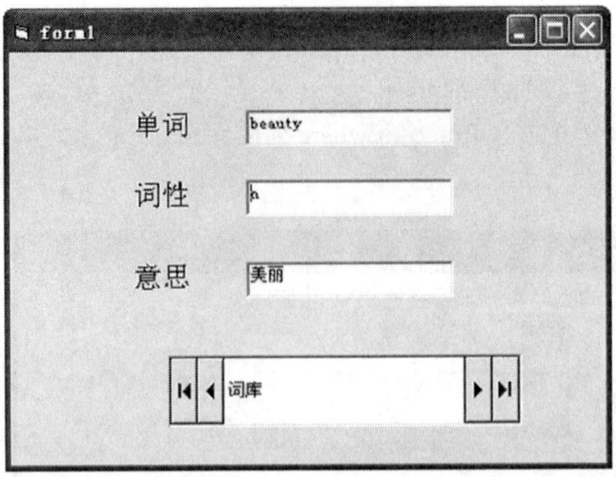

图 9-19 界面截图

```
With Adodc1
    .ConnectString=" Provider=Microsoft.Jet.OLEDB.4.0; _
        Data Source=D:\ciku.mdb;Persist Security Info=False"
    .RecordSource="select * from ciku"
End With
```

2. ADO 控件的方法

ADO 控件和 Data 控件相似，也是通过 RecordSet 对象实现对记录的操作。常用的方法有以下几种。

(1)MoveFirst、MoveLast、MoveNext、MovePrevious 方法

通过这四个方法，实现记录集的首记录、末记录、下一条记录和上一条记录的移动。

例如：Adodc1.Recordset.MoveFirst　'指向记录集的首记录

Adodc1.Recordset.MoveLast　'指向记录集的末记录

(2)Find 方法

Find 方法用于在记录集中查找满足条件的记录。

例如：Str=InputBox("输入单词")

Adodc1.Recordset.Find "单词='" & Str &"'"

(3)AddNew 方法

AddNew 方法用于增加一条新记录，并将记录指针指向该记录。

(4)Delete 方法

Delete 方法从记录集中删除当前记录。

(5)Update 方法

Update 方法用于将添加或修改记录的结果保存到数据库中。

(6)Close 方法

关闭记录集，释放占用的系统资源。

3. ADO 控件的事件

(1)WillMove 事件 MoveComplete 事件

WillMove 事件在移动记录之前发生。MoveComplete 事件在移动记录之后发生。WillMove

或 MoveComplete 事件可以因为对 Recordset 进行如下操作而发生：Open、Move、MoveFirst、MoveLast、MoveNext、MovePrevious、Bookmark、AddNew、Delete 和 Requery 等。

例如，可以在 MoveComplete 事件中写入以下代码，其功能是在 ADO 控件上显示当前的记录号。

```
Adodc1. Caption=Adodc1. Recordset. AbsolutePosition
```

(2)WillChangeField 事件和 FieldChangeComplete 事件

WillChangeField 事件在对 Recordset 中的一个或多个字段值进行修改前发生。Field ChangeComplete 事件则在字段修改之后发生。

(3)WillChangeRecordset 事件和 RecordsetChangeComplete 事件

WillChangeRecordset 事件在更改 Recordset 前发生。RecordsetChangeComplete 事件在 Recordset 更改后发生。

9. 6. 3　ADO 控件常用的数据绑定控件

ADO 控件常用的数据绑定控件除了 TextBox、Checkbox、Label、Image 和 PictureBox 等标准控件外，还有以下常用的几种数据绑定 ActiveX(. OCX)控件。

1. DataGrid 控件

Datagrid 控件与 ADO 控件配合使用，以网格的形式显示整个 Recordset 对象中所有的数据。利用 Datagrid 控件可以方便地实现数据浏览和编辑。Datagrid 控件常用的属性是 DataSourse，用于指定控件的数据源。该属性可以在设计时指定，也可以在运行中动态指定。DataGrid 控件是 ActiveX 控件，在“工程”菜单上选择“部件”选项，然后在“部件”对话框中选择“Microsoft DataGrid Control 6. 0(OLEDB)”选项即可将其添加到工具箱中。

2. DataCombo 和 DataList 控件

DataCombo 和 DataList 控件与 ADO 控件绑定使用，其功能与 DBCombo 和 DBlist 控件的功能基本相同。DataCombo 和 DataList 控件常用的属性有以下几种。

(1)RowSource 和 DataSource

DataCombo 和 DataList 控件可以使用两个数据源，RowSource 和 DataSource。RowSource 是填充列表的数据源，DataSource 是控件绑定的数据源。

(2)ListField 属性

ListField 属性用来设置填充列表的字段。

(3)BoundItem 属性

BoundItem 属性用来设置绑定的字段。

使用 DataCombo 和 DataList 控件时，在“工程”菜单上选择“部件”选项，然后在“部件”对话框中选择“Microsoft Data Bound List Control 6. 0(OLEDB)”选项即可将其添加到工具箱中。

例 9-18　使用 ADO 控件实现经手人数据的增、删、改。运行程序，效果如图 9-20 所示。

分析：新建数据库，并添加数据表“经手人表”，表中字段有经手人编号、经手人姓名、联系方式、联系地址、身份证号和备注等。

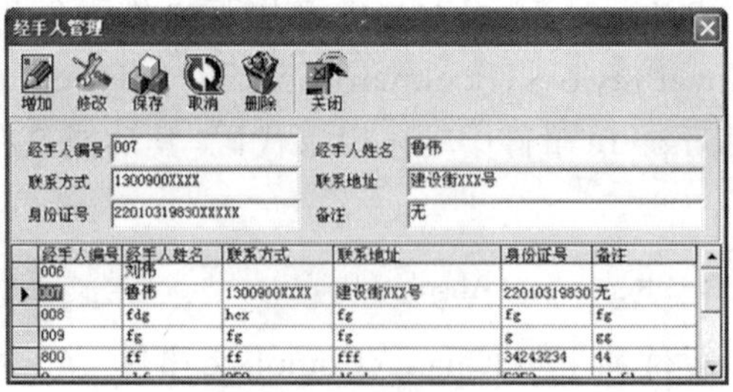

图 9-20 界面截图

界面设计时首先添加 ADO 控件，默认名称为 Adodc1，将其和数据表进行连接（方法同 9.6.1节）；界面上添加各 Text 控件，并分别和数据表中相应字段进行绑定（方法同例 9-17）。

界面上添加控件 DataGrid，在属性窗口中设置 DataSource 属性为 Adodc1。

界面上还需添加 ToolBar 控件，并设置各按钮的属性，如【修改】按钮的属性设置如图 9-21 所示。

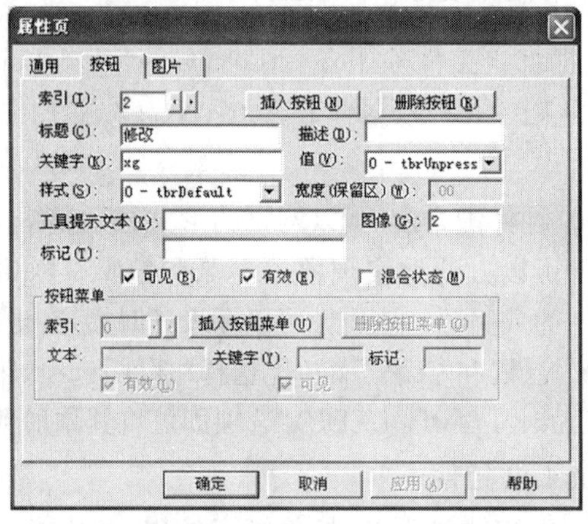

图 9-21 ToolBar 控件的属性设置

程序主要代码如下：

```
Private Sub Toolbar1_ButtonClick(ByVal Button As MSComctlLib.Button)
  Select Case Button.Key
    Case "add"
      Adodc1.Recordset.AddNew          '添加新记录
      '清空文本框，解除锁定
      For i=1 To Text1.UBound
          Text1(i)=""
          Text1(i).Locked=False
      Next i
      Text1(0).SetFocus                '使经手人编号 Text1(0)获得焦点
    Case "save"
      Adodc1.Recordset.Update          '更新数据表
    Case "xg"
```

```
        '解除锁定,修改数据
        For i=1 To Text1.UBound
            Text1(i).Locked=False
        Next i
      Case "cancel"
        '取消操作,锁定文本框
        For i=1 To Text1.UBound
            Text1(i).Locked=True
        Next i
      Case "del"
        Adodc1.Recordset.Delete        '删除记录
        Adodc1.Recordset.Update        '更新数据表
      Case "close"
        Unload Me                      '关闭窗体
    End Select
End Sub
```

注意:利用绑定控件输入数据时,如果输入非法数据,程序将报错,因此要设计处理程序。

9.7 程序举例

例 9-19　本节主要通过 Visual Basic 6.0 高级编程语言及 Access 数据库开发软件,实现学生信息管理系统的开发。读者可以将"学生信息管理"系统延伸为"＊＊信息管理系统"。

分析:在软件工程方法学中,进行大型软件系统的设计需要经过一个完整的生命周期,即首先进行需求分析,然后进行软件设计,接下来编码实现并加以测试,最后投入运行并给予维护。对于学生信息管理系统来说,其软件功能结构图如图 9-22 所示。

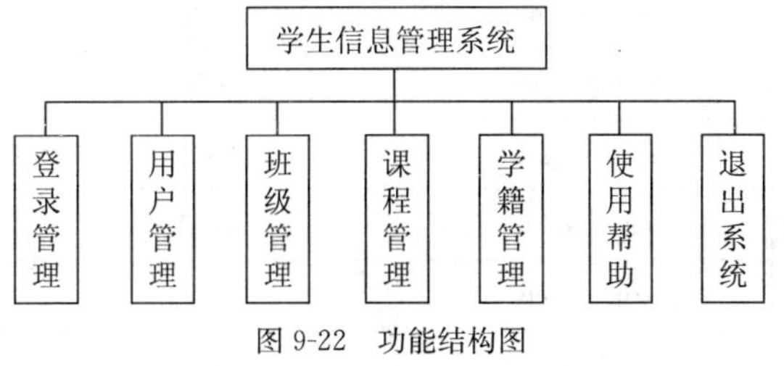

图 9-22　功能结构图

9.7.1　数据库的设计

本系统所用到的数据库主要是为了存放用户信息、班级信息、课程信息、学籍信息、成绩信息等数据。

(1)用户信息表 User_Form 的表结构见表 9-11。

User_Form 基本信息表结构 表 9-11

字段含义	字　段　名	字段类型	字段长度
用户名	User_Id	字符	50
密码	User_pwd	字符	50

(2)班级信息表 Class_Form 的表结构见表 9-12。

Class_Form 基本信息表结构 表 9-12

字段含义	字　段　名	字段类型	字段长度
班级名称	class_name	字符	50
导员姓名	class_teacher	字符	50
备注信息	Class_remarks	字符	200

(3)课程信息表 course_Form，只有一个字段，存储了课程的名字。

(4)班级——课程信息表 Class_Cour 的表结构见表 9-13，体现了班级学习的课程关系。

Class_Cour 基本信息表结构 表 9-13

字段含义	字　段　名	字段类型	字段长度
班级名称	class_no	字符	50
课程名称	course_name	字符	50

之所以设计 2 个数据表用来分别存储课程信息和班级——课程信息是为了减少数据冗余，体现关系数据库的优越性。

(5)学籍信息表 Student_Form 的表结构见表 9-14。

Student_Form 基本信息表结构 表 9-14

字段含义	字　段　名	字段类型	字段长度
学号	student_no	字符	50
姓名	student_name	字符	50
性别	student_sex	字符	200
出生日期	student_bir	日期	
班级	student_cla	字符	50
电话号码	student_tel	字符	50
入学日期	student_esd	日期	
家庭住址	student_add	字符	50
备注	student_rem	字符	200

(6)成绩信息表 Score_Form 的表结构见表 9-15。

Score_Form 基本信息表结构　　表 9-15

字段含义	字　段　名	字段类型	字段长度
序号	score_no	字符	50
学期	score_per	字符	50
班级	Score_cla	字符	50
学号	Score_stu	字符	50
课程	Score_cou	字符	50
分数	Score_sco	整数	

9.7.2 登录界面及系统界面

进入系统前的用户登录界面是一个系统重要的组成部分，一个良好的登录界面设计将会给用户一个良好的使用体验。用户登录后进入系统主窗体，主窗体的界面风格、布局等也各有各的特色，注意在设计时追求美观的同时，更要注重实用。

开发的登录界面及系统界面如图 9-23 所示。

图 9-23　登录界面及系统界面

本例的用户登录界面主要通过连接数据库来判断用户名和密码是否正确。在打开学生信息管理系统后，首先弹出的是登录界面，在本界面中允许选择已经存在的用户名，可以通过单击组合框选择，然后输入该用户名对应的密码，只有选择的用户名、输入的密码都和数据表 User_Form 中的一致才能登录成功。为保证数据的安全性，密码验证只允许输入 3 次，如果 3 次后密码仍然不正确，则自动退出系统。

系统界面窗体是学生信息管理系统的主要工作窗口，是实现各种管理操作的一个平台，设置其为父窗体，其他窗体除了登录界面都设置为子窗体。本窗体中主要设置功能菜单项，在菜单编辑器中添加如图 9-23 所示的菜单项。

登录窗体在加载时先用 SELECT 语句在数据库的 User_Form 中查找所有现存用户名，对数据库真正的连接查询等操作是调用标准模块中的自定义函数 ExecuteSQL()来执行的。

标准模块 Module1 中自定义了很重要的过程、函数及变量等，在系统的多个功能窗体中都用到了此模块中的内容，主要的有 Sub main()过程、ConnectStr()函数、ExecuteSQL()函数等。

(1)Sub main()过程：在系统启动时首先运行的程序段，主要功能是适时显示登录窗体和系统主窗体。

(2)ConnectStr()函数：主要用于数据库连接，本例使用 App. Path 设置数据库的连接路径为相对路径，这种方法的优点是只要源文件和数据库之间的相对路径不改变，无论移动到哪里都能连上数据库。

(3)ExecuteSQL()函数：连接数据库，并执行参数传递的数据库命令，实现相关数据库操作。

下面是标准模块 Module1 中的主要代码。

```
Public UserName As String                  '用户名
Sub Main()
    Dim newlogin As New Login              '声明
    newlogin. Show 1
    If Not newlogin. Okf Then
        End
    End If
    Unload newlogin
    Set newMain=New MainForm               '创建对象
    newMain. Show
End Sub
Public Function ConnectStr() As String     '自定义连接函数
   Dim SPath As String
   SPath=App. Path
   If Right(SPath, 1) <> "\" Then
       SPath=SPath & "\"
   End If
   SPath=SPath & "DataSourse\student. mdb"     '设置相对路径
   '连接数据源
   ConnectStr="DRIVER=Microsoft Access Driver ( *. mdb);DBQ=" & SPath
End Function
'自定义函数
Public Function ExecuteSQL(ByVal SQL As String, Msgs As String) As ADODB. Recordset
   Dim cnn As ADODB. Connection        '创建一个新的数据库连接
   Dim rst As ADODB. Recordset         '创建一个新的数据库记录，
   Dim sCmd() As String
   On Error GoTo Err1
   sCmd=Split(SQL)
   Set cnn=New ADODB. Connection       '创建数据库连接
   cnn. Open ConnectStr                '打开
   If InStr("INSERT,DELETE,UPDATE", UCase $ (sCmd(0))) Then
       cnn. Execute SQL                '执行命令
```

```
            Msgs=sCmd(0) & "查询成功"
        Else
            Set rst=New ADODB.Recordset
            rst.Open Trim$(SQL), cnn, adOpenKeyset, adLockOptimistic '指定方式打开
            Set ExecuteSQL=rst
            Msgs="查询到" & rst.RecordCount & " 条记录 "     '查询结果的数目
        End If
    Err_Exit:
        Set rst=Nothing                          '关闭
        Set cnn=Nothing
        Exit Function
    Err1:
        Msgs="查询错误：" & Err.Description
        Resume Err_Exit
    End Function
```

登录界面 Login 窗体的程序代码如下。

```
Public Okf As Boolean                                   '变量声明
Dim txtSQL As String
Dim mAdoR As ADODB.Recordset                            '声明记录集变量
Dim MsgText As String
Dim CountN As Integer
Private Sub Form_Load()
    Dim i As Integer
    i=0
    txtSQL="select * from user_Form"                    '设置查询命令
    Set mAdoR=ExecuteSQL(txtSQL, MsgText)                     '查询用户
    With Combo1
        Do While Not mAdoR.EOF
            i=i+1
            .AddItem Trim(mAdoR! user_ID)                     '数据库中用户名添加到组合框中
            mAdoR.MoveNext                                    '指针下移
        Loop
        .ListIndex=i-1                                        '默认显示最后添加的用户
    End With
    mAdoR.Close
    Okf=False                                                 '设置标记
    CountN=0
End Sub
Private Sub Command1_Click()                                  '登录
    txtSQL="select * from user_Form where user_ID='" & Combo1.Text & "'"
```

```
    Set mAdoR=ExecuteSQL(txtSQL, MsgText)    '调用函数查询
    If mAdoR.EOF=True Then
        MsgBox "对不起,暂时没有这个用户!", vbOKOnly+vbExclamation, "警告"
        Combo1.SetFocus
    Else
        If Trim(mAdoR.Fields(1))=Trim(Text1.Text) Then    '验证密码
            Okf=True
            mAdoR.Close
            Me.Hide
            Combo1=Trim(Combo1.Text)
        Else
            MsgBox "输入密码不正确!", vbOKOnly+vbExclamation, " 警告"
            Text1.SetFocus
            Text1.Text=""
        End If
    End If
    CountN=CountN+1                    '计数
    If CountN=3 Then
        Me.Hide
    End If
    Exit Sub
End Sub
Private Sub Command2_Click()            '取消
    Okf=False                          '退出
    Me.Hide
End Sub
Private Sub Combo1_KeyDown(KeyCode As Integer, Shift As Integer)
    TabToNext KeyCode            '按回车键焦点下移
End Sub
Private Sub Text1_KeyPress(Keyascii As Integer)
    If Keyascii=13 Then
        Call Command1_Click            '调用事件过程
    End If
End Sub
Private Sub Combo1_Change()
    Text1.Text=""                      '重新输入用户名时原密码处清空
End Sub
Private Sub Combo1_Click()
    Text1.Text=""                      '重新选择用户名则原密码处清空
End Sub
```

系统界面 MainForm 窗体的程序代码如下。

```
Private Sub MDIForm_Load()
    BackC. Show                         '背景
End Sub
Private Sub MDIForm_Resize()
    If Me. Height > 1000 Then
        BackC. Height=Me. Height-1000
    End If
    If Me. Width > 200 Then
        BackC. Width=Me. Width-200
    End If
End Sub
Private Sub SetUser_Click()
    UserForm. Show                      '设置用户信息
End Sub
Private Sub banji_Click()
    banForm. Show                       '班级管理
End Sub
Private Sub kecheng_Click()
    kechengForm. Show                   '课程管理
End Sub
Private Sub chengji_Click()
    chengjiForm. Show                   '成绩管理
End Sub
Private Sub xueji_Click()
    xuejiForm. Show                     '学籍管理
End Sub
Private Sub Exit_Click()
    End
End Sub
```

本例的用户登录界面还可添加设置管理员权限等功能，请读者自行尝试添加完成。另外，由于本例中的系统主窗体界面是应用复窗体开发制作，其窗体背景专门用 BackC 窗体实现，如想制作个性化界面，可在此窗体中设置完成。

9.7.3　用户管理

本模块主要实现对本系统的用户进行管理的操作，即对数据表 User_Form 进行增删改的操作。为了用户操作方便，本例设置了 3 个选项卡，使用了 SSTAB 控件，界面如图 9-24 所示。

图 9-24 界面的右方是 1 个列表框 List1，当窗体加载时调用 UpdateList()过程显示数据表中已有的用户名，代码如下：

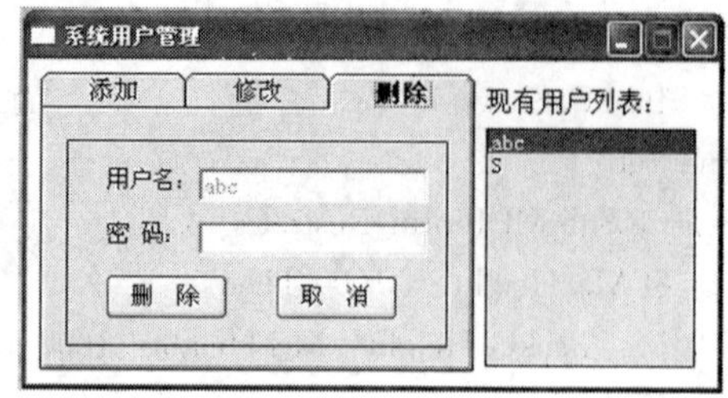

图 9-24 用户管理界面

```
Private Sub UpdateList()            '自定义子过程更新列表框
    Dim txSQL As String
    Dim mrcc As ADODB.Recordset
    txSQL="select * from user_Form"       '查询打开表库
    Set mrcc=ExecuteSQL(txSQL, MsgText)       '获取具体的记录集内容
    List1.Clear      '列表框清空
    Do While Not mrcc.EOF
        List1.AddItem Trim(mrcc! user_ID)       '用户名添加到列表框中
        mrcc.MoveNext                           '指针下移
    Loop
    mrcc.Close                                  '关闭
End Sub
```

如何添加、修改、删除请参照前面节次的例子，此处只显示了修改按钮的功能。

```
Private Sub Command3_Click()          '修改用户信息
    Dim txtSQL As String
    If Text1(3)="" Then          'Text1(3)是显示用户名的文本框
        MsgBox "请先选择用户名称!", vbOKOnly, "提示"
        List1.SetFocus
        Exit Sub
    End If
    If Text1(4)="" Then          'Text1(4)是显示旧密码的文本框
        MsgBox "修改密码时需要旧密码,请输入!", vbOKOnly, "警告"
        Text1(4).SetFocus
        Exit Sub
    End If
    If Text1(5)="" Then          'Text1(5)是显示新密码的文本框
        MsgBox "新的密码不能为空!", vbOKOnly, "提示"    '提示信息
        Text1(5).SetFocus
        Exit Sub
    Else
        If Text1(5) <> Text1(6) Then            'Text1(6)是显示确认密码的文本框
            MsgBox "两次密码输入不同!", vbOKOnly, "提示"      '新密码验证
```

```
            Text1(5)=""
            Text1(6)=""
            Text1(5).SetFocus
            Exit Sub
        End If
    End If
    txtSQL="select * from user_Form where user_ID='" & Trim(Text1(3)) & "'and
                user_PWD='" & Trim(Text1(4)) & "'"        '设置查询语句
    Set mAdoR=ExecuteSQL(txtSQL, MsgText)
    If mAdoR.EOF=False Then
        txtSQL="delete from user_Form where user_ID='" & Trim(Text1(3)) & "'"
    Else
        MsgBox "用户密码输入错误!", vbOKOnly, "警告"
        Text1(4).SetFocus
        Exit Sub
    End If
    Set mAdoR=ExecuteSQL(txtSQL, MsgText)      '调用函数删除
    txtSQL="select * from user_Form"
    Set mAdoR=ExecuteSQL(txtSQL, MsgText)
    mAdoR.AddNew
    mAdoR.Fields(0)=Trim(Text1(3))             '添加新用户信息
    mAdoR.Fields(1)=Trim(Text1(5))
    mAdoR.Fields(2)=Now
    mAdoR.Update                          '更新后得到"修改"的效果
    mAdoR.Close
    For i=3 To 6
        Text1(i)=""
    Next
    MsgBox "用户信息已经修改成功!", vbOKOnly, "提示"
End Sub
```

9.7.4 班级管理

班级管理是对 Class_Form 表的添加、修改和删除,方法基本同用户管理,代码不再列出,界面如图 9-25 所示。

在图 9-25 中,单击【显示列表】按钮,则窗体将自动扩展,【显示列表】按钮上的文字改为【隐藏列表】,同时在窗体的右边将数据库中的相关内容显示在列表中,下面实现这个小功能。

```
Private Sub Command3_Click()          '查看添加后的显示列表
    If Command3.Caption="显示列表" Then
        Me.Width=9090
```

图 9-25　班级信息管理

```
        MSFlexGrid1. Visible=True
        label1. Visible=True
        Command3. Caption="隐藏列表"
    Else
        Me. Width=4770
        MSFlexGrid1. Visible=False
        label1. Visible=False
        Command3. Caption="显示列表"
    End If
End Sub
```

在窗体加载时,调用 ShowList()在 MSFlexGrid 中显示了各项内容,代码如下:

```
Private Sub ShowList()                '自定义子过程 更新表格数据
    Dim txSQL As String
    Dim MAdoR2 As ADODB. Recordset
    txSQL="select * from class_Form"
    Set MAdoR2=ExecuteSQL(txSQL, MsgText)
        With MSFlexGrid1
        . ColWidth(0)=1200            '设置列宽
        . ColWidth(1)=1200
        . ColWidth(2)=1200
        . TextMatrix(0, 0)="班级名称"     '设置控件中单元格的内容
        . TextMatrix(0, 1)="导员姓名"
        . TextMatrix(0, 2)="备注信息"
        . Rows=1   '设置行数
        Do While Not MAdoR2. EOF
            . Rows=. Rows+1
            For i=1 To MAdoR2. Fields. Count-1
                . TextMatrix(. Rows-1, i-1)=MAdoR2. Fields(i) & "" '表格中显示数据
            Next i
            MAdoR2. MoveNext          '指针下移
```

```
        Loop
      End With
    MAdoR2. Close
End Sub
```

9.7.5 课程管理

课程管理的界面如图 9-26 所示，注意界面的布局以及按钮上特殊符号的隐喻。

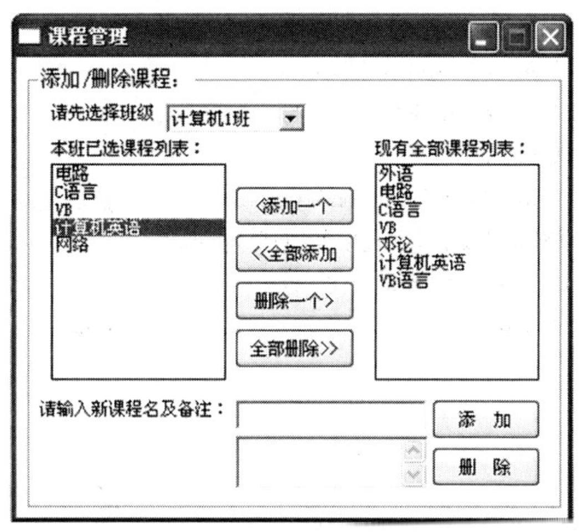

图 9-26　课程管理界面

当程序运行时，用户可通过单击组合框在下拉列表框中选择某个班级。为了要显示本班已经选好的课程，在组合框的单击事件中调用自定义过程 List1Text()来刷新列表框 1(界面左方)中的已选课程数据。

```
Private Sub List1Text()          '刷新列表框 1，在列表框中显示选中班级的课程
    Dim txSQL As String
    Dim mc As ADODB. Recordset
    txSQL="select * from class_Cour where class_NO='" & Trim(Combo1. Text) & "'"
    Set mc=ExecuteSQL(txSQL, MsgText)
        List1. Clear
        Do While Not mc. EOF
            List1. AddItem Trim(mc! course_Name)      '列表框中添加课程名称
            mc. MoveNext                               '指针下移
        Loop
    mc. Close
End Sub
```

选定班级后，可通过界面中间的 4 个按钮分别实现相应功能。比如当用户单击【添加一个】按钮时，先在 class_cour 表中查询此班是否已经选修此课。如果没有，则调用标准模块中 ExecuteSQL()函数执行相关命令，将课程全部添加到数据库中，然后更新显示 List1。

```
Private Sub Command3_Click(Index As Integer)          '四个功能按钮
    Dim txtSQL As String
    Dim tSQL As String
    Dim MAR2 As ADODB.Recordset
    If Index=0 Then                                   '添加一个课程
        If Combo1.Text <> "" And List2.Text <> "" Then
            txtSQL="delete from class_Cour where class_NO='" & Trim(Combo1.Text) & "'
and course_Name='" & Trim(List2.Text) & "'"
            Set mAdoR=ExecuteSQL(txtSQL, MsgText)
            txtSQL="select * from class_Cour"
            Set mAdoR=ExecuteSQL(txtSQL, MsgText)
            mAdoR.AddNew
            mAdoR.Fields(0)=Trim(Combo1.Text)         '然后重新写入数据
            '而如果原来无此课程,则直接添加到数据库中
            mAdoR.Fields(1)=Trim(List2.Text)
            mAdoR.Update                              '更新
            mAdoR.Close
        End If
    End If
    If Index=1 Then                                   '课程全部添加
        If Combo1.Text <> "" Then
        txtSQL="delete from class_Cour where class_NO='" & Trim(Combo1.Text) & "'"
        Set mAdoR=ExecuteSQL(txtSQL, MsgText)
        tSQL="select * from course_Form"
        txtSQL="select * from class_Cour"
        Set MAR2=ExecuteSQL(tSQL, MsgText)
        If MAR2.EOF=True Then
                MsgBox "请先进行班级设置!", vbOKOnly, "提示"
        Else
                Do While Not MAR2.EOF
                    Set mAdoR=ExecuteSQL(txtSQL, MsgText)
                    mAdoR.AddNew
                    mAdoR.Fields(0)=Trim(Combo1.Text)
                    mAdoR.Fields(1)=MAR2.Fields(0)
                    mAdoR.Update
                    mAdoR.Close
                    MAR2.MoveNext
                Loop
        End If
      End If
    End If
```

```
    If Index=2 Then                                    '删除选中的一个课程
        If Combo1.Text <> "" And List1.Text <> "" Then
            txtSQL = "delete from class_Cour where class_NO='" & Trim(Combo1.Text) & "'
and course_Name='" & Trim(List1.Text) & "'"
            Set mAdoR=ExecuteSQL(txtSQL, MsgText)
        End If
    End If
    If Index=3 Then                                             '选中班级的课程全部删除
        If Combo1.Text <> "" Then
        txtSQL = "delete from class_Cour where class_NO='" & Trim(Combo1.Text) & "'"
        Set mAdoR=ExecuteSQL(txtSQL, MsgText)
      End If
    End If
    txtSQL = "select * from class_Cour"
    Set mAdoR=ExecuteSQL(txtSQL, MsgText)
    List1Text                                          '重新显示
End Sub
```

学籍管理模块、成绩管理模块和上述信息的管理基本相同，不再列出代码。

本例是对数据库管理系统、SQL 语言、Visual Basic 应用程序设计、Visual Basic 数据库技术的综合应用，通过本例的系统深入学习和应用，可以体会到一种比较好的设计方法——以数据为中心的设计方法，充分利用数据库提供的各种类型的查询，配合 Visual Basic 相关编程思想，结合实际应用，最终可实现各种管理系统的开发制作。

9.8 本章小结

随着计算机技术、网络技术的发展，数据库技术的应用范围日益扩大。数据库最大的特点是通过联系减少了数据冗余，不同用户使用同一数据库中自己需要的子集，实现了数据的共享。VB 在数据库方面提供了强大的功能和丰富的工具，利用 VB 可以方便、快速地开发出数据库应用系统。

可视化数据管理器是非常方便的数据库操作工具，可以方便地建立数据库，添加表，对表进行管理等操作。

一个完整的数据库系统除了包括可以共享的数据库外，还包括用于处理数据库的应用程序。结构化查询语言 SQL 是一种数据库查询和程序设计语言，用于存取数据以及查询、更新和管理关系数据库系统。在应用程序中访问数据库有 2 种方法：使用 Data 控件、使用 ADO 控件。

Data 控件是一个较常用的数据绑定控件，可以完成对数据库的链接、打开数据库、更新数据库、关闭数据库等。ADO Data 控件是可以利用 ADO 快速建立数据绑定控件和数据提供者之间的链接。DataGrid 控件与 ADO Data 控件绑定，通过表格显示数据，是显示编辑数据最直观快捷的方法。

9.9 思考和练习

1. 选择题

(1)DB、DBMS 和 DBS 三者之间的关系是(　　)。

A. DB 包括 DBMS 和 DBS　　B. DBS 包括 DB 和 DBMS

C. DBMS 包括 DB 和 DBS　　D. 不能相互包括

(2)用二维表结构表示实体以及实体间联系的数据模型称为(　　)。

A. 网状模型　　B. 层次模型

C. 关系模型　　D. 面向对象模型

(3)SQL 语句中 Select * From　student 中的"*"表示(　　)。

A. 所有记录　　B. 所有字段

C. 所有表　　D. 都有数据库

(4)Microsoft Access 数据库的扩展名是(　　)。

A. xls　　B. mdb　　C. txt　　D. db

(5)要利用 Data 控件返回数据库中的记录集,则需要设置(　　)属性。

A. Connect　　B. DatabaseName

C. RecordSource　　D. RecordType

(6)使用文本框显示数据库表中的字段,应将文本框的(　　)属性设置为数据访问控件"Data1"。

A. DataField　　B. RecordSource

C. Connect　　D. DataSource

(7)当 Data 控件 RecordSet 对象的 Eof 属性为 True 时,表示记录指针处于 RecordSet 对象的(　　)。

A. 最后一条记录之后　　B. 最后一条记录

C. 第一条记录之前　　D. 第一条记录

(8)执行 Data 控件记录集的(　　)方法,可以将修改的记录保存到数据库。

A. Updatable　　B. Save

C. UpdateControls　　D. Update

(9)数据绑定控件常用的两个属性分别是(　　)。

A. DataBaseName 和 DataField

B. DataSource 和 DataField

C. DataBaseName 和 RecordSource

D. DataSource 和 DataFormat

(10)ADO 控件的 RecordSource 属性设置(　　)。

A. 与 ADO 连接的数据库　　B. 与数据库的连接方式

C. 数据库类型　　D. ADO 控件数据的来源

(11)DataGrid 控件可以和(　　)数据控件绑定使用。

A. Data 控件　　B. ADO 控件

C. DAO 控件　　D. Access

(12)通过设置 ADO 控件的(　　)属性可以建立该控件到数据源的连接。

A. RecordSource　　B. RecordSet

C. ConnectionString　　D. DataBase

(13)当使用 Find 方法和 Seek 方法查找记录时,可以根据记录集的(　　)属性判断是否找到匹配的记录。

A. Match　　B. Nomatch

C. Found　　D. Nofound

(14)利用 SQL 语句"select * from student"重新设置 Adodc1. RecordSource 属性后,通常使用(　　)语句刷新新连接。

A. Adodc1. RecordSet. Refresh　　B. Adodc1. Refresh

C. Adodc1. RecordSet. Update　　D. Adodc1. Recordset. Addnew

(15)新增一条记录,利用 Update 更新数据库后,记录指针位于(　　)。

A. 记录集第一条记录　　B. 记录集最后一条

C. 新增记录上　　D. 新增记录前的位置上

2. 填空题

(1)数据库(Data Base,DB),是指存放数据的仓库,它具有______、______、______特点。

(2)数据库由若干________组成,表是由若干________和________构成。

(3)查询"学生"表中的学生姓名为"王宏"的学生记录,对用的 SQL 语句是________。

(4)记录集的________属性返回当前指针值。

(5)利用数据绑定控件显示 ADO 控件所连接的记录集,则应该设置数据绑定控件的________属性。

(6)Data 控件的________属性用来设置所连接的数据库的名称及位置。

(7)要使数据绑定控件能够显示数据库记录集中的数据,必须使用________属性设置数据源,使用________属性设置要连接的数据源字段的名称。

(8)在数据库中插入记录使用 SQL 中的________命令。

(9)使用 Select 语句从工资表中查询所有女职工的姓名和实发工资,正确的写法是________。

(10)ADO 控件的________属性用于设置与数据库的连接。

参考文献

[1] 宋哨兵. 面向任务的 Visual Basic 程序设计教程[M]. 北京:清华大学出版社,2010.
[2] 郑丽娟. Visual Basic 使用教程[M]. 北京:清华大学出版社,2012.
[3] 高春燕,安剑,巩建华,等. 学通 Visual Basic 的 24 堂课[M]. 北京:清华大学出版社,2011.
[4] 隋丽娜,等. Visual Basic 范例开发大全[M]. 北京:清华大学出版社,2010.
[5] 王学军. Visual Basic 程序设计[M]. 北京:中国铁道出版社,2009.
[6] 李静. Visual Basic 程序设计上机指导与习题集[M]. 2 版. 北京:中国铁道出版社,2010.